民國園藝史料匯編 9

第2輯

《民國園藝史料匯編》編委會 編

江蘇人民出版社

第九册

上海市市立園林場最近二年間進行概要

上海市市立園林場 編

民國二十三年

上海市立園林場

最近二年間

進行概要

中華民國二十三年十月

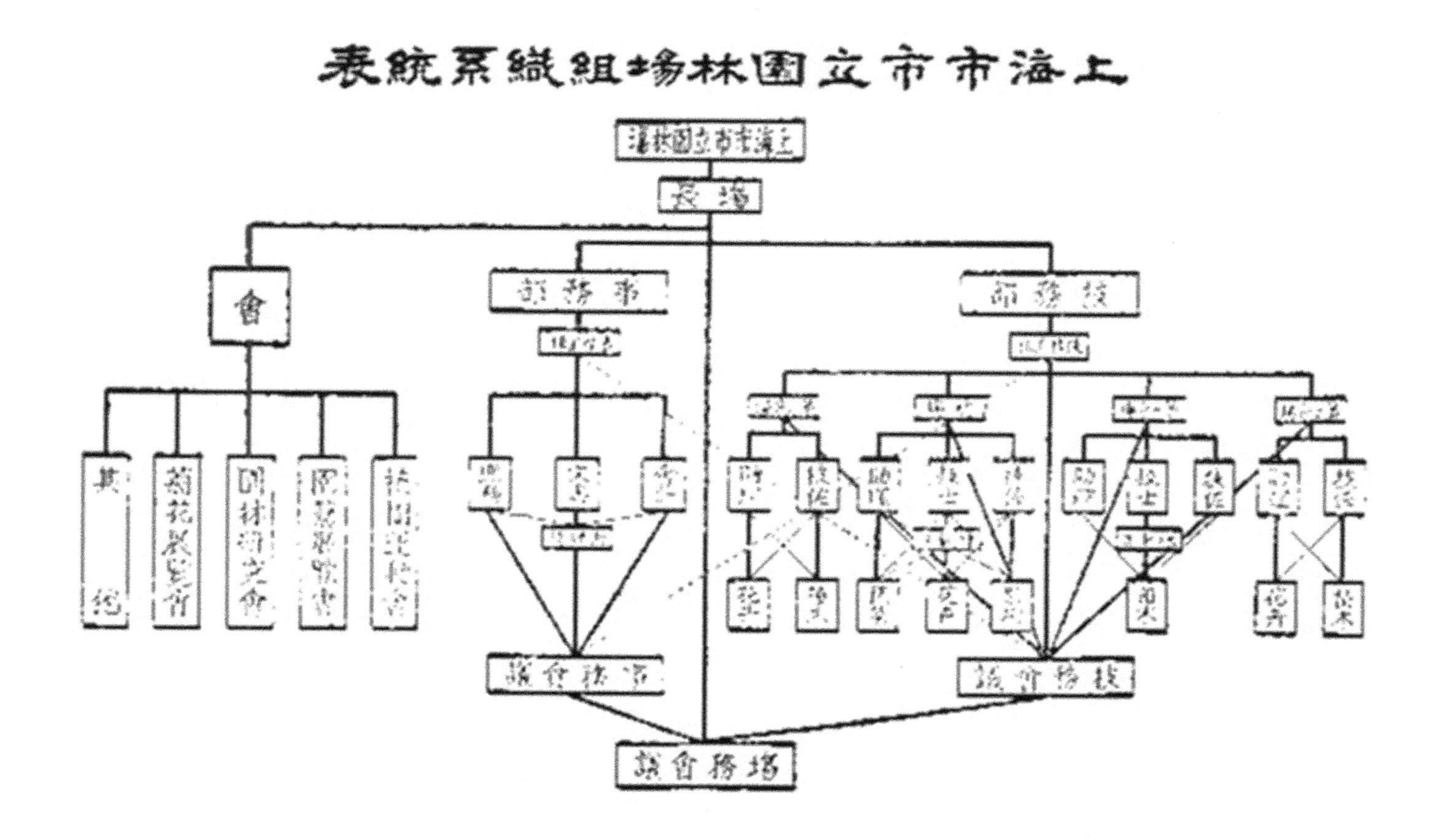
上海市市立園林場組織系統表
上海市市立園林場
場長
會
事務部
技務部
事務會議
技務會議
場務會議

吳序

吾國農家，對於園林事業，輒少注意，往往認爲天賦，聽其自然。夫棉麻五穀，生長迅速，年栽年收，生生不息。然樹木花卉，則成長不易，況現代人口日衆，用途愈繁，斤之伐之，折之摘之，採多植少，豈無盡日。自宜廣事栽植，以謀補救。且樹木花卉，不但爲人類居住行止，以及供給器具之原料，且有陶冶人性之功用，即宇宙之大氣，動物呼吸之炭氣，亦賴其根葉行調和作用，故一地疾疫水旱之有無，恆視其花木保存之多寡而定。其重要可知。且花木之爲物，其花果可供食用，皮葉可充藥石，喬木類，枝幹高大，栽之山丘，取其材料，可供給建築及製造器具之用。灌木類，及各種花卉，花葉美麗，植於庭園，足以怡情養性，酌施技術，則價值昂貴，極合私人經營。至於大範圍之森林地帶，更有調和氣候，保護堤岸，以及預防水旱之功。其利之溥，尤難估量。至若果樹種類繁夥，附植農村，不但增益風景，且爲農民良好之副產。我國現值木荒，材料既感缺乏，園藝亦屬幼稚，且當此農村經濟窘迫之際，更應速謀改良，廣事提倡。本市市立園林場，苗圃、花圃，經營數載，努力出品，舉行展覽，已能引起大部份市民之注意，殊堪嘉許。惟果樹圃，尚付缺如，今後在可能範圍內，亦應速予設法，擇地另闢，俾得播發種苗以備人民遍植，則收效更巨，亦余所厚望者也，是爲序。

民國二十三年十月吳鐵城序於上海市

吳序

大凡人烟稠密，工商發達之都市，僕緣其間者，苟非攝生有術，其生活必感勞苦，其雰圍必多混濁，欲調劑而絜新之，允非建設園林事業不爲功，蓋因園林所在，多有蔥蔚之林木，芬艷之花卉，實足以澄清空氣，怡悅性情，不特使精神得以修養，體力可隨之恢復，而辦事效能，更可增進於無形。故東西各國，無論普通之城鎮，繁華之都市，莫不有園林之建設，即私人住宅，房屋不論大小，庭園不論廣狹，亦莫不培養花草，種植樹木，以便公餘役暇之欣賞。所以美國庭園專家譚列甯氏，洞窺旨趣，且有每十萬人之都市，需公園面積一千五百英畝之主張，靜言思之，亦可知提倡園林事業之重要矣。回顧本市在地理上，實爲世界巨埠之一，人口已達三百餘萬，察其表面，物質上之享受，似極美備。惟對於精神上與衛生上休養之所，則異常缺乏，間或有之，大都爲外人所經營，類皆唯利是圖，無論何人蒞止，至少每次必須納費二角，故統計每年前往遊覽者多亦不過三四百萬人，就本市人口平均計之，每人每年不過一次而已。實則普通民衆，爲職務所拘束，經濟所限制，於數年之中，尚不知能否逢其心願，暢遊公園一次。就實事論，竊恐還是問題，然爲外人所吸收之金錢，則每年已有七八十萬元之鉅，而實際之利益，覺毫無所見，欲圖匡救，使我全國唯一之大埠，處此物質文明澎漲時期，得以有效方法，於最短期間，俾人人能吸收美化之薰陶，人人能享受天然之樂利，不致再受此畸形區域地劃之縛制。此則市立園林事業在黨治領導勵行新政之時期，尤不能不急於舉辦者也。故自本市成立後，即就原有之浦東塘工局花圃及縣立苗圃，改組爲市立園林場，作爲提倡園林事業之機關，而以花圃爲總場，苗圃爲第一分場，其後又闢第二分場於殷行區，闢風景園於總場之北鄙。本年春，又闢樹藝標本區於市中心華原路虬江路交角處，數年以來，繁殖苗木，栽培花卉，並供給普通市民之遊覽，毫不取費，務使人人有怡情養性之機會。一方面更向外推廣，極力提倡，莊嚴精進，由近及遠，不僅希冀本市型成爲美化都市，更必使全國之內，到處綠陰載道，花樹成蹊，居者有資，而行者有庇，以復我古代列樹表道舉步寧芳之盛軌，俾外人知所景企，以完成吾人提倡園林事業之使命，斯則予承乏以來，昕夕督護，日與在場御事諸君對此鵠的共同交勉者也。茲以該場擬將最近二年間進行概要，發爲專刊，以貢於世，爰述其梗概，以爲社會上一般關心園林事業者告，而並冀其有以匡我不逮者焉。

民國二十三年十月十日吳醒亞序於社會局。

吳序

環觀世界各國之都市，設備完善，市民康強愉快，抑若不覺其都市生活之枯燥無味者，察其所以，蓋有由也。今之大都市中除設立博物館、圖書館、體育場、療養院等外，猶有自然藝術美之園林場公園等場所之闢焉，市民於工作餘暇。偕往消遣，賞風景以騁懷，寄幽情於花木，調節勞頓，陶冶性情，至交換空氣，康強身心，猶其餘事焉耳。

海上繁華甲於東亞，商業發達，工廠林立。而市內園林場所尚不多覯，乃致空氣污濁。烟雲蔽日，市民於終日疲憊之餘。毫無正當消遣之所，或跼促於斗室，或放浪於形骸，其形成生活煩悶，精神萎頓，固所宜也。

本市市政府自成立以還，於十七年省市劃分後，即次第接收上海縣立苗圃，及浦東塘工局花圃，合組爲市立園林場，栽培花木，提倡園林，並研究各種苗木之繁殖，新品花卉之養成，各色盆景之栽植，以及大小庭園之設計，更以餘力開闢風景園，藉供市民遊覽，以期引起興趣，咸知園林之利益，而達到都市田園化之目的，數載以還，經之營之，規模麤具，其概略已見諸園林場概況、及各種報告。茲包場長復以最近二年間進行概要見示，瀏覽之餘，良用懽忭，益以市庫支絀，經費無多，而成績如斯差堪自慰者也。該場除於原有範圍內努力推進工作外，本年春又於市中心區華原路與虬江路之角，開闢樹藝標本區，用資市民之觀摩，其於繁榮市中心區不無一助，本册付梓之前，索序於余，余於場務前途彌殷期望，爰爲之序。

中華民國二十有三年十月古鄮吳桓如序於上海市社會局第二科

包序

提倡園林藝術，普及園林佈置，使全市路線，綠蔭載道，全市住宅，花木紛披，使一班民衆，精神愉快，而得康健之保障，實與衣食有同等之重要，本市爲東亞巨埠，人口達三百餘萬，市廛櫛比，車馬喧闐，塵沙蔽日，空氣汚濁，而全市民衆，除特殊之遊閒階級外，無論貧富，莫不終日勤勞，工餘疲憊，亦無正當之娛樂，疫癘死亡，時有所聞，欲避免此不良之現象，園林之設施，更爲時勢所必需，此本場之所以應運而生也，其時爲民國十七年，省市劃分之後，由市政府令社會局將浦東塘工局花圃，及上海縣立苗圃，擴大而爲市立園林場，主其政者，爲吾友吳兄覺農，於應付行政及改進事業，如場務之整理，對外之提倡等，圖劃周詳，努力進行，成績斐然，十九年春承其乏，以材輕任重，更警惕自勵，未敢或懈，幾無日不思組織之嚴密，工作之緊張，以及事業之推廣，場務進行，亦有蓬勃之氣象，詎料二十年秋，各地發生水災，九一八滬變後，滬戰繼起，國難嚴重，經費大加緊縮，計劃進行，未免遲緩，勞勞數年，深愧無所建白，幸賴當局之維持，員工之努力，業務進行，未遭中斷，差堪自慰，經過情形，已有本場概況及近況等刊物，摘要報告，自是而後，更感政府當局維持之苦心，市民期望之殷切，尤自奮勉，早夕惕勵，以冀毋忝厥職，而慰衆望，自滬戰而後，迄今又逾二載，爰將此二年來之工作，述其梗概，未來之計劃，擇要擬具，以備作過去之檢討，與未來之準繩，倘望朝野諸公，海內賢豪，予以深切之指正，則幸甚矣。

民國二十三年十月上海市市立園林場場長兼農事試驗場場長包容伯度謹敍

總場園門

溫室前各種大麗花培養情形

温室培養多肉植物之一部

蔭棚培養各種木本花卉之一部

各種山草之一部

各種海棠之一部

各種杜鵑之一部

各種天竺葵之一部

美觀之行道樹

風景園內新植之貴重樹木

柳蔭納凉

第一分場園門

園林路之白楊

樹苗扦插繁殖區幼苗發育情形

菊花展覽會招待室

菊花展覽會獎品陳列室

菊花展覽會出品之一部

菊花展覽會出品之一部

菊花展覽會審查委員

菊花展覽會書畫室

上海市市立園林場最近二年間進行概要目錄

上海市市立園林場參觀規則

一、本場以振興園林，提倡樹藝爲宗旨，無論何人，均須於規定時間，入場參觀。

二、本場參觀時間，定上午八時至十二時，下午一時至五時，如遇冬夏，得延長或縮短之。

三、參觀者請到傳達室簽名，可自由入場參觀。

四、本場所植花木，請勿隨意攀折，以重公物，倘故意折損，須照價賠償。

五、參觀者，須衣冠整潔，凡赤膊、垢面、瘋顛、酒狂者，均不准入內。

六、參觀者，對於各種花木栽培方法，可隨時向本場職員諮詢。惟工作繁忙時，得謝絕之。

七、本場花木，均可分讓，如欲購買者，可向辦公室接洽。

八、參觀者，對於本場如有賜敎，極所歡迎。

九、本規則如有未盡事宜，得隨時修改之。

十、本規則呈請市政府社會局備案。

上海市市立園林場最近二年間進行概要

本場總場，原爲塘工局花圃，第一分場，爲上海縣立苗圃。自民國十七年，市府成立，收併爲市立園林場，其時規模較小，業務亦簡，嗣後逐漸擴大，努力經營，無論面積、建築、設備、佈置、事業之範圍，員工之人數，以及花卉苗木之種類數量等。均大爲增加，其具體情形，已有專册刊發於前。玆就最近二年間之進行狀況，擇其要點，編著成帙，報告如次：

一　面積之擴充

(1)原有面積

本場接收之初，有總場及分場(第一分場)各一，總場昔爲塘工局花園，簡稱花圃，原有面積計一四七·七公畝，(二十四畝六分一厘七)。分場(第一分場)前爲上海縣立苗圃，原有面積，計三一六·二四二公畝(五十二畝七分另七毫)，合計共四六三·九四二公畝。

（2）開闢第二分場

本場因事業之進步，及市民之需要繁殖花木，年有增加，原有面積，不敷應用。乃於十九年春，闢第二分場於殷行區，作爲移植苗木之用，計面積九一·六四四公畝（十五畝二分七厘四）。

（3）總場增闢風景園

民國十八年冬　張前市長，蒞臨東溝，鑒於本場襟江帶海，交通便利，風景幽美，地段適宜，有設置風景園之需要，當令土地局收買場邊民地，以爲增闢風景園之用，共計面積一七四·〇〇公畝（二十九畝），除劃出東溝小學操場三·九公畝外，實闢地一七〇·一公畝。

（4）第一分場另闢播種繁殖區

第一分場場址，原爲琵琶灣淤地圍隄而成，雖略有塡高，仍感低窪，自本場接管後，亦以限於經費，不克按照計劃，全部塡高，地面濕潤異常，又以常遭水患，播種苗木，受傷甚多，祇可作爲扦插繁殖區及播種少數濕性樹種之用。其大部分之播種繁殖區，乃改在大將浦莊家灣之高燥地上，以適合種苗之生長，且地處幽靜，可免人畜之摧殘，全部面積，共計八六·九一公畝（十四畝四分八厘五）。

(5)新闢樹藝標本區

本場爲提倡園藝，美化都市起見，久擬在滬西適當之地，設爲樹藝標本區，使市民之前來參觀者於遊息之間，能發生樹藝之觀念，而引起庭園之興趣。故於本年春，積極向各方接洽，擬在市中心區，覓一適當之地，既與繁榮市中心區之宗旨相合。而 市府各局之陳設花木，亦可就近由此供給，旋奉 社會局訓令，商准市中心區域建設委員會，指定華原路與虬江交角處基地六〇・六公畝（十畝一分）。撥歸本場應用，俾在可能範圍內，先行着手計劃等因。奉此，遂即積極計劃，不日當可實行接收，佈置進行也。

二 建築之增加

(1)搭造紫籐棚

本場辦公室之西，因無蔭庇，入夏炎逼，冬令寒侵，乃用筒木作爲直柱，上架毛竹，以爲橫梁，更用小竹竿，製成斜形方孔，俾蔓延之紫籐，可免下垂，西邊更用小竹爲窗，大竹爲欄，欄中各撐十字擋，使籐梢得緣此上昇，該棚計長六公尺，做五十餘工而告成。

(2)建築風景橋

本場風景園，地勢低窪，特開風景河一道，蜿蜒曲折，環繞於園之東南部，河中有小島，河端有巨池，既便排水，又增風景。玆爲聯絡園道暨貫串全部風景起見，於小島二端，各建曲折式木橋一座，計長五公尺，闊二公尺，其上均舖四公分寬之間檣木條，塗以柏油，以資耐用，橋上欄杆，抹刷紅粉桐油，以美觀瞻，自此橋成後，游覽者散步其間，可自由往來，無阻塞之缺憾矣。

(3)東園河築壩挖土

本場之東園河，河底本不甚深，年來又以兩岸泥土，隨雨傾瀉，河幅益形淺挆，一遇天旱潮小，便成乾涸，花木澆溉之水，無以取給。故必須築壩一道於其河口，一面將河泥挖起，河底掘深，使蓄水量增加，以利灌溉，乃在河口擇定較淺之處，築成基椿，徐徐挑塡，壩之西端，接於場西之移植區，東端連於茅亭土山之脚，共做二日而壩成，即將河水排出，分段挑掘，河泥勻散各處，以作肥料，全河掘成，共計六十餘工。

(4)添建溫室

貴重園藝花木，大都產於山陽之地，故每入冬令，須備溫室以藏之，否則越冬後，難望暢茂。本場暖性花種，年來日益增加，原有溫室，不敷應用，乃於原有溫室之間，搭建一間，以備旱霜一降，各花移入該室培養，動工之前，先繪路圖，估計水料木料及工程，然後鳩工建築，計長十二公尺，闊四公尺，內砌落地種植床，左右中央及前側，共計四台，預計可置溫室盆栽二百盆，床與床之間，各砌半公尺之路一道，以供運物行走及灌溉之用。是室共需洋松一千尺，木工六十工，大磚三百六十塊，水泥十袋，黃砂三噸，三和土三方，石灰三擔，又掘土小工二十工，泥司工六十工，屋頂玻璃五百四十尺，鉛皮十二張，油灰油漆約六十公斤。

(5)溫室上添搭蔭棚

溫室上設無蔭棚設備，各種乾性園藝植物，及夏令繁殖之花卉，在夏秋間，炎日直射玻璃，光綫曲折，灼熱殊烈，不適種植。本場溫室，其左面之一間，已於去春將蔭棚搭就，各種花木，培養其中，成績甚佳。近年預備繁殖之夏季花木，數量較多，故必須完全添搭，乃將該溫室之高低及四週深濶之尺寸，丈量精確，估計竹材人工，購毛竹三帖，小竹三十根，鉛絲一公斤開工搭建，計二十餘工而告竣。

(6)播種繁殖區建造臨時工房

新闢大將浦莊家灣之第一分場播種繁殖區。爲便於管理及工作起見，特建造竹籬草屋一所，以便派工常駐，藉免往返而節時間，開工之前，先擇定該區高燥適中之地點，約三公畝，劃定屋基長八公尺，深五公尺，柱脚係白楊杭木間用，計二十根，用毛竹爲樑，石竹爲椽，舖以蘆簾，上蓋稻草，四週編以竹笆，外塗灰泥，面刷白漿，使之堅固，於三月上旬，命竹匠開始築造，計做三十五工而告竣。

(7)修理第一分場披間及牆壁

本場第一分場之大廳兩端，曾建有披屋四間，因年久未經修葺，又被民國二十年八月二十五日二十二年九月二日十八日三次颶風暴雨，巨潮泛濫，牆脚衝擊甚烈，柱木均被水淹，潮濕尤甚，致現傾圮之象，若不加修築，勢將崩塌。乃於本年六月間，測量應修之屋，計披間長十公尺濶二公尺半者兩間，長六公尺濶二公尺半者兩間，及長十公尺高約七公尺許之山牆一座，估計工程木料後，開始動工，先將披間屋瓦壁磚，依次卸去，扶直柱脚，塗以柏油，並爲鞏固計，在牆基下，掘深半公尺許，填以碎磚，並加夯築，如此牆脚堅實，然後照舊砌壁，裝窗，覆蓋瓦片，室內填高基泥，二十公分，壁外夯壓堅泥，使之牢固。惟在辦公室東端一間，柱子樑木，嵌在牆內，最易潮濕，以致下脚檔頭，霉腐將斷，危險異常，乃將舊牆折卸，下舖半公尺深之三和土，上用青放磚，實心砌起，將樑木擱置牆上，以免另換柱木，此牆計厚半公尺長十公尺，牢固非凡，總計工程二百十餘工，用木料三根，磚頭八千，石灰十五擔，粗紙四十五捆，水泥二袋，黃沙四籮，第一分場經此修理之後，頗爲牢固，全部披間，均得應用，較前便利多多矣。

(8)建造廁所及浴堂

本場原有廁所，偏於場之西側，出入極爲不便，且簡陋異常，不合衛生原理，又以場屋不敷分配，浴室尚付缺如，特利用辦公室東側空地一方，建造廁所及浴室一所，不但清潔衛生，而辦公室東側庙牆，亦可受其保護，誠一舉而兩得也。建築之前，先行確定尺寸方法，購置土木材料，雇用木工泥匠，平土安礎，興工建築，全屋共分四間，計男女廁所各一間，浴室一間，地上均舖水泥，又貯藏室一間，下舖地板，上裝擱樓，以便堆置雜物，計做六十餘工而告竣。

三 設備之添益

(1)裝置電燈

本場因業務增多，房屋不敷分配。曾於二十年擇場中適當之地，建造平屋三間，以便辦公。惟其時尚無電燈裝置，一遇緊要公事，須日夜趕辦者，諸多不便。乃於二十一年秋，第二屆菊展會之前，設法裝置電燈十餘盞，時值籌備菊展，日夜辦公，大感便利，嗣後就所需要如温室宿舍等處，陸續添裝十餘盞，一過工作繁忙之際，應用亦可裕如矣。

(2)温室內添置布幔

本場温室建築有年，每值夏期，因熱度過甚，不能放置任何盆栽，室外前曾架設蔭棚。但以風雨之打擊，烈日之晒曝，極易朽腐，而不耐用。現爲經濟而又便於實用起見，乃在室內之各間，特設布製天幔，以蔽烈日，就新舊温室玻璃頂面積之長寬尺寸，購置湖南土布十疋，裁作適宜長度，縫成天幔，大小計五拾九幅，幔之兩端，綴以小銅圈各二拾枚，以鉛絲連貫之，推動極爲靈便，旣可遮蔽烈日，又免風雨吹擊，殊爲經濟，而切實用。

(3)裝製各種乾藏及浸漬標本

本場花木種類，素稱繁夥，加之近年來，按季向各處採購，或徵集，故迄今爲數尤多。玆爲便於研究及宣傳提倡起見，特分別裝製各種標本，如木材標本，嫁接標本，花木種籽標本，昆虫標本，果品浸漬標本，以及關於各種園藝植物之實物標本等，共計不下五六百種，另備標本櫥，分類陳列，以供各界參觀。

(4)添購標本橱書橱及文具櫃

本場歷年以來，凡遇可以研究而資參考之各種園藝材料，均選製標本，原有橱架不敷陳列，乃特添購適合本場地位之玻面標本橱六架，將重要標本，依次陳列，又以業務增進收發文件及各種專門書籍暨刊物等，日見增多，舊有橱架，無以容納，故亦設法添購，將新舊文件及書籍刊物等，分類貯入，整齊清潔，又便檢查，誠一舉而兩得也。

四　場地之改進

(1)挑掘風景園河土

本場風景園內之河道，於二十年冬季，利用閑工，經一度之開掘，究因工程巨大，人數過少，僅具雛形，未符原定寬深之尺寸，不足供蓄水排水之用。爰按原有風景園河道設計圖所示之深闊長度，用灰線劃定，排出河中積水，命工分段開掘，將泥土分填於低窪之處，並加高已有之土邱，以利種植，而增風景，計挑運土方，約三百餘方。

(2)播種芝草地

播種芝草，清潔悅目，處理簡易，爲現代庭園或公園中不可或缺之種植物。本場前後部，屋旁路邊，河畔山麓，原有大小隙地頗多，預備播種芝草，以資點綴，而便遊息，事前先將各地精細翻起，耙平均勻，施用適當堆肥，於霉雨前。將芝草種子，和以適量之草木灰，用手散播，經二旬後，得霉雨之潤澤，遍地放青，整潔美觀，遊覽者至此坐臥遊息，咸稱便焉。

(3)佈置月季花壇

花壇之種類繁多，式樣亦無窮，大概依各家之園場及經濟而定，大別之爲草花花壇與木本花壇二種，草花花壇之花色花樣，較木本者爲多，爲人所樂取，然需工程材料費用甚巨。本場因經濟關係，不得不暫捨草木而用木本，又以月季花四季均能開放，且參觀者，亦優以月季花栽培法相問。故即以此取材，而進行之，先擇定辦公室前原有之草花區，利用雨天開工，加填泥土，劃成等區花壇，按其每區之形勢，耙土掘穴，施以堆肥若干次，將各種粗細月季，分別定植，加以修剪，使之高低相埒，殊爲美觀，共種十三小區，計三百五十二株，先後所費人工，計三十六工。

(4)改造園路

本場地勢低窪，故全園路線，概須高築，以防水濕。現因風景河掘寬之後，排水充分，雨後亦少積水，此種高路，對於園景，不甚相宜，有改造低式之必要。故利用冬季開工，先將應改之路，重劃灰線，其應高應低之段落，各扦以土標，派場工按此標準，分段開掘，所掘之泥土，在風景園內，東南北三路之中心，另疊一高花壇，壇旁闢成環壇行道，與各路相啣接，路面均舖煤屑，兩側更植較大之黃楊，以齊路相，計做五十工而告竣。

(5)修築防水隄岸

本場前面之大將浦，因多年未濬，河床漸淤漸淺，每年秋間，一遇風潮，浦水遽增，即向隄外四溢，居屋田稼，常遭淹沒，損失甚巨，故有增高之必要，事前測量隄線，由西擺渡起，至老輪渡碼頭止，計長三百八十三公尺(一千一百四十九市尺)，所經地帶，非全在本場範圍之內，因邀公安局三區五所及輪渡管理處發起，依地積多寡，分擔其費用，全部工程共需四十元。按本場場界計算，應攤之數，約爲五分之二。

又本場第一分場，係由琵琶灣淤地圍隄而成，四圍堤埧，因限於經費，不克全部修築，自經二十年及二十二年迭遭風潮，越隄侵潰，苗木大受損耗。故於本年春，設法呈准，會同工務局統盤計劃，分別劃定，計琵琶灣扦插區，浦東第一橋南堍移植區，新橋角移植區，共三段，加以大將浦播種區之一段，估計土方，繪製圖樣，造具臨時概算書，招工承攬，分段修築，計自七月二十七日開工，至八月二十九日，全部告竣，共用工料土方經費計四百餘元，由工務局分期撥發，自此次修築之後，堤防鞏固，雖有風潮，當無侵潰之患矣。

(6)開掘明溝

本場第一分場，地處低陷，潮濕過甚，對於各項苗木之生育，極不相宜，非多開明溝，以利排水不可，乃於各區四週，審度地勢，開掘闊一公尺，深〇・七公尺之大溝，而於每畦間，又開濶〇・五公尺，深〇・三公尺之小溝。每區中央，再横掘小溝各一，以省工程，而利排水，所掘泥土，堆置畦面　增高畦床，使易乾燥。總計各區所開明溝，計長二千四百四十六又三分之二公尺（七百三十四丈）。

五　花木品種之徵集

本場為繁殖多種之花木計，規定每年派員向本外部公私各園圃接洽，擇其種類特殊，而為本場所缺少者，或換或購，當面議定。其他道遠交通不便之處，亦通函商定，再派花匠或工人，前去選取挑運，最近二年內，陸續搜得者，有廣東興農園之枯鹿登、合歡、木本米珠蘭、斑葉萬年青、五色芋艿、洒金萬年青、鶴頂蘭、變仝木、細鳳尾竹、粗鳳尾竹、米竹、石蒜、檳榔、棕竹、洒金棕竹、雙台茉莉、圓葉棕梠、南石楠、掃帚木、多肉植物等，一百餘株。湖州潘園之月季十四種，杜鵑四種，又五色菖蘭三百球。上海種植園之黃金柏，孔雀柏、洒金眞柏、眞柏、大雪松、小雪松、櫻桃、楓樹、大地龍柏、小地龍柏、小龍柏、盆用堰柏、又仙人掌植物三十二種、枯鹿登五種，洋蘭二種，共計四百餘株。甯波永興花園之小廣玉蘭、白毛杜鵑、山茶花、白蘭花、棕竹等二百餘株。杭州先覺園之菊花十六種，共計五十株，又藤本黃楊及凌霄各十株。揚州神農花園之金橘、壽星菊、柑子、香櫞、樹椿等共三百餘株，又石菖蒲一擔。南京金大農學院之木材標本百種，洋槭等樹木二十餘種，中央大學農學院之木材標本八十種，各類樹種二十餘種，華山松等種苗十七種，各種花草二十餘種，遺族學校之荷葉山草等花卉三種，總理陵園之茶條槭等樹籽三十種，月季三十種，菊花五十種，各類仙人掌及多肉植物四十種，草花二十餘種。四川棣華農場之茶花、柑橘、肉桂等十餘種，此外向各處隨時徵集者尚多，不及備載。

六　培育樹苗之進行情形

本場第一分場，昔爲上海縣立苗圃。於民國十七年省市劃分後，由市政府令社會局接收，定爲本場育苗之區域，規定育苗計劃，逐年繁殖數量，大爲增加。玆將苗木數量及面積，列表如次：並將接收後本場育苗之過去與未來分別敘述，以資比較考査。

民國十七年下半期接管時存有苗木數量及面積表

樹種	株數	面積	樹種	株數	面積	備註
柳杉	八〇〇	一·五畝	扁柏	一〇五〇	〇·〇五畝	
檜柏	六〇〇	〇·五	子孫柏	七〇〇	〇·〇五	子孫柏因未經移植輒成畸形
櫻花	九八	〇·四	女貞	一九〇〇	〇·一	
公孫樹	一五〇	〇·〇一	黄楊	一三〇	〇·一	
梓	一五〇	〇·〇一	海棠	四〇〇	〇·二	
冬青椿	三五〇	〇·〇五	紫荆	五〇	〇·一	

樹種	株數	面積	樹種	株數	面積	備考
石楠	七〇	〇·一	珍珠梅	八〇	〇·〇五	
梧桐	三〇〇	〇·二	梅椿苗	二〇〇	一·〇	
桃樹	二〇〇	一·〇	椶櫚	二〇〇	〇·〇五	桃樹受病害者甚多
槐	二三〇	〇·一	枇杷	六〇	〇·三	
玉蘭	八〇	〇·一	梔子	一五〇	〇·二	玉蘭因地濕易生病害
海桐	一二〇	〇·〇五	楓樹	五〇	〇·三	
金鐘花	一五〇	〇·一	石榴	五七〇	〇·六	
白臘	二〇	〇·二	紫薇	五〇〇	〇·二	
薔薇	八〇〇	〇·二	榔榆	八〇	〇·〇五	
大叶白楊	四〇〇	一·〇	楓楊	一二〇	〇·二	
合歡木	四〇	〇·五	桂	二五	〇·二	
李樹	五〇	〇·二	龍柏	五〇	〇·〇五	

合計　樹種三十八種　株數一萬〇三百八十三株　面積十畝〇二厘

民國十七年夏，本場成立後，積極進行，擬定育苗計劃，應興應革，按序實施。十八十九兩年，計繁殖樹種三十三種，容量五石四斗，扦插樹數二萬八千株，面積增至十一畝一分。惟於十八年夏，旱魃異常，苗木生育，受其影响。然因極力護養，尚能保存十萬七千四百五十株，至十九年增至二十餘萬株，一面謀向外推廣之方法，宣傳樹藝之重要及培育樹木之興趣，同年　市府規定，每屆三月十二日　總理逝世紀念日之前後一週，爲造林運動宣傳週。令飭本場於每屆運動週，儘量供給大批苗木，分送市民遍植，是年分發樹苗，計六千七百八十四株，夫繁殖樹種，固爲本場應負之使命，惟以有限之人工與地積，而供給如此多量之苗木，若無育苗之標準。則所有樹種數量，面積肥料及工程等，斷難預定，應需經費，亦無把握。玆爲日後之供應，不使缺乏起見，自二十年起，審察本市情形，酌量本場經濟，將所需各種苗木劃分爲四大綱，曰行道樹類，曰護岸樹類，曰庭園樹類，曰實用樹類，對於各類繁殖之計劃，加以精密之規定。玆將實施狀況，分述如左。

(1)苗木繁殖之計劃

繁殖之種類，本場所負之使命，爲普及園林佈置，提倡園林藝術，使都市田園化，以謀市民精神之愉快，而得康健之保障也。且本市爲中外觀瞻所繫，市政方期刷新，培育苗木，尤爲當務之急。但以本場地積，經費人工，均屬有限，故不求種類之繁夥，祇求數量之增多。茲將繁殖種類，開列於次。

甲、行道樹類

行道樹之選擇標準，宜取樹冠龐大濃綠，樹幹挺直，姿勢佳良，而富於風致，壽命長而冬季落葉，而且抗煙力較強，不易受病蟲害者爲佳。茲特選定下列五種而培育之。

a 篠懸木　b 楓楊　c 水白楊　d 公孫樹　e 欒

乙、護岸樹類

護岸樹宜選濕性矮幹，有細根蔓延，而無深大主根者爲合宜。茲特擇定下列二種而培育之。

a 杞柳　b 檉柳

丙、庭園樹類

庭園樹類，以枝葉茂盛，樹形秀麗，可資觀賞者爲標準。茲將主要者選定如下。

a 梓　b 槐　c 梧桐　d 楓香　e 石楠　f 檜　g 三角楓

丁、實用樹類

實用樹，乃供給民衆應用者也。宜選在本市風土之下，易於生長，而可供實用者，盡量繁殖，以備分送市民栽植。茲定下列六種。

a 喜樹　b 榆　c 櫟　d 刺槐　e 櫸　f 胡桃

(2)苗木繁殖之預算

本市今後所需苗木數量，必當與市政建設成正比列，在大上海設計計劃中，以全市面積百分之五．五為園林區域，則此偌大面積，非短期間所能造成。本場預定育苗，最高苗齡定至五年，即可供定植，故編為五年育苗預算表，規定每年出產二萬九千九百株。在民國二十年份播種及扦插者至二十五年份，均到定植時期。自二十五年以後，每年繁殖量，繁殖面積，定植株數，移植面積，施用基肥，補肥及所需之工程，均可以二十五年份之數量為標準。如此循環培養，庶可依轍進行。茲將二十五年以後，各種苗木可供定植之株數，開列於左：

民國二十五年起每年可以定植之苗木數量表

類別	種名	定植株數	種名	定植株數	種名	定植株數
行道	篠懸木	四、六五一	楓楊	四、六五一	水白楊	五八二
樹類	銀杏	八七二	欒	八七二		

類別	樹種	株數	樹種	株數	樹種	株數
小計		一一、六二八				
護岸樹類	杞柳	三、四〇〇	檉柳	三、〇六〇		
小計		六、四六〇				
庭園樹類	梓	六一二	槐	一、一六三	梧桐	一、一六三
	楓香	一、一六三	石楠	五八一	檜柏	五八一
	三角楓	六一二				
小計		五、九三七				
實用樹類	喜	五八二	榆	一、二二四	櫟	一、一六三
	櫸	一、一六三	刺槐	一、二二四	胡桃	五八二
小計		五、九三七				
以上四類統計		二九、九〇〇株				

(3)育苗實施工作

本場育苗已有規定，自二十年起，遵照育苗標準實施。惟該年春因滬戰關係，除自行採集樹種播植者外，其餘應播之樹種，均未能購得，不得不遲延一年。查目下所有苗木，合計二十餘萬株，故現有土地，均已種植預定，年必施以直接工作，中耕除草五次，施用基肥一次，補肥春秋二次，移植一次，修剪蘗枝二次，假植一次，挖掘一次，計現有之地積，現有之苗木，須用直接工作，年必二千餘工。茲以五年內，逐年育苗預定，各項直接施用工作總計，開列於后：

第一年（民國二十年份）

(一)繁殖量（分播種及扦插二種）

播種量……重量四五公斤合容量九五公斤　扦插量……株數一九、〇〇〇株

(二)繁殖面積……一三、五公畝　(三)基　肥……四四擔

(四)補　肥……八八擔　(五)工　程……一四三工

說明——以後各年繁殖量和繁殖面積，均與第一年之數量相同，不再重列。

第二年（民國二十一年份）

(一)移植株數……四〇、〇〇〇株
(二)移植面積……七一、五公畝
(三)基　　肥……二七六擔
(四)補　　肥……五五二擔
(五)工　　程……四七三工

第三年(民國二十二年份)

(一)移植株數……七四、〇〇〇株
(二)移植面積……一六八、〇公畝
(三)基　　肥……五八八擔
(四)補　　肥……一、一七六擔
(五)工　　程……八九五工

第四年(民國二十三年份)

(一)定植株數……三、四〇〇株
(二)移植株數……一〇一、五四〇株
(三)移植面積……二七〇、〇公畝
(四)基　　肥……九二四擔
(五)補　　肥……一、八四八擔
(六)工　　程……一、三七八工

第五年(民國二十四年份)

(一)定植株數……一〇、一一二株
(二)移植株數……一二一、三〇七株
(三)移植面積……三六四、〇公畝
(四)基　　肥……一、二三二擔

(五)補　肥……二、四六四擔　(六)工　程……一、八三九工

第六年（民國二十五年份）

(一)定植株數……二九、九〇〇株　(二)移植株數……一二一、三〇七株

(三)移植面積……三六四、〇公畝　(四)基　肥……一、二三二擔

(五)補　肥……二、四六四擔　(六)工　程……一、八三九工

本場歷年培植苗木，每屆年度之七月間，除以每年供給　市府需用及出售者，或遭意外天災損耗者外，必經詳細檢查。現有苗木一次，列表，記其高度苗齡株數，以資歷年生育之比較。茲將本年度（二十三年度）存留，現有苗木，列表如次：（見另表）

附列歷年繁殖樹種數量表

年別	樹種數	繁殖株數	備攷
十八十九年	三三種	二〇、〇〇〇	本年因試種性質故樹種特多
二十年	二〇種	五、五〇〇〇	本年起依照五年育苗預算繁殖之
二十一年	一七種	三、二〇〇〇	本年因滬戰關係祗以自行採集者繁殖之

上海市市立園林場現有苗木一覽表 民國二十三年七月查

本場訂有育苗五年計劃故每年育苗之種類數量面積肥料及所需之工程均就可能範圍按照計劃切實進行並規定最高苗齡爲五年即民國二十年所繁殖之苗木至二十五年均達定植時期預計民國二十五年以後每年可以定植之苗木有二萬九千九百株茲將本場二十三年份所有各齡苗木分別記載於下以資查攷

類別	樹名	三十公分以下者			三十公分以上者			六十公分以上者			一公尺以上者			備攷
		株數	高度	苗齡	株數	高度	苗齡	株數	高度	苗齡	株數	高度	苗齡	
行道樹類	樺				200	0.32公尺	1年	2000	0.65公尺	2年	222	1.21公尺	4年	查二十二年份九月二日十八日兩次狂風暴雨潮浸內部淹斃苗木有海岸松八百株黑松二千株石楠二百株檜柏二十株梔子花三十株麻櫟一百株銀杏三千二百株泡桐三十株篠懸木五百株黃金樹一百株五角楓五十株櫸七十株黃楊四千株梧桐二千三百株珊瑚三百十株楓香一百二十株臭椿八十五株楝一千一百株共一萬五千零十五株
	銀杏	400	0.20公尺	1年	1150	0.30	2–4							
	楓楊				8000	0.30	1	12000	0.62	2	28900	1.60	4–5	
	篠懸木							16200	0.90	1–3	20100	2.50	3–5	
	白楊										2200	1.70	1–2	
	楝										2030	1.50	1–6	
	合歡							102	0.60	3	164	1.30	4–6	
	枳椇				1000	0.32	1	765	0.93	4				
	黃金樹										2200	1.50	4–5	
	無患子							150	0.62	1				
	臭椿										14	1.30	5	
	重楊木				1000	0.35	1	12000	0.84	2				
	無刺槐				100	0.32	1				64	1.80	3	
小計		400			11450			43217			55964			
護樹岸類	杞柳				200	0.40	1				23000	2.00	2–5	
	檉柳							800	0.73	2	280	2.50	5	
	烏桕							1020	0.80	3	550	1.30	4–5	
小計					200			1820			23830			
庭樹類	梓							1300	0.70	2	2700	1.20	4–5	
	槐				1000	0.45	1	1750	0.74	2–3	552	1.50	4–5	
	梧桐	200	0.29	1	1500	0.40	4	4000	0.70	4–5				
	楓香	500	0.13	1							540	1.70	5	
	石楠	300	0.13	1	45	0.35	4							
	檜柏				25	0.40	3	36	0.64	4				
	三角楓				200	0.50	1							
	側柏	4500	0.25	1	380	0.53	3							
	子孫柏	5000	0.23	1	160	0.40	2							
	柳杉													
	冬青	40000	0.28	1	40000	0.32	2	570	0.90	4–5				
	黃楊	2000	0.10	1										
	榧子							285	0.60	5				
	枸橘							93	0.75	4–5				
	九龍柳							95	0.80	3–4				
	珊瑚樹	200	0.10	1	640	0.32	2–3	100	0.65	1	350	1.40	2–3	
	垂柳							80	0.60	3				
	紫薇	1500	0.19	1	800	0.34	2				450	1.30	1–3	
	五角楓													
	偃檜	50	0.05	1	44	0.42	4–5	60	0.62	1	40	1.20	2	
	海桐	2000	0.07	1										
小計		57250			44794			8369			4632			
實用樹類	棗				1300	0.40	1–2				270	2.30	4–5	
	榆				1500	0.34	1				1028	1.50	3–5	
	櫟				920	0.30	1–2							
	櫸				400	0.35	1	400	0.75	3	72	1.50	5	
	刺槐				1000	0.42	1							
	胡桃				200	0.50	2	660	0.85	2–3				
	白臘				500	0.40	1				285	1.00	5	
	君遷子				2000	0.35	1	150	0.64	2				
小計					7820			1210			2355			
以上四類統計		57650			64264			54616			86781			

二十二年	二八畝	一三、一〇〇〇	受本年九月十二八日兩次風潮損耗不鮮
二十三年	三五畝	八、四四〇〇	除以育苗標準二十種外其餘均爲試種性

七　本場風景園闢劃之經過

上海市市立園林場之總場，係民國十七年，接收前塘工局之花圃，改革而成，地甚狹小，除用爲開闢種植花卉，培養盆栽而外，不足以供市民之游賞。迄民國十八年冬　張前市長蒞臨東溝，鑒於本場襟江帶海，交通便利，風景幽美，地段適宜，在種植部份之外，有設置郊外風景園之必要，俾浦左市民，得高尙游覽之地，而將來市中心區繁盛以後，對江民衆，或游浦東，亦有清雅休息之所，當令土地局收買附近民田二十八畝餘，以便進行。自茲一年有餘，手續告竣，即將所收之地，劃歸本場應用，於二十年春，特委造園專家，着手規劃，精密設計，詳細繪圖，並編製預算，備文呈請當局，以便鳩工開闢，用以改革都市之浮華，崇向自然之陶養，而健全市民之體格與精神，意至善法至美焉。茲附原計劃書於次：

上海市風景園計劃書

世界文明各國，對於園林之設施，視爲要圖。美國庭園專家，譚甯利氏，有每十萬人之都市，需公園面積一千五百英畝之主張，而英國倫敦平均七百五十人佔公園，或兒童游戲地一英畝，上海爲東亞巨埠，面積計七十萬畝，人口達二百八十餘萬，物質上之供給，固可謂應有盡有，而精神上陶冶性情澄清空氣之園林佈置，則尙感受缺乏，租界內原有之兆豐公園，約佔地三百餘畝，顧家宅花園，約一百七十餘畝，虹口公園約二百四十餘畝，外灘公園約三十餘畝，如是不但面積過小，且均爲外人所經營，一般市民莫得而享受之，前者　張市長蒞臨浦東，因鑒於市立園林場風景之幽雅，與市政中心僅一水之隔，故有擴充爲郊外公園之　鈞諭。自來一年，土地已規劃完備，內容亦逐漸充實，因有着手建設之必要，斯爲本市建設公園之發軔，而爲中外觀瞻之所繫。故宜有相當之佈置，方足以示表率。茲就地位與經濟關係，擬具計劃書如下：

園門面向黃浦，而接近碼頭，外觀整齊，出入便利。

由園門入內兩傍，爲岩庭配置，岩石高低屈曲，以模倣高山自然之形狀，就相當之處，栽以常綠之針葉樹，如松柏之類，石之孔隙，分配陰性草花或小灌木，以增益自然之趣味。

原書缺頁

沿石階而下，達事務室，傍設整形之草地，四角植球形之常綠樹，中立印度松，清爽整潔，閑逸秀麗。事務所之西南，有　總理遺像一座，北植闊葉常綠樹，以作蔽屏，南種牡丹芍藥，以表敬意，牡丹園之南，亦爲自然式之風景園，廣汎之草地，與深綠之樹蔭，適宜配置，東南角有茅亭一所，前面草地，後臨池水，爲休息之勝地。

池做日本式，中有小島，成洲濱形，栽植古色蒼然之老松，配置姿勢秀麗之岩石，岩石之間，栽以小灌木或球形之常綠樹，池中飼養金魚，培植睡蓮，傍架橋三座，橋用杉木製，上覆泥土，更鋪芝草，使水陸並茂，益處美觀，東北角高邱上，又設茅亭一座，傍植竹林，及白花木蓮，以與全園常綠樹相爭妍。

池之東，爲一帶築山式之庭園，高低起伏，迴繞曲折，怪石錯落，老樹槎枒，富具天然妙趣。

正中設法國式之花壇，四邊入口處，置飾鉢八座，用以種植蔓性花卉，中央設日時計一座，用壯觀瞻，花壇之內，均栽觀葉之熱帶植物，及四季花卉，庶終年得以觀賞。

詎料是年夏，洪水爲災，遍及全國，秋後瀋變繼起，國難臨頭，萬事蜩螗，動工開闢之議，因之不得不暫行延擱。雖然，本場猶冀其速成，不問時局如何，在冬初抽調場工之一部，并酌量增僱短工，芟除雜草宿根，遷移坍塌荒坟，平其窪窿，奠定基礎，其時適爲潘前社會局長，偕同米秘書吳科長蒞場視察，亦認爲在經費未准以前，應先動工，以期有成，是日局長秘書科長，暨本場包場長，曾於預定地點，欣然手植檜柏各一株，以示動土紀念，正擬積極興工，平地開河築路之際，而二十一年滬戰暴發，本市百政停頓，各機關經費，大加緊縮。本場一切設施，亦同受限制，縱有土地的款始終無着，進行爲難，但任其荒廢，更感可惜，且土地不施鋤耕，蓬荻叢生，不但有礙觀瞻，反使園色減退，於是在萬難之中，力求辦法，於維持現狀期內，勉强抽調場工先除春草，按照預定之計劃，再事開掘繼以挑塡，使低窪之地，得有相當之排水溝，凡應有之路基，泥阜，土山花壇等等，初步工程次第形成，曲折之風景河亦具雛形矣。然此時本場經費，自滬戰減縮之後，猶未恢復，雖欲繼續僱工再加精密處理，終以力有未逮，進行迂緩。但園地一經挑塡，大爲整齊，各種秋開花卉，酌量定植其間，故園景已非前時可比，是年深秋，本市擬舉行第三屆菊花展覽會。爰即利用此尚未完成之園地，設法佈置，以作會場，將曲折河道重行開闢掘深，掘起之河土，加塡土山島嶼，及高矮之花壇，粗砌細築，更形整齊，園中大道小徑，此時已可行走自如矣，在河之東岸，搭設扇形紫藤棚一架，瀕水映影，幽景可觀，在河之北部，復掘小池一口，使與大河相連，上架小橋，則水景更深一層，園之中央，建設偉大之竹棚一座，紮彩結錦，壯麗非凡，即充當時各出品家，陳列名菊之精所，更以本場自產各種大小盆菊，散佈於島嶼山谷之間，綿延斷續，頓成錦繡世界。又在預植芝草之平地，用同種同色小立菊，排成各種美術字樣，陸續佈置，一至開會之日，昔爲不毛之地，頓成五色燦爛之天成菊圃，數萬觀衆，莫不讚美，甚至有留戀其間而忘返者。於此可見民衆對於自然園林之需要，及建設風景之不容緩也。故於此年之冬，即利用開工將已成之路基山坡、花壇、草地、大加修整，所有溝渠河道底部餘土，招工包攬，悉數挖起，各段河岸，同時鏟修一齊，成四十五度之坡面，岸上遍扦杞柳櫸柳木槿等護岸樹木，以避雨水之冲流坍損，經此一度修築，風景園之大體已稱完具，及二十二年春，本市第五屆植樹式籌備委員會，爲便於集合，及將來精密護養起見，議決應用本場新闢之風景園，充爲植樹場。三月一日，本場接奉該委員會通知後，即着手籌措，重行實地測繪，放大全園圖樣，預定各種佈置設計種植方法，凡島嶼斷岸，建築橋樑涵洞，使之連絡，園道山路，均敷煤屑，以利行走，將原有之棚架修理一次，重懸錦彩，佈成禮堂，以便舉行儀式，在限期內，將應植之樹穴，一一挖妥，並入基肥，將各種貴重樹木，次第運場，置入穴內，在園之西北隅，另築高花壇三級，上立石筍三塊，預備篆字，以誌紀念，每在主要路口，各推山石作爲標識，所有佈置，迄三月十日，一體就緒，至十二日上午，吳市長親臨主持，市府各局長官暨各團體各學校代表，以及各界參觀者，不下萬餘人，九時舉行典禮，吳市長與各名流相繼演說畢，即按預定之次序，分道植樹，是日官民歡叙，紀念總理，植樹造林，誠極一時之盛。本場風景園之基礎，亦可謂於是日奠定矣。所植樹木，本場爲保護完善計，無論大小樹木，其根部重行灌水，充分衡實，並加土於其上，至樹木完全固定爲度，其中樹勢幹形高大者，另用竹木爲架，分別支持，以避風害，當時所種之樹木種類，及數量附表於次：

上海市第五屆植樹式在風景園所植樹木種類數量表民國二十二年春

樹種	數量	樹種	數量	樹種	數量	樹種	數量
塔柏	三〇	平冠柏	一二	龍柏	九二	臥柏	二五
五針松	五	垂枝松	五	線柏	一	玳瑁黃楊	八
雞爪楓	二	細葉紅楓	一	白皮松	一	德國冬青	二〇
黑松	三	紫竹	二	箬葉竹	二	灑金柏	一
紅楓	二〇	桂花	一〇	玉蘭	五	雪松	六
柳杉	五〇	花柏	二	羅漢松	二七	絨柏	二
馬尾松	二〇	眞柏	四	堰柏	四	球柏	二
翠白竹	二	蘆青竹	二	共計		三六六株	

除此三百六十六株之外，在各空隙之處，復補植本場自產之水臘樹、白楊、楓楊、垂柳、海桐、刺槐、淡竹、女貞、黃楊、石楠等又二千餘株，總估價值，當在三千元左右。至是年初夏，凡山麓坡側，悉播芝草，道傍岸邊徧種草花，於是地有綠草，潭有蓮花，島嶼之間，有橋樑，山麓嶺巔有曲徑，綠蔭繽紛，景緻別饒，全園觀瞻，幽雅宜人，但不知其中經過者，果可一顧置之，苟叩其細情，搆成此園，確已煞費心神耳，而目下尚付缺如者，即亭臺樓閣等紀念物，是則需費甚鉅，設乏相當機會，在目今局勢之下，殊難辦到，按本場所定計劃，猶不僅於此，如經費有着，在該園之東北部，尚擬闢一可以生產之禽類飼養區，及重要魚類之水族館，標明試養之方法，使游覽者於觀賞動植物之機會，得研習農藝之常識，又爲便於灌溉露地花草，及中外貴重樹木之塵埃計，擬裝置自來水臺於適當地段，引管入園，另裝關鍵形成各式噴水泉若干處，以壯觀瞻，更以農藝之進步，必須與學術相輔而行，方能提倡普及，在本場經費充足時，擬建築農藝圖書館，廣徵書籍，使民衆於游覽之餘，復可研究種植之學。總之其中增設或改進之處極多，因經費籌備爲難，未敢妄談，以後有何工作，當再繼續彙錄，以求教於高明。

八　對外之提倡

(1)代造庭園

近數年來，市區居民，已漸知人生與自然生活之緊要，宅旁屋後，留有隙地，以便栽種樹木，佈置花草，以增進居住之興趣，但委託普通園圃，代爲佈置，恆以取費過貴，不合經濟原則。本場爲便利公司機關及市民起見，特訂定代造花園約章，有來場委託者僅取工資運費及最低之花木代價外，如測繪、設計、監工等項，全盡義務，故來場委託者，逐漸增加，記之於册者，計有濬浦局同人體育場、大明火柴廠、上海羊奶公司、三修小學、浙江實業銀行職員宿舍地、上海市銀行市中心分行、潘公館、謝公館、吳公館、褚公館、孫公館、海岸巡防處等數十家。最近又承造南市護軍營路沈宅花園，範圍雖不甚大，但以全部委託本場之故，除代爲設計佈置園景，定植花木之外，凡一切挑掘建築等工程，堆置假山開掘池沼及搭建棚架茅亭等等，均由本場派員經營，監工督造，工程既竣，均認爲精巧幽雅，又極經濟，此後聞風而來者，想更有其人焉。

(2)參加農產品流動展覽會

本市社會局，鑒於我國農村經濟，陷於衰落，改良農產，爲復興農村之要舉，特於一月間，開始舉行農產品流動展覽會。並指定陸行、楊思、漕涇、眞如、殷行等各區，舉行展覽會地點，使各區鄉民，於應行改良之各項工作，得有深切之認識，以期觀感所及，相率踵行，藉收改進農事之實效，本場與農事試驗場，同爲農政之重要機關，故除參加出品一百餘件外，並派員隨地搬運佈置，常川管理，切實指導農民，說明一切，自開會以迄閉幕，參觀農民，不下數萬人，誠提倡農事之絕好方法也。

(3)舉行第五屆植樹式

二十二年三月十二日　總理逝世紀念日，即爲本市舉行第五屆植樹式之期，事先籌備委員會會議席上，以下列之五點，決定以本場之風景園爲植樹地。(一)紀念林植於一處，則護養周到，成林較速。(二)紀念林植於有規劃之園內，使民衆便於觀瞻，則造林運動，發展較易，收效必大。(三)紀念林植於濱江之田野，灌溉排水，既可便利，日光亦特別充足，將來結果，自必優良。(四)多植貴重庭園樹木，使民衆知多植樹木，不但可以調和空氣，調節水利，尤可明瞭培養庭園樹木，間接得以生利，直接足以養身。(五)利用本場之風景園地，造成紀念林，不但可以供市民之遊息，尤足引起追慕　總理之偉大精神。故本場自接到通知後，即敬謹從事測繪場地，挑掘河土，填高假山，修築水溝涵洞，以便排水，河上築架小橋，路面勻舖煤屑，以便行走，開掘樹穴，放置基肥，爲植樹之預備，運搬所購樹木到場後，即入穴粗埋，以便植樹者躬親扶植，劃分區域位置，俾各機關各團體各學校及私人植樹時，有一定之所在，豎立紀念碑，以備刻字而留紀念，規定路由，以便出入，建築彩樓牌坊，以壯禮場，佈置禮堂，以備舉行儀式，以上進行事項，統於十一日以前，一體就緒，次日吳市長躬親蒞場，主持一切，出席參加者，有教育局長潘公展、公用局長徐佩璜、公安局長文鴻恩、財政局長蔡增基、工務局長沈怡、衛生局長李廷安、土地局長金里仁、暨市府及各局全體職員、又外交部駐滬辦事處劉偉生、特區地方法院張天福、警備司令部參謀長張襄、市商會主席王曉籟、市黨部姜豪、海軍練習艦司令陳訓詠、江海關汪宗建、地方法院汪勛高、二分院張大椿、總工會葉恭倫、暨上海女中、愛羣、西城、時代、務本、西溝、三修、譚鎮、和安、比德、萬竹、吳淞、洋涇等中小學校師生，暨花樹業同業工會及各工農會等數千人。吳市長致開會辭，略以東北森林，已爲日人佔去，樹人樹木，雪恥端在努力，全場莫不動容，潘公展王曉籟演說語多沉痛揚勉，全場空氣緊張，肅穆莊嚴，誠偉舉也，開會後，即將所植樹木，細加檢視，其種植未合法者，略事整理填實，並附以支柱，以防風害，今已蔚然成林，風景別饒，極足引起參觀者造林興趣焉。

(4)造林運動宣傳週撥送樹苗

本市自規定造林運動宣傳週後，本場即歷屆預備大批樹苗，通知市內各界人士，到社會局登記領取種植，俾得遍市栽植，又以二十一年春，受時局影響，未能舉行。故在此二十二年二十三年兩屆所備樹苗，略較高大，頗合分送之用，事前先酌定可以分送之樹苗種類數量，如白楊、杞柳、青楊、刺槐、楓楊、楨、三角楓、烏桕、合歡、扁柏、槐樹等十餘種，令場工逐一挖掘，修剪鬚枝，酌截主根，分別捆紮，計二十二年共送樹苗數量為七千株。二十三年為七千二百六十株，均經送至社會局，與向外界購來者，分配撥贈，此兩屆前來領取者，格外擁擠，可見提倡造林，已有成效可見也。

(5)編製推廣苗木花卉章則

本場自成立以來，對於推廣苗木花卉，無日不在設法中，惟以所得代價，須全部解庫報銷，而本場經常費項，又屬有限，僅供平日維持之用，致補充內容，遂成問題，於是有利用出售花木代價，補充種植材料之呈請，以資補救，市府當局，亦洞悉本場此種情形，故即蒙批准，爰編製各種推廣辦法及章則，以利進行，計編就呈准施行者五種：(一)訂購花木辦法，(二)租擺花木約章，(三)推銷花木規約，(四)代辦材料簡則，(五)代造花園約章，至關於此項各股辦事細則，尚在續訂，俾臻完善。

(6)舉行第三四屆菊花展覽會

菊花開於凡卉凋零之後，晚節獨標，異傳林泉，提倡藝菊，足以陶冶品性，安定人心。故本場每年舉行菊花展覽會，以資觀摩，而供欣賞。自十八年十九年舉行兩次後，頗著成效，二十年以各地發生水災，不克舉行，一班人士，頗爲缺望。二十一年賡續舉行，組織籌備委員會，籌備主任包伯度，積極籌備，是年爲第三屆菊花展覽會，決定於十一月五日至七日，仍在浦東東溝市立園林場舉行，除場中名菊五六百種，計七八千盆外，復向本市各公私園圃，徵集出品，以資觀摩，又爲優待出品家及關係人起見，向市公用局輪渡總管理處，商妥優待辦法二條：(一)參加出品，一律免費，(二)由本會印送請登輪渡半價票通知單，以便往返，聘請王一亭、謝公展、童玉民、范肖岩等十一人，爲審查委員，組織審查委員會，以便審查各家出品，分別獎勵，同時設計佈置會場，於園林場大門，豎立松柏牌樓，嵌以『本市第三屆菊花展覽會』十大字，入門甬道寬闊，旁植子孫柏及鷄冠，間雜以菊，碧綠叢中，紅紫鬪豔，溫室及辦公室間，以五色菊綴成上海市市立園林場八大字，前後左右，圍以盆菊，甬道正中轉折處，綴成黨旗一面，四周圍以立菊，令人起敬，向西有小溪一道，沿溪北行，展覽會之二門在焉，門旁架小橋，千紅萬紫，碧波朱欄，映染成趣，入二門，即爲園林場預定之郊外風景園，面積廣泛，展覽之要區也，正中建築鞠廬一座，中有菊花山，旁有菊花床，安置名貴菊種，及各家珍品，以防風雨，而便欣賞，廬外菊畦，方圓相間，異種名花，星羅棋佈，出入要道，並以盆菊擺成本市第三屆菊花展覽會十大字，入口處，有菊塔挺立，擺以各色菊花，顯現天下爲公四字，場內自東至西，堆爲弧形之土阜，掘成四環之河溝，遠望之，山崗起伏，菊嶺綿延，流泉曲折，花影參差，作拱衛鞠廬之勢，遊人謂置人此中，幾疑誤入桃源，無復塵世之想，十一月五日，正式開幕，是日天氣晴和，故雖非假日，參觀者，亦甚擁擠，六日七日，因天氣轉寒，狂風怒吼，菊花臨風飛舞，更覺嫵媚動人，參觀者，不但不減，反覺遊興勃發，統計三日內，除浦東民衆團體及鄉民外，各界到場者，有市立培英小學、西新小學、武城小學，華東社、上海孤兒院、大夏大學、西湖學社、滬江大學、中國銀行同人、上海華益女學、上海郵工旅行團、中華職業教育社、私立武穆小學、高橋濟羣醫院、市立鹽倉小學、培朝小學、鎮東小學、仁記小學、吳淞水產學校、以及浦東市立各小學等、而海上名流、各界聞人、園藝專家、以及各機關同人、暨滬市民衆，到者不下數萬人。本會並於辦公處，另闢精室一間，陳列筆硯及磁青裝裱之玉版箋尺頁，以備詩人遷客，名士畫家之手澤，而藉留鴻雪，計當場留題者，有吳鐵珊題「淵明遺愛」、洪頌炯題「秋英精華」、嚴蒼山題「秋菊有佳色」、王一亭畫有「墨荷」、「火煉金丹」等十餘種，謝公展畫「麒麟角」、「鯉魚潑墨」、「孔雀銀輝」、「粉背麒麟」等多種，邱鶴年畫「墨荷」、「第一黃」及山水蒼石等多幀，張紅薇鄭曼青亦畫有菊花甚多，此外會期前後，函寄詩詞者，有前軍政部次長陳儀，實業部司長徐廷瑚、吳承洛、于蘊蘋、何玉書、蔡無忌、彭家元、謝槐孫、楊枕谿、吳懷、洪荊山、蔚秀山民、匡啓璠、任乘參、柳亞子諸先生等，詩詞甚多，爲菊會生色不少，總計本屆出品名稱，逾五百盆，數達八千，五光十色，美不勝收，審查結果，及格者，計十六家，實各有所長，小觀園碧霞園，品種特達，技術精巧，風姿工力，悉臻上乘，且命名確當，堪稱全會精華，得分在八十五分以上，黃氏畜植場，芝玉廬，沈杏苑，或高雅絕倫，或搜羅宏富，均非凡品，洵屬難能可貴，非蒔菊老手，不能出此，得分在八十分以上，列入甲等，暨南大學之立菊，能應用人工，獨傲羣英，陸永茂則以幽雅勝，市立公共學校園則以雄厚勝，中華物產園則整齊慎密，別饒興趣，其餘如祥順花園，培利花店，閘北慈善團，陶士傑，翔豐花園，顧蘭記，疊園花圃，亦均栽培得宜，差擅天然，以上十家，得分均在七十分以上，列入優等，總計十六家，均分別發給獎狀，以資鼓勵，此次開會，值滬戰之後，各公私園圃，或有毀於炮火者，但參加出品，仍甚踴躍，琨枝金蕚，羅列一廳，實覺琳瑯滿目，美萃東南，而園林場經此次廣為徵集，交換品種頗多，即分別保存，善為培養，故增加品種甚多，此實園藝合作，顯著之成效也。民國二十二年，賡續舉行第四屆菊花展覽會，並由會長吳醒亞，委派錢仲南、王樹基、鄭純忠、黃岳淵、洪頌炯、陳賓華、潘鴻鼎、包伯度、俞誠如、葛九如、施肩吾、姚祖英、陳兆适、為籌備委員，指定包伯度為籌備主任，由籌備會議決定，為便利參觀及出品家運送出品起見，特與大陸商場中國國貨公司接洽，即在該公司三樓大廳，為展覽地點，並斟酌菊花情形，定於十一月十日至十二日三天，為開會日期，規定徵集出品辦法四條，（一）選定參加本會之出品，每家以五十盆以下為限。（二）所選出品，於十一月九日上午八時至十二時，下午一時至三時，逕到南京路大陸商場中央天井，屆時由本會派員點收，發給收條。（三）所選出品，交付本會後，即由本會負責保護。(四)參加出品，於十一月十三日，憑收據發還，同時組織審查委員會，並柬請名流，來會審查品題，並由會長，函請各界頒給獎品，以昭鄭重，此外又在大陸商場中國國貨公司四樓，另闢上海市菊花市場，由園林場介紹本市各公私園圃，將各種名菊，薈萃一處，廉價分讓，以供同好，而資推廣，開會之前，先將會場佈置妥當，由南京路正門內，電梯上昇，至三樓，即爲大會會場，門外設簽名處，懸掛歷屆名菊照片，並備有園林場風景片及栽菊術，來賓於簽名後，並分送菊展特刊及花木目錄，以資宣傳，會場門上，有上海市第四屆菊花展覽會匾額，旁懸一聯曰，祇以菊花爲性命，本來第宅是神仙，入門有菊山一座，陳列各種名菊，級級排列，極爲壯觀，折而左，又有一聯曰，香飄紙帳銅瓶外，甲爍金風玉露中，會場右角，另有小文菊多種，插以小花瓶，配以竹架，其後則襯置極大之立菊，大小輝映，倍增佳趣，會場腹部，以黑紗屏風，交互間隔，極盡曲折之妙，將各園出品，擇淡雅者，置近屏風，濃艶者位於窗口，使吸收光綫，恰到好處，出口處，亦有一聯曰，在風霜侵蝕關頭，應愧黃花能抵抗，值經濟恐慌時代，共欣國貨得暢流，沿窗有立菊多種，發育特大，綺麗雄壯，得未曾有，統計全場出品，計三四十家，都一千餘種，五光十色，美不勝收，場之四壁，並懸畫菊專家謝公展之菊石，及其高足姚雲綺之菊畫，又名畫家史不昧之人物，及其他畫家之珍品多種，琳瑯滿目，蔚爲大觀。會期原定自十一月十日至十二日三天，後應各界人士之請求，展延二天，至十四日爲止，共計五天，因地點適中，交通便利，出品既特別踴躍，來賓更非常擁擠，且時屆深秋，節近小陽，風日晴和，足助遊興，每日自上午九時起，即絡繹不絕，下午則會場幾無容足處，而十二日一天。適值　總理誕辰，各界放假，故前來參觀者，尤為擁擠，統計五日內，陸續到者，有廈門大同中學、興業小學、福建集美學校旅行團、本市各學校各機關團體，以及各界名流，海上聞人，滬市民衆，每日到者，平均約在萬餘人，審查委員到者，有王一亭、謝公展、吳藴農、蔡無忌、鄭秉文、陳管生、黃岳淵、楊弓仁、對於各界出品，作精密之審查，謂本屆出品，佳種特多，或高雅絕倫，或秀色可餐，名貴特達，較前二屆爲尤勝，而管生農場，附陳之多肉植物，就形定名，莫不恰當，觀者深爲嘆賞，十二日，特將審查委員，籌備委員，會場全境，及名貴菊種，分別攝影，以留紀念。此外寫生家之對花寫生，攝影家之對菊攝影者，紛紛不絕，詢盛會也，招待室在會場之西北，窗面南京路，佈置精潔，以備各界名人之遊息或題詠揮毫，四壁除滿懸歷屆書畫外，復陳列各界獎品，有本市保安處楊處長，贈大銀盾一座，文曰雅芳共賞。公安局文局長，贈銀爵一座，文曰熱心農事。實業部商標局何局長，贈大銀盾一座、文曰敷榮勝茂。商品檢驗局蔡局長，贈大銀盾一座，文曰秋滿東籬。新聞報館贈銀爵一座，文曰石岸新種。兩路管理局黃局長，贈銀盾一座，文曰也是花王。教育局潘局長，贈鏡額二方，文曰天然佳品，國色天香。上海縣潘縣長，贈立軸一幀，文曰珉枝金蕊。上海縣農民教育館張館長，贈鏡額一方，文曰傲霜逸士，又布額一幅，文曰「金精」。中國國貨公司贈鏡額一方，文曰品冠九白。衛生局李局長，贈鏡額一方，文曰卓然不凡，花樹業同業公會，贈壽字一幀，又上海特別市黨部之銀爵一座。公用局徐局長鏡額一方，中央研究院精製花盆一對，及上海縣教育局唐海安等獎品，共二十餘件，可見各界贊助菊會，提倡藝術之誠意，而當場揮毫者，有黃勝白題，終有一朝黃勝白，花開無怨九秋遲，集美學校參觀團題，秋容可愛，鮫川農題霜下傑，應輝題晚節，洪頤炯題秋光艷影，柯定盦題莫談國事，且賞黃花，朱鳳蔚題秀色可餐，李逵先題蔚爲大觀，許寶華題秀抑羣芳，葉元鼎題東籬鬬艷，蔡無忌題藝術精巧，潘文安題雅集開三徑，寒香殿九秋，不隨流俗污，瘦影傲公侯，朱華題香海層樓百度新，繁英簇擁滬江濱，我來無限登臨感，過眼黃花待小春，又謝楡蓀吳憤圖等詩詞甚多，作畫者，有謝公展畫閉月一秤，題爲石不能言花解語，又畫明月秋光及紫光閣，題爲燦爛花中雜貞石，便多畫意於詩情，王一亭畫新鋒鬬等多種，劉作籌畫麒麟角見月初二種，又邱鶴年之菊石，高焌之白鳳尾，劉震春之黃菊，洪頤炯之蘭石等，統計不下數十幅，又會期前後，鄭寄題詞者，有市長吳鐵城題「東籬秋色」，蔡元培題「東籬競爽」，文鴻恩題「傲霜挹露」，俞鴻鈞題「傲霜之骨」，張羣題「秋光佳色」，潘公展題「亮節高風」，吳醒亞題「茂對神怡」，謝公展題「艷與桃李同，性適松筠比，所以素心人，引之爲至己」，吳承洛題「自然美花」，徐佩璜題「冷香三徑」，汗伯奇題「香清一室」，李廷安題「時人應識傲霜菊」，金里仁題「老圃秋容」，陳涵度題

東籬秋色

本市第四屆菊花展覽會特刊

吴鐵城題

傲霜之骨

俞鴻鈞

上海市立園林場菊花展覽會紀念

傲霜挹露

文鴻恩題

上海市立園林場菊花展覽會特刊

冷香三徑

徐制佩璜敬題

上海市市立園林場
菊花展覽會紀刊

亮節高風

潘公展題

上海市市立園林場菊花展覽

東籬競爽

蔡元培題

茂對神怡

本市第四屆
菊花展覽會

吳醒亞

上海市立園林場菊花展覽會

香清一室

汪伯奇題

上海市立園林場

人淡如菊

陈匪度题

上海市立園林場

自然美化

吴承洛敬题

艳与桃李同性逾松
筠比顽何素心人引
之为知己

当年与秦木介子联句咏菊之一

上海市市立園林場菊展览會

周信芳题

坐对东篱把鹤觞无风无雨适
重阳繁华还细斗芳艳更
看奇葩晚节香昔年菊傍
战场开拂净烽烟瑞气来
满径秋英今更秀载诗况乏
魏公才

谭延闿题

上海市第四届菊花展览会

傲骨可風

吴恒如题

上海市立园林场菊花展览会

老圃秋容

金里仁题

上海市立园林场主办菊花展览会

时人应识傲霜菊

李廷安题

题市府园林场艺菊

耻作趋时品霜浓始着花凌寒争骨健犹淡远繁华瘦影真清绝倪能晓郎看无言泽默醉醉对斜阳

仰苏书于年方七竹

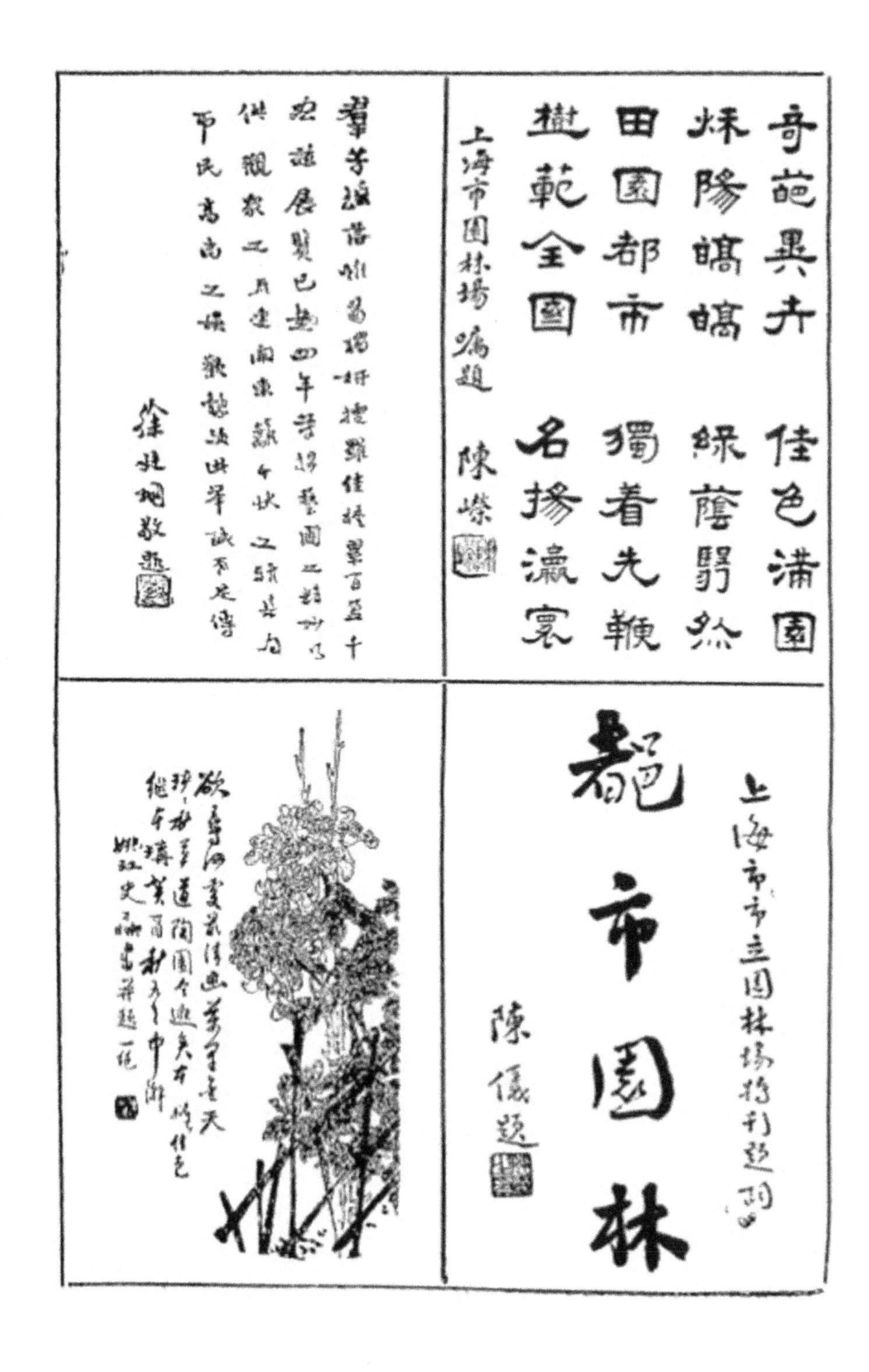

奇葩異卉　佳色滿園
烊陽曬曬　綠蔭鬱然
田園都市　獨着先鞭
樹範全國　名揚瀛寰

上海市園林場屬題　陳嶸

聲華璀璨唯蜀稻研提難佳妝翠百五十
竟誰展覽已逾四年辛爭藝圖二指州乃
供觀教之用遂兩東籟七狀之騎其為
甲氏高尚之娛熱懇淑世舉誠不足傳

徐迬翅敬題

都市園林

陳儀題

上海市市立園林場特刊題詞

欲為名池置一區萬竿遂天
瑯玕翠通階開圃全迎夫有竹佳色
縱年琤琤葉肩秋水中瀟
姚虹史羽卿舊題於花

之伯展先生設菊花展覽會於海上園林
寄芙徵郎為賦滿江紅一闋回吟增感敬祈
郢政　苗勁平

大好林丸大吞天涯世之荊棘空恨望江山如故
金甌非昔往事儘隨春日去而今又見西風定
問黃花君記昨年情花應泣家國恥猶未將身
世恨何時釋且休容老圃寄情詩隱傲骨能支霜
雪春香乙丑花初放碧更將翻蠡辛夢陶潛難人戟

滿江紅　菊　用姜白石平韵體

蕭意重與風來起驚秋眼看高處心
芳菲趁涼意沈沈其國有人多感慨
重陽何地可登樓鎖出者不足位人搆
誰與尋寒慈老何林情彩擄首
陰長對此西風籬撓蒼入塞吟啼雨裏
枝他日詠微霜秋抱暮秋心恨此花開
後更多某賢悠深

此乃丙日壯秋日

姚江　徐祥謝撝先上

菊稱逸品照顯凡卉藝菊專難古
今來首推陶川明為巨擘而下上園林
場場者　包伯展先生獨能繼陶令
而稱藝菊聖手年植數千株一任培養
則緋紅儀白轉綠迴黃名種不可以數計
歸年展覽名士美人迷於笛來莫不異
口同聲嘆　欣賞今且舉行第四次展覽
我知千盆深引黃花背後必更為人空前
畢來品題如而包君之功偉矣　朱鶴

上海市立園林場菊花展覽會

藝苑美品

褚民誼題

幽香高趣

清華仁兄題

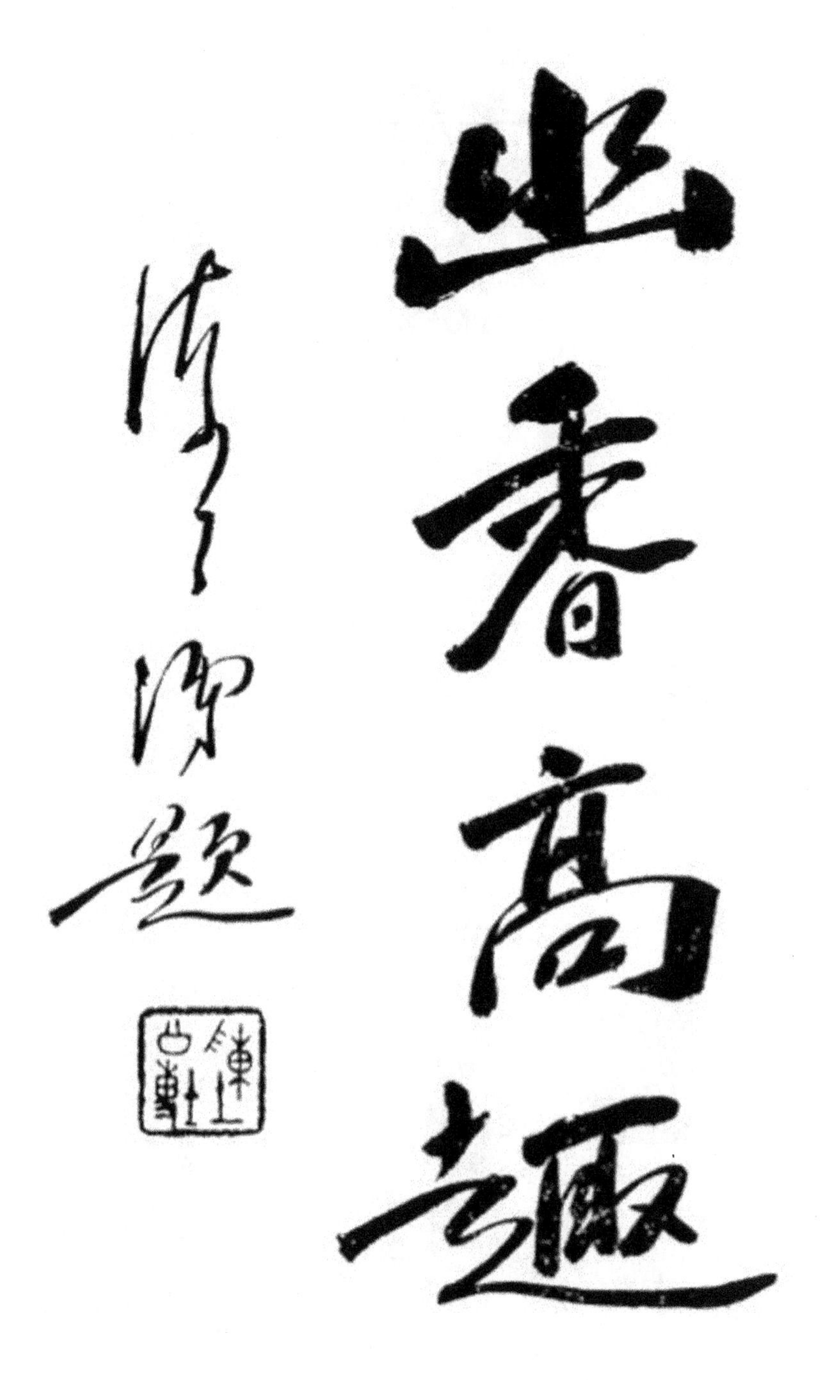

「人勝如菊」，陳儀題「都市園林」，吳桓如題「傲骨可風」，秦無忌題「清麗居宗自成馨逸」，褚民誼題「藝苑美品」，陳公博題「幽香高趣」，又謝榆蓀、吳承洛、張夢鷗、徐藻、戴任、傅映珊、譚熙鴻、潘文安、陳繁、朱鳳蔚、徐廷瑚、苗啓平、李冷、吳東邁、吳懷、葉元鼎、吳覺農諸先生，詩詞甚多，可見各界對於菊花之歌詠歎賞，實非普通花卉所可比也。

(7)舉行新生活運動提燈會

新生活運動，自蔣委員長在南昌發起後，全國響應，風起雲擁，普及於軍政學黨各方面，於是我國固有之禮義廉恥四種道德，在此國運衰頹之際，漸有恢復之望，本場地處浦東，爲提倡園藝，培養花木，使市民得有高尚娛樂之場所，以陶冶性情，修養身心，藉以革除一切不正當之娛樂，與新生活運動，有密切之關係。故於五月二日，邀同東溝區分部，公安分所，及小學校等，舉行新生活運動提燈會，參加提燈者，有東溝各局辦事處，大中華自來火梗片廠、高行市委辦事處、各小學師生，及民衆，計數千人，先在本場風景園之草地上集合，舉行儀式，包場長講新生活之意義與人民之自覺，晚六時遊行，自東溝出發，沿途觀者如堵，而懸燈結彩，以表歡迎者，到處皆是，繞高行鎮一週，然後回至東溝散會，秩序甚佳，第一次新生活運動，於此結束。

（8）本場風景園内之園遊會

本場位於浦東東溝，襟江帶海，美擅天然，早爲滬上人士遊覽之勝地，自二十二年春　吳市長躬親蒞臨，在風景園舉行植樹式後，增植貴重樹木，佈置橋樑荷池，十山草地，園林競勝，花木鬪艷，景色之佳，更與往日不同，浦西人士，公餘之暇，疊塵烟蔽日，空氣汚濁，車馬喧鬧，風沙撲面，欲散步遊息而不可得。故每當三春佳日，秋高氣爽，以及炎夏盛暑之候，往往邀集友朋，携帶眷屬，來場遊賞，絡繹不絕，而各機關各團體，又常先期向本場接洽，商借風景園，舉行園遊會，或在臨時方棚之內，化裝演講，或就廣大草地之上，擲球作樂，或依山麓而跳舞，或据茅亭以聚餐，往往携帶中西樂器，運動用具，各擇所好，隨意享樂，以恢復工作時所耗廢之精神，大有此間樂不思蜀之概。玆査來場作此種園遊會，而特別筆之於記錄者，有基督教青年會、友聲旅行團、中華化學工業會、新聞記者團、蛾社交誼會、上海商品檢驗局同人，以及市府各局同人等數十家。

九　本場第二分場樹藝標本區設計綱要

（一）設立之動機

本場之任務，原以研究樹藝，提倡種植，以促進生產爲宗旨，凡高貴樹木，珍奇花卉，以及各種優異之園藝植物，向各處廣事搜羅，改善栽培方法，使適合於本市風土，以期大批繁殖，培養成材，以爲市民陶冶心神，增加生產之發動機關。自民國十七年，成立以來，一切設施，悉本此兩項原則而進行，雖因時局艱難，經費拮据，預定計劃，尚未全部實現，幸市府當局，竭力贊助，海上各界，切實指導，以及市民之堅確信仰，所有業務，均具相當成績，近以市中心區，政府人民，力謀建設，以冀最短期間，促其繁榮，本場職司園林，對於市民之陶冶心神，至關重要，況今後市區民衆，漸集漸多，無論日用或建設，對於樹藝應用，當然與日俱增，供給之所，亦惟本場是賴，奈以位在浦左，雖僅一水之隔，因有種種關係，諸多不便，現爲市民觀摩便利起見，不得不在市中心區，另設樹藝標本區，以供市民於遊息觀賞之間，引起樹藝之思想，隨時作種種之諮詢，而符本場提倡之初衷。

(二)地段選擇之經過

本場此項動機，起於二十二年之冬，所需地畝，初擬以本場軍工路第二分場原有之苗木移植區，加以開掘挑填，佈置花壇、荷池、亭、臺、藤棚、溫室等類，以充之，並擬具簡明設計，繪製佈置圖樣，開列預算，呈奉社會局，轉奉市府批准臨時經費一千四百十元，經常費每月一百七十元，以便進行，後以移植區位於浦濱，地勢低窪，與築圍堤，需費頗巨，又以距市中心區，爲途尙遠，參觀游覽，以及花木之搬運，尙感不便。爰於二十三年春，對於領地手續，由包場長先向市府暨有關各局，作詳細之探求，次謁市中心建設委員會沈委員長，備述前項理由，探問市中心綠蔭地帶內，有無空地可領，當承沈委員長認爲此舉同屬繁榮市中心之策劃，允予竭力設法，後經相當手續，乃將市府之東南、虬江與華原路交角處之地十畝另一分，撥給本場闢爲樹藝標本區之用，因請工務土地兩局，會同辦理該地給償遷坟及拆屋等事項，幷請財局提前撥發該項經費，以便本場及期應用，至本年七月間，因地點既已更改，原定之第二分場臨時佈置費，亦不得不呈請轉移，現亦令准照辦，如此轉輾經過，費時達九月之久，方得辦理就緒也。

(三)地勢與位置

本區地點，在市中心區市府大廈之東南隅，南傍虬江，西接華原路，東倚原有之排水溝，查其地勢，北低而南高，北部爲向來農家之水田，將來祇可供爲芝坡及荷池之用，南部爲昔日開河堆土之跡地，與北部低地比較，高出丈餘，日後佈置之際，可就其原有之地勢，更施以人工，則事半功倍，省力多矣。

(四)實施方針

該區所有地價拆屋遷坟等手續，由工務土地兩局，辦理妥當，將該區之管業權，交付與本場後，即可派員按照下列之順序進行之 (1)測量，(2)計算挑填工程，(3)繪製圖樣，(4)酌定栽植花木之種類與數量，(5)計算各項工事及種植費用，限於本年冬季，利用閒工，着手工作，使全區形成雛形，則早春即可大事種作。茲酌定該區各項規劃之方針如下，以便設計時，有所準繩也。

(1)全區地勢，南高北低，相差懸殊，故宜隨其原有之高低地形，酌量開掘挑填，以合乎天然之形勢，不必特別做作。

(2)屋宇、高等溫室、棚架、橋梁等等、材料務求堅固耐用，構造則取簡單，式樣大小，以合本區景色者為主。

(3)樹木須選其罕貴重之花葉共賞，樹勢佳良者。

(4)花木種植方式，除壇心樹類外，均採用三株以上之羣栽方法，取其開花或放葉之際，可增進特殊之風緻。

(5)各類樹羣，及各段佈置之地位，須形成各種格式，以供滬上各花樹同業，擇段佈置，長期陳列，使游覽者感覺特殊風趣。而有意佈置園庭者，可覩實景，而請託也。

(五)組織及管理規則

第一條　本區隸屬於上海市市立園林場。

第二條　本區以栽培標本花木，供市民觀摩爲宗旨，掌理事務如次：

(1)研究各種花木之培養方法，

(2)介紹優良花木及園藝上之用具，

(3)處理市民或種植家所寄養之花木；

(4)代市民設計及佈置庭園等；

(5)解答關於園林事業之諮詢，

(6)關於其他園林上之試驗及宣傳等事項。

第三條　本區之職員及場工暫定如左：

(1)技佐一人，

(2)助理一人，

(3)花匠二人場工若干人。

第四條　技佐秉承場長，管理全區事務，依照技師所定各項設計，率同助理工役，處理一切技務事宜。

第五條　本區存管理上應備之各種簿據。

(1)場務日記，

(2)參觀簽名册；

(3)工作日記，

(4)花木查存統計簿，

(5)花木收發及出售登記簿；

(6)農傢具登記簿；

(7)其他簿據。

第六條　本區應報告總場之事項如左：

(1)每週之工程與事務，編具週報表，報告之。

(2)每月終，將已完成之業務，編具行政報告。

(3)如遇特殊事項，須備臨時特種報告。

(4)關於經費之收支，須每週報告一次。

(5)每年年終，須造具各項查存報告。

第七條　本規程如有未盡事宜得隨時呈請修正之。

第八條　本規程自公佈日施行。

(六)特約種植陳列花木辦法

一、本場爲便於本市花樹業者，得將所有花木種類及造園材料，陳設於本樹藝標本區起見，特定此項辦法，使本市花樹，普遍發展，以符本場提倡之宗旨。

二、本場對於參加種植陳列花木各家，所栽花木，另闢區域與棚架，得作爲廣告性之永久放置或定植，不取手續費，但其種類數量及式樣，須由本場指定。

三、凡參加此項種植陳列花木者，須具下列之資格：

(子)有五年以上之蒔花經驗者；

(丑)在本埠或本埠附近設有花圃或種植場者；

(寅)對於花樹園藝提倡種植素有決心者；

(卯)對於花樹有特殊產銷及改良能力者，

(辰)對於花樹栽植上有特殊技能者。

四、參加本場此項種植陳列之出品及一切造園之材料遇有顧客需要時，本場即可代爲介紹。

五、凡參加本區種植或陳列花木者，須依本場所定之日期內，開明姓名、通信處、園名、地址、及陳列出品之種類、數量、形式、大小、逕函本場，先行登記，待本場接洽函覆，方可定奪。

六、凡參加種植陳列花木者，其各種花木或造園材料之放置地點，無論定植棚放，均由本場預爲規定，不得任意處理。

七、本場對於種植陳列花木者，所有出品，除平日盡力管理外，不負其他責任。

八、凡委託本場陳列之花木，均以木本爲限，至若盆景之類，冬季須入暖房，而屬於培養性質者，須酌納護養費用，暫定三等如次：

第一等　盆幅一市尺以內植科在一市尺以內者，每盆每月護養費二角。

第二等　盆幅二市尺植科在二市尺以內者，每盆每月護養費四角。

第三等　盆幅二市尺以上植科在三市尺內外者，每盆每月護養費五角。

(其植物如特別貴重，顯形特別高大，或病蟲爲害，須加治療或修葺者，其護養及手續費須議面。)

九、本特約辦法如有未盡之處，得隨時修改之。

十、本特約辦法呈請社會局核准施行。

十　上海市龍華虬江吳淞三段景風林實施計劃書草案

緒言

國家森林之多寡，影響於國計民生者至大，蓋國家一切之建設，水旱之防治，以及人民日常生活之所需，莫不有賴乎森林。故森林實爲國家天然財富之保障，近世科學昌明，森林之功用，發現尤多，先進諸國，對於國內原有之森林，保護周密，新造之林木亦研究不遺餘力，無論官民觀念一致，舉辦試驗機關，研究培植方法，設立林務署局，專司管理保護獎勵等事項，成爲有系統之重要政策，其屬於民衆經營者，村有村林，學校有校林，團體有公有林，無不應地制宜，隨時建設而補國家能力所不及，屬於國家經營者，高山巨河，有保安林，沙灘海濱，有防風林，各地有地方林，都市有風景林，進行之計劃周詳，保護之法令嚴密，有犯林法者，課以重罪。故其成效卓著，細考其辦法，雖各依其地勢氣候民情而有差異，然其目的，則無不同，務使全國之內，山無荒墟，野無不樹，利用天然地力，增加收入，衆益風景而收受人類樹木，共存共榮之實效，誠建國之要政也。近年吾國政府秉　總理遺訓，提倡植樹，亦極努力，各地每年所植樹木爲數亦屬不少，惟以國土遼闊，匪患頻仍，教育文化無從深入，對於森林利益，多未深切認識，欲普遍全國之造林事業，尚有待於共同之努力，本市爲東亞巨埠，殊非內地可比，一切設施，可謂應有盡有，獨於市民精神上，衛生上，有密切關係之風景林木，雖有預定，猶未見諸實施，夫本市區域有七十四萬畝之廣，市民達三百三十萬之衆，人文薈萃，交通便利，爲萬百事業之樞紐，動輒足以樹風全國，影響世界，風景林區之闢劃與實現，誠爲不可再緩之舉。　吳市長有鑒於此，於月之六日召伯度入府面諭是項造林設施，並以市區廣大，不克同時舉行，特先擇要指定由楓林橋附近，沿謹記路，東廟橋路等至龍華近效，劃爲南段風景林區，間植楓樹桃樹之類，恢復龍華原有桃源之景色，又定市中心區，循虬江兩岸爲中段風景林區，遍栽垂楊桃樹，沿軍工路而北直至吳淞炮台灣海塘內外之空地，蹔塊栽植松柏之類，成爲北段風景森林之區域，以增本市自然之風景，使市民得有高尚清雅之遊憩地，並期成爲國內都市風景林之模範，用意至善且美，當委伯度孜細籌劃，擬具計劃書，備文呈請，核准施行，伯度歸場後，當與技師俞誠如審慎商酌，對於指定各段風景區域，先事實地調查，詳加研究，按其地勢土質之不同，環境之需要，擬成實施概要及預算，謹誌於左。

(一)三段風景林地勢及區域之勘定

本市幅員廣大，可以闢爲風景之區域頗多。茲就浦西最宜構成風景林之市區而言，以其地位與地勢之不同，可酌分爲南中北三段，此三段之範圍與地勢分述於次：

第一南段風景林區，即楓林橋附近，直至龍華鎮近郊之一段屬之，可分爲南北兩部，其北部之直路(向南北者)，包括大木橋路、小木橋路、東廟橋路、楓林路、謹記路、天鑰橋路等橫路(向東西者)，包括斜徐路、市政府路、沈家浜路、斜土路、龍華等路，其南部以龍華爲中心，北至蘆輔橋，東至龍華江口，南迄龍華車站飛機場路，西至漕河涇港之東部均屬之，斯段無論路旁河岸之兩側，其大部分咸屬高燥肥沃之土，陽光亦頗充足，將來樹木栽植之後，發育必旺，且在北部各路已有多數行道樹，早付定植，成績頗佳，其兩樹間之距離，均在六公尺以上，設補植各種半陰性花木於其間，紅綠相稱，景色殊美，惟在龍華鎮之周圍及警備司令部之左右，屋宇毗連，道幅過窄，陽光既缺，土質堅實，樹木栽植以後，恐不易生長，且人畜爲害保護維艱。故在種植時，務須另選易長樹類，保護辦法，亦必另行規定，方可期其繁榮，又南部之龍華四周，可提倡栽培水蜜桃，使成爲大規模之桃園，則春日遍地桃花，夏季果實纍纍，不但風景幽雅可以遊覽，即龍華桃之舊日名譽，亦可恢復，風景與經濟兩得其利，實爲上策。

第二中段風景林區，即市中心附近各幹道，及虬江流域屬之，惟各道路之工程，尙未完成，風景樹之種植，猶可稍緩，而虬江之業已疏浚部分，即可着手造林，虬江東起於黃浦江至虬江橋，分爲二支，一向北流而逶沈家行鎮，迤邐而西過市政府之前，穿淞滬路而至陸家角，再西過趙家巷至復旦大學與其他河渠相接，此處河面甚窄，船隻不通，無栽植風景樹之必要。一向南流過觀音橋，即轉向西流過華立路、華原路、大同路、黃興路、而至其美路，再西即向北流河狹如溝，亦無種樹之價値，在此兩支流域中，其大部業經工務局疏浚，河床已深，河面亦闊，待種植風景樹後，綠蔭映水，鮮艷非凡，莊嚴幽雅，兼而有之，惟河工方竣，兩岸土堆，猶未全去，又如沈家行以南祝家頭，沿岸地勢較低，都屬水田，在種植樹木之際，不得不略分遲早，即有土堆之處，須預先運去，低窪之處，另堆樹壇，庶可一栽就成，毋勞二次工作，尙有一點尤須注意，虬江爲市中心唯一之水道，將來出入船隻，駁岸牽路，所在多有，故實施栽種時，務須寬留地位。

第三北段風景林區，即自虬江橋起，沿軍工路而北，越蘊藻浜循吳淞鎮外馬路至海堤炮台灣一帶屬之，察該段所有之路面，堤幅高低闊狹，殊不一致，而土質之肥瘠鬆硬亦復不同，在種植時，其應用之樹類，大有斟酌之處，其可整塊栽種風景林者，均在炮台附近及隨塘河之外側，土質尙佳，估其面積，除炮台基外，約有六百公畝以上。惟其產權，有屬機關，有屬團體或屬私人者，在實施種植之前，須詳細調查，設法收回，或先交換意見，然後可以進行。至於各道路及堤塘原爲市有，儘可先擇適宜之風景樹種植之，以期早日成林。玆就所定三段風景林區之栽植範圍，分別擬定種類數量費用及護養辦法等於下，以憑實施。

（二）三段風景林區應用樹木之種類及數量

造林之要道，在乎應地制宜，故種植之樹種，必須求其合乎本地風土及環境，乃能欣欣生發而成林。惟以經費及目的之關係，又不得不審慎斟酌以出之。玆按本市三段風景林區種植之目的，地勢之不同及環境之需要，擇定樹種規定數量，逐一分配如下表所示。

甲、南段風景林區所需樹苗數量表

項別／地點	起點至終點	路岸長度（公尺）單長	路岸長度（公尺）雙長	每株栽植距離（公尺）	應栽株數	樹木種類	附註
大木橋路	北起徐家匯浜南至龍華路止	一二〇〇	二四〇〇	六	四〇〇	李	
小木橋路	北起徐家匯浜南至龍華路止	一四二五	二八五〇	六	四七五	桃	

楓林橋	北起徐家匯浜南至沈家浜路止	一七五	三五〇	六	五九	紅葉楓	
東廟橋路	北起徐家匯浜南至龍華路止	一五〇〇	三〇〇〇	六	五〇〇	五叉楓	
謹記路	北起徐家匯浜南至龍華路止	一八〇〇	三六〇〇	六	六〇〇	紫薇	
天鑰橋路	北起徐家匯浜南至龍華路止	二五〇〇	五〇〇〇	六	八三四	櫻	
斜徐路	東起大木橋路口西至天鑰橋路止	二三〇〇	四四〇〇	六	七四三	三角楓	
市政府路	東起小木橋路口西至楓林路止	二二二五	四五〇	六	七五	紅葉楓	
沈家浜路	東起小木橋路口西至楓林路止	二五〇	五〇〇	六	八四	櫻	
斜土路	東起木橋路西至天鑰橋路止	二四〇〇	四八〇〇	六	八〇〇	海	
龍華路	東起大木橋路南至龍華車站	二九五〇	五九〇〇	六	九八四	桃	
龍華港	東起黃浦江口西至龍華鎮止	一一五〇	二三〇〇	五	四六〇	柳桃	夾栽
漕河涇港	北起龍華鎮南至薛家浜口止	六二五	一二五〇	五	二五〇	柳桃	夾栽
蒲匯塘	北起茂公橋南至龍華港止	八五〇	一七〇〇	五	三四〇	柳桃	夾栽
合計		一九二五〇	三八五〇〇		六五九五		

說明：(1)龍華鎮近郊，提倡民間栽培改良水蜜桃，其設施另節記述。

(2)自中和路口至龍華車站之鐵道兩側，長約四千公尺，每株距離五公尺，計植樹八百株，應栽何種風景樹類，可託兩路管理局設計之。

乙、中段風景林區所需樹苗數量表

地點＼項別	起點至終點	岸線長度(公尺) 一岸	岸線長度(公尺) 兩岸	每株栽植距離(公尺)	應栽株數	樹木種類	附註
南虬江	東起黃浦江口西至其美路止	六八〇〇	一三六〇〇	五	二七二〇	柳桃	夾栽
東虬江	南起觀音橋北至沈家行鎮止	二四〇〇	四八〇〇	五	九六〇	楓楊、桃	夾栽
北虬江	東起沈家行鎮西至陸家角止	三一〇〇	六二〇〇	五	一二四〇	柳桃	夾栽
合計		一二三〇〇	二四六〇〇		四九二〇		

說明：凡工廠屋基坟塚及公園等地，不在計算之內。

丙、北段風景林區所需樹苗數量表(一)

地點＼項別	堤路長度（公尺）單長	雙長	每株栽植距離（公尺）	應栽株數	樹木種類	附註
永清路	七五〇	一五〇〇	五	三〇〇	櫻	
城淞路	二五〇〇	五〇〇〇	五	一〇〇〇	梅	
炮台灣路	二八七五	五七五〇	五	一一五〇	梅	
吳淞外馬路	三〇〇〇	六〇〇〇	五	一二〇〇	柳、桃	夾栽
其他堤路	二二五〇	四五〇〇	五	九〇〇	楓楊、烏桕	夾栽
合計	一一三七五	二二七五〇		四五五〇		

北段風景林區所需樹苗數量表（二）

地點＼項別	面積概計（平方公尺）	每樹栽植面積（平方公尺）	實栽株數	樹木種類	附註
隨塘河外側	一一〇〇〇	四	二七五〇	中國側柏、馬尾松	夾栽

無線電台附近	五〇〇〇	四	一二五〇	楝、刺槐	夾栽
炮台附近	四八〇〇〇	四	一二〇〇〇	中國側柏、黑松	夾栽
合計	六四〇〇〇		一六〇〇〇		

(三)三段風景林所需樹苗及栽植費

甲、三段風景林所需樹苗價目表

區段 \ 數量	樹名	株數	高度(公尺)	單價(圓)	總價(圓)	備考
南段風	李	四〇〇	一・五—二・〇	〇・八〇	三二〇・〇〇	
	桃	一九八四	一・五—二・〇	〇・三〇	五九五・二〇	
	紅葉楓	一三四	一・五—二・〇	六・〇〇	八〇四・〇〇	
	五叉楓	五〇〇	一・五—二・〇	五・〇〇	二五〇〇・〇〇	
	三角楓	七三四	二・〇—二・五	〇・五〇	三六七・〇〇	
	紫薇	六〇〇	一・五—二・〇	二・五〇	一五〇〇・〇〇	

景林	櫻	九一八	一·五—二·○	一·五○	一三七七·○○
	梅	八○○	一·五—二·○	一·○○	八○○·○○
	柳	五二五	一·五—二·○	○·一○	五二·五○
	合計	六五九五			八三一五·七○
中段風景林	桃	二四六○	一·五—二·○	○·三○	七三八·○○
	楓楊	四八○	二·○—二·五	○·一五	七二·○○
	柳	一九八○	一·五—二·○	○·一○	一九八·○○
	合計	四九二○			一○○八·○○
北段	櫻	三○○	一·五—二·○	一·五○	四五○·○○
	梅	二一五○	一·五—二·○	一·○○	二一五○·○○
	桃	六○○	一·五—二·○	○·三○	一八○·○○
	柳	六○○	一·五—二·○	○·一○	六○·○○
	刺槐	六二五	一·五—二·○	○·○五	三一·二五

風景林				
楓楊	四五〇	二·〇—二·五	〇·一五	六七·五〇
烏柏	四五〇	一·五—二·〇	〇·一〇	四五·〇〇
馬尾松	一三七五	一·五—二·〇	〇·四〇	五五〇·〇〇
黑松	六〇〇〇	一·五—二·〇	〇·五〇	三〇〇〇·〇〇
中國側柏	七三七五	一·五—二·〇	〇·三〇	二二一二·五〇
楝	六二五	一·五—二·〇	〇·一〇	六二·五〇
合計	二〇五五〇			八八〇八·七五
三段總計	三二〇六五			一八一三二·四五

附註：樹苗價目，隨時變動，至需用時，投票購入，并宜派員實地查驗，以期價廉貨實而合用。

乙、三段風景林栽植費用表

區別＼數額	稱樹株數	費用項目	數量	銀額 單價	銀額 總額	說明
南		支柱	六五九五支	〇·四〇	二六三八·〇〇	八尺筒木連繩

林別	株數	項目	數量	單價	金額	備考
段風景林	六五九五	肥料	一三一九〇片	〇·〇五	六五九·五〇	每株用棉餅二片每元可購二十片
		工資	三一五工	〇·七〇	二二〇·五〇	每工種二十株連掘穴縛紮等工作在內
		運費			一五〇·〇〇	
		雜費			一〇〇·〇〇	
		合計			三七六八·〇〇	
中段風景林	四九二〇	支柱	四九二〇支	〇·四〇	一九六八·〇〇	
		肥料	九八四〇片	〇·〇五	四九二·〇〇	每株用棉餅二片
		工資	二四六工	〇·七〇	一七二·二〇	每工種二十株連掘樹穴堆樹壇及縛紮施肥等工作在內
		運費			一〇〇·〇〇	
		雜費			七〇·〇〇	
		合計			二八〇二·二〇	
北		支柱	四五五〇支	〇·四〇	一八二〇·〇〇	
		肥料	九一〇〇片	〇·〇五	四五五·〇〇	每株用棉餅二片

段風景林	(一)	四五五〇	工資	二二八工	〇·七〇	一五九·六〇	每工種二十株
			運費			九〇·〇〇	
			雜費			六〇·〇〇	
			合計			二五八四·六〇	
	(二)	一六〇〇〇	肥料	一六〇〇〇片	〇·〇五	八〇〇·〇〇	每株用棉餅一片
			工資	四〇〇工	〇·七〇	二八〇·〇〇	因不用支柱每工可種四十株
			運費			二〇〇·〇〇	
			雜費			一〇〇·〇〇	
			合計			一三八〇·〇〇	
總計		三二〇六五				一〇五三四·八〇	

(四)三段風景林平日護養費用

種樹緊要，護樹更緊要，樹木種植之後，必須長期護養，方能欣欣繁榮。若聽之自然，勢必病蟲爲害，發育不全，決難成林。按如上述，有規模之造林，所費不貲，爲求得日後良好結果計，平時務須嚴格護養。茲列護養費用表於下，以憑實施。

平日護養費用表（一年份）

項目／費用		南段	中段	北段	合計	說明
俸薪		一五六〇·〇〇	兼任	兼任	一五六〇·〇〇	技術員一人月支八〇元 助理員一人月支五〇元
工資	人數	一一	八	二〇	三九	管理工作有除草鬆土修剪整理施肥加土去枯補植及防禦病蟲人畜等害預定南中段每工人管理六百株北段管千株月支十七元
	金額	二二四四·〇〇	一六三二·〇〇	四〇八〇·〇〇	七九五六·〇〇	
文具		一二〇·〇〇	通用	通用	一二〇·〇〇	紙筆簿籍等月支十元
肥料藥劑		三六五·七〇	二九五·二〇	一二三三·〇〇	一八九三·九〇	每株每年平均用肥料五分用藥劑一分
視察費		一二〇·〇〇	八四·〇〇	九六·〇〇	三〇〇·〇〇	路途遙遠又須勤於視察頗需費用
租金				三六〇·〇〇	三六〇·〇〇	北段租屋五間每間每月租金六元
器具		一六〇·〇〇	一二〇·〇〇	一四四·〇〇	四二四·〇〇	鋤鍬鋸剪等農具
雜費		一二〇·〇〇	一二〇·〇〇	一二〇·〇〇	三六〇·〇〇	
總計		四六八九·七〇	二二五一·二〇	六〇三三·〇〇	一二九七三·九〇	

附註：一、一年間之護養費，總計爲一萬二千六百三十一元九角，每月平均一千零五十二元八角三分。

二、中段工人可暫住於市中心園林場第二分場之標本區，職員及南段工人可住於花果苗木繁殖區，北段工人則不得不另租工房以住之。

三、花果苗木繁殖區之技術事項，由本區職員彙管。

(五)設立花果苗木繁殖區

查本市滬南區，爲昔日龍華水蜜桃發源之地，即以小木橋爲中心，縱橫十餘里，阡陌相連，桃林蓁蓁，三春佳日，桃花盛發，滬人士每相約前往遊賞者即此地也。後以市區廣大，開闢道路，火車站一帶，人煙漸密，地價增高，種桃農家漸息其業，桃產爲之頓減，目下種桃地點漸漸南移至漕河涇附近，但遠不及往昔小木橋一帶之盛，且因種法簡陋，管理粗放，形色品質，皆已退化，加之農民見聞淺陋，無輸種改良之觀念，而聽其自然，以致坐失其利，而不自覺，向來名馳中外之龍華水蜜桃，反遠不如他處改良種之佳矣。際此復興農村時期，對於如斯有淵源之產桃農區，實有力謀恢復之必要，一方佈置風景，調節市民精神，一方添設花果苗木繁殖區，以謀改良品種，增進生產，而裕農家之收入，誠爲目前亟待進行之要政也。且添設花果苗木繁殖區，其利點甚多，蓋藉此可以樹範農民，如果園、如何設計爲最安全，果樹如何剪定，方得整美樹姿，栽培方法如何施行，方能獲得良好果實及大量生產，高貴苗木，如何嫁接，方足產生珍奇品種，以上種種，農民均得有所觀摩，自易普及，同時養成多數有價值之花果苗木，以備廉價分讓於附近農家，現有劣種自可逐漸淘汰矣。然後再將餘多苗木，供給本市各段風景林區補植及市民佈置庭園之用，則收效宏，必大有可觀，該區技術事宜，可由風景林區及園林場職員兼任之，至於平日管理，則酌雇有經驗之工人數名當之，大約種植有一百二十餘公畝，已足敷用，設能覓得相當公地則更佳，否則向民間租用所費亦不鉅也。茲開列該區進行綱要及臨時經常費用之預算於次。

甲、花果苗木繁殖區進行綱要

（1）場圃面積之支配

場圃面積預定爲一百二十公畝，大概已可敷用。茲將各項花果苗木種植及培養之面積分配如次：

桃樹母本培養圃十二公畝　（目的爲採取芽條供嫁接之用）

李樹母本培養圃十二公畝　（同　上）

其他花果母本培養圃十二公畝　（同　上）

桃李各式剪定及整枝圃二十四公畝（爲供農人參觀與仿效）

枯木培養圃　（供嫁接成苗之用）

移植圃　（此苗育成後供發給或分讓之用）

（2）花果苗木每年出產之預定

按照以上移植圃，每公畝出產良苗一百株，推算在三年後，每年當可產出各種花果苗木五千顆左右，是供附近農民開闢或更新果園五百公畝之所需。至於各類花果苗木繁殖之種類數量，於實施時自須斟酌當地情形，規定所需要之數量而後，着手嫁接，并須將各類果苗之出產數量，編成周期育成表，按期繁殖，俾得源源供給。

（3）提倡與指導

農人智識有限，不易改進，本區宜令農民來區參觀，予以實地指導，并設果樹插枝及剪定之圃，以資標榜，研究新品種之適宜於本市風土者，設法提倡推廣，以期普及，又可利用公餘隨時入農村視察，以期連絡，而農村各種生產問題，亦得藉此逐漸發展，誠改進農事之要道焉。

乙、花果苗木繁殖區之經費

（1）花果苗木繁殖區臨時經費預算表

項目	金額	說明
種苗種子	六〇〇・〇〇	每公畝五元
房屋	三〇〇〇・〇〇	十間每間三百元
肥料池	三〇〇・〇〇	
園藝用具	五〇〇・〇〇	棚架圍籬支柱等
家具	三〇〇・〇〇	各種用具炊具及寢具等
雜費	二〇〇・〇〇	
合計	四九〇〇・〇〇	

附註：南段風景林區，辦事職員及護養工八十一名，亦須寄宿於本區。

(2)花果苗木繁殖區經常費預算表（一年份）

項目	金額	說明
租金	一八〇・〇〇	圃地一百二十公畝每公畝年付租金一元五角

工資	一四一六・〇〇	技工二名每人月支二十五元 工人四名每人月支十七元
消耗	一二〇・〇〇	薪炭茶油等
肥料藥劑	三六〇・〇〇	肥料每公畝每年二元五角藥劑每公畝每年五角
種苗	一二〇・〇〇	母本枯木及實生種子等
購置	一二〇・〇〇	添補農具及用具等
修繕	六〇・〇〇	屋宇器具修理等
雜費	一八〇・〇〇	
合計	二五五六・〇〇	

附註　一、二年間經常費爲二千五百五十六元，每月平均不過二百十三元。
二、本區技術事項由管理風景林區及園林場職員兼管之。

(六)三段風景林區及花果苗木繁殖區經費預算一覽表

費別 ＼ 區別	風景林區 南段	風景林區 中段	風景林區 北段	風景林區 小計	繁殖區	合計	備攷
臨時費 樹苗	八三二五·七〇※	一〇〇八·〇〇	八八〇八·七五	一八一四二·四五	四九〇〇·〇〇	三三五六七·二五	
臨時費 栽植	三八六八·〇〇	二八〇三·二〇	三九六四·六〇	一〇六三五·八〇			
經常費	四七〇九·七〇	二二五一·二〇	六〇三三·〇〇	一二九九三·九〇	二五五六·〇〇	一五五四九·九〇	
總計	一六九〇三·四〇	六〇六二·四〇	一八八〇六·三五	四一六六一·一五	七四五六·〇〇	四九二二七·一五	

附註·一、風景林區，共植樹三萬二千零六十五株，故對每樹一株所需之臨時經費不過八角九分，經常護養費不過四角，似不爲多。

二、繁殖區有面積一百二十公畝，故對每公畝所需之經常費爲二十一元三角，臨時開辦之費，亦以節省爲主。

(七)三段風景林區樹木保護辦法

諺云·栽樹容易保護難，又云十年樹人，百年樹木，可見種植樹木，果爲要圖，而保護又非長期嚴密不爲功，否則損害迭出，決難成蔭，小者有減林相，大之功虧一簣。且本市種植之風景樹木，以觀賞者爲多，價值較貴，非民間所常有，初栽之時，不免偸竊，而所栽地點，又屬道傍河岸，多車馬往來，花紅葉綠之際，難免攀折，又如虬江沿岸，因限岸牽路關係，須留地定植，小民之有意毀拔，更在意料之中，計三段風景林種植地帶有八萬五千八百五十公尺之長，樹數達三萬二千零六十五株，較本市現有之行道樹範圍，更爲廣大，專賴少數管理員及工人照料，勢難周到。故在風景林木種植之前，應擬定下列辦法，以達保護成林之目的。

（1）釐訂本市風景林區，保護法規，呈請　市政府核准施行（該法規另訂）。

（2）呈請　市政府令飭公安局及市政委員辦事處通知各圖董各地保，仰令民衆一體知照，隨時保護。

（八）結論

綜上各節，所述三段風景林區，應用樹木之種類數量，以及花果苗木繁殖區之設立，均就本市環境之需要，而審核規定，使本市風景林木與花果園藝，同時並進，無顧此失彼之弊。按此設計，嚴密實施，妥當保護，則十年之後，全市景色，決不如目下之枯燥，市民公餘，當可得怡情養性之所，而龍華桃產，亦可供給市民而有餘，對於市區之繁榮與人民之健康，必有極大之補助，此外間接直接之利益，尤不勝枚舉，而統計此項事業之臨時費用，不過三萬餘元，每年經常費用，亦僅一萬五千餘元，所費有限，而收效甚廣，是則不得不欽佩吾　吳市長之高瞻遠矚，於政務繁冗之際，而力謀實現此福國利民之要政也，吾人安得不身體力行，奮勉從事，以副吾　市長之期望乎。

中華民國二十三年十月

編輯者　上海市市立園林場

上海浦東東溝

印刷者　交通印刷所

上海華嘉路七五號

電話　二一七八九

園林計劃

莫朝豪 著

民國二十四年

莫朝豪著

園林計劃

陸幼剛題

民國廿四年九月

都園吉趣

胡楝朝題

胡楝朝章

都市園林化

鄉村都市化

張仲新敬題

張仲新

朝霞同学编著园林计划秋稿画成题此纪念

树木树人

吴晁新题

樹立風聲

張香譜敬題

地道敏樹

盧頌芳題

Yellow Flower Monument 黃花崗

The Ancient Lignt Tower 光塔

Sun Yat-sen Monument 中山紀念碑

The Water Tank on Yueh Shiu Hill 越秀山水塔

Flower Pagoda 花塔

Central Park 中央公園

Shiu Kong Bridge 小港橋

The Municipal Museum 五層樓

The Wing Hon Park 永漢公園

園林計劃

（南華市政建設研究會叢書）

莫朝豪著

目次

吳序

輓近潮流激盪。四海騷然。治學術者每以新文化相標榜。恣談主義。競尙玄虛。順口雌黃。罔切實用。其能致力於專門之研究。科學之探討。促進建設。福利民生者。能有幾人。此我國民生之所以凋殘。而百業之所以落後也。同窗莫朝豪。具有科學精神之志士也。少嫻教育。長習工程。每以提倡物質文明建設事業爲職志。精研土木工程學。而於市政規劃一道。尤擅專長。嘗與予共主工程學報于粤之國民大學有年。每以其研究之所得。發爲文章。嘉惠士林。誘進後學。大名不脛而走。今又以其經驗之所得。參以西學之精華。著爲園林計劃一書。文辭暢茂。理實兼賅。豈獨予後學以津梁。抑且可爲都市設計之根據。其用心之深邃。精力之優異。誠有足多者。書成。猶欲深秘。不肯示人。予以其能啓發後進。足供衆賞也。乃促付黎棗。並樂爲之序。

廿四年秋中山吳民康于廣州

自序

園林計劃是改造原有城市與創立新市的重要設計，它具有幾種任務：一方面是盡量減少都市中固有的機械底色彩，添加以自然的景物與平和的綠蔭之區，別方面創設幽美的公園，遊樂場所和園林市區，以調劑市民枯燥呆板的勞苦生活，使都市成爲美化的安樂底田園。然而，園林計劃並非單純的設計，它包含市政，工程，農林，藝術等要素的綜合底科學。因此欲使計劃中各個問題得到顯明的解說起見，便把數載研究所得和實驗，經著者與園林專家多次參訂和删改，才草成這本小册。

書中開始把現代都市狀況和未來趨勢，先作簡單的敘述，然後寫出都市園林計劃的大綱，希望讀者得有明切的觀念。

市政組織之健全與否，直接影响都市計劃的成敗，所以園林行政系統實有研究之必要，故書中先把各大都市的園林組織介紹出來，然後詳細的加以討論。

公園與路樹爲園林計劃中最重要的建設，所以本書對於公園設計與建築及路樹的栽培管理諸問題，理論和實施方法並重，俾讀者對於實地設計營造之時得爲參攷。

我國市政建設，猶在少壯時期，因此本書特別把國內各大都市的園林建設狀況申述出來，無非是希望關心市政的人們對各地的建設事業及施政方針得到眞實的認識，俾於開始計劃之前以爲借鏡。

園林計劃之著作，在本國出版界中猶未多見，著者於生活忙迫之下寫成此書，錯誤之處在所不免，本不願出而問世，後受師長與知友勸邀情切，勉強匆速付印，自問識淺才薄，豈敢言爲著述，不過聊作研究筆記耳！甚願海內名達專家進而教正，是所厚望！

本書付梓時期，並得李文邦先生及家兄朝英爲之校訂修正，更蒙諸長官及名流學者賜與鴻篇墨寶，使著者十二分感激而鳴謝！

（本書第六章廣州市園林概況一文，爲朝英兄服務廣州工務局園林股時擬定之實施計劃，閱此可知廣州園林之過去現在與未來情勢。著者對於園藝等科之研究與實驗，得他不少指導和勉勵，敬誌於此，以示不忘。）

民廿四年秋莫朝豪於羊城

園林計劃

莫朝豪著

第一章 園林與都市之關係

第一節：園林的定義

「園林」，這是一個含義甚廣的名辭，它是包括都市內外一切公園，路樹，林蔭大道，林塲，遊樂塲，公私花園，草地，一切綠色面積等區域，皆可稱之爲園林地。

第二節：都市與鄉村的特徵

都市的形成，必具其特殊的因素，如工商業繁盛之區，教育文化聚合之地，或政治軍事之中心，而必居其一者。吾人試觀近代城市的現象，摩天高閣，車水馬龍，路如蛛網，居如貨倉，衣食住行，無不賴機械爲生，故以工商業爲中心的都市生活與農業的手工爲主底鄉村，二者之間，顯現出相異的特徵。

第三節：現代都市的病態

然而，由機械萬能的結果，往昔以數十人工作的生產事業，現今則以二三具機器，即能替代有餘，而其生產的數量和質料，與粗劣的人工所製成的出品互相比較，則精美百倍。從此，專靠手工業來維持的農村組織，就於外力侵壓下完全崩壞。

失業的農民爲維持日常的生活，不能不忍痛地拋棄固有的作業而紛投進都市之門，因爲工廠商店的酬勞底代價，總比頹廢的村落所得的工金爲高，故都市就成爲四鄉各地失業者的集合場。然而，以一定不變的地域，容納這種驟增無已的居民，在求過於供的情勢之下，不能不增高樓房的高度，來擴大住居的體積，但都市的經營多受資產階級所支配，而其圖利爲目的底野心所波動，就映現出建築劣陋，面積狹少，空氣惡濁，死亡率之驟增，租金昂貴等等問題的發生。——這是現代都市病態的顯而易見的現象。

我國的都市，更受外國政治經濟的侵略，在資本化的外商藉着帝國主義的暴力保護下的情勢，施行其搗亂我國市場的傾銷政策，因此，本國的工商業也受其壓迫而倒閉，故失業的工人日漸增多，品性暴烈者則挺而走險，爲匪作盜；其懦弱無能之輩，則凍死飢寒飄泊於道旁城廓！所以我們研究市政者，不能不注意本國特殊的情形。

都市的居民在此種紛亂的惡勢力宰制之下，其生活當然離不了機械的支配。同時，在工作過度的操勞之後，也無適宜的娛樂及遊樂地域，以洗滌其日間塵汗交流的身心底痛苦。

因此，我們應該不但解決市民的生計，尤須努力保養市民的精神底需求——心靈上的歡樂。即是使其減少機械的色彩，而回返其本來之家——自然之田園。

第四節：田園市計劃及其背景

近世各國市政專家，皆深慮此種都市的病態，有增無巳，曾竭力窮思以挽此困危之境，如十九世紀當中的社會主義者歐文氏(Rodert Owen)，他對于當時歐洲工人生活的困苦和社會上一切罪惡，疾病，犯罪，貧富懸隔等問題之補救，其治本的方法，應使勞苦的工人得享受一種適宜的生活，非此，無以根本改善其行爲。因此，他就於一八二〇年親自計劃其理想的都市，並草擬一個「優良衛生的住居計劃」。其理想計劃城市之地點在Motherwell附近之 Orbiston 地方。面積爲二千二百英畝(Arces)，經費定二十五萬金磅，能容一萬二千之居民。然而這個八年間所經營的新市，不幸終於失敗了。其致敗的重要原因爲：(A)人民對於創立新市的意旨未能明白和諒解，(B)資金不足，(C)市民的私心不除，多加反對。

但是，都市改進運動，自經歐文氏的計劃施行之後，各國的市政專家都從此得到前進的南針了。

田園市的創始者考活氏(Ebenezer—Howard)的思想受歐文氏的理論影响至大，他從反自然的都市機械生活中，深感現代都市種種缺陷不能滿足市民的需求，因於一八九八年間，著明日之田園市一書（"Garden City of to morrow"）。此爲繼歐文氏後，改革市政的偉大著作。因此，我們可以說歐文氏是田園市運動的先進，考活氏是創始的實行者。

此書暴露都市的病態，並指示出救治的途徑，創始提倡建立容居民二三萬人的新村，以分散城市的人口，在此新市村中心爲廣大之公園，另分支射出幾條道路直達市外，並離市心之四圍，繞以環拱馬路，挨次劃分：園林，農業，工商，住居等區，使各區於自然的，美化的合理情勢之下均勻地發展，以替代補助煩雜不潔的都市。此卽爲現代田園市運動之泉源了。

田園市首次試驗成功者爲勒赤窩市(Let c hworth)次爲威爾文市（Welwyn），皆屬成績可觀，後爲歐洲各國公認爲鑑本者。

近數年來，英美法德各國皆有所謂田園市運動了。成功者爲數甚多，然也有少數是未能得到效果的，究其主因，多全基於理想而不切實際，這種畸形的建設，如只偏重住宅或工廠之一部，無整個計劃，或私人經營，財力不足，皆是致命的失敗的因由呵！

第五節：都市的田園化與鄉村的都市化

然而，田園市創設，只能分散一小部份之人口或住居的問題得以解決而已！但是這污濁煩雜的都市，其本身的病態，實有急切改善和建設的必要。

我們以爲欲求都市與鄉村人民皆能享受現世文明及自然的賜與，必須使都市的本身，減少其機械的色彩，加以自然的調劑，同時應立即實行復興農村運動，並先行保留其固有自然的美麗和景物，使其運輸便利，增進農工生產的效率，改良住居及施以衞生設備，務令科學建設與自然利益在合理的原則分配於都市與鄉村生活之全部。如是，各盡其利而成爲康健的，藝術的，美滿的自然之田園。此必須有待於「都市田園化與鄉村的都市化」之新興的園林計劃呢！！

第二章　園林行政系統

第一節：園林組織之重要

每逢一種計劃完妥之後，就要把它實現起來，但是想把這個計劃做到完善和所期待的希望相符的話，那末須倚賴一個良好的組織，來負起這個責任。因此，市政的組織是否完備，對於該市的繁榮和人民生活是密切相關的，不然，任憑計劃如何妥善，如果組織不全，正像一副頹廢的機器，怎會得到美滿的生產和收獲呢？所以園林組織也是都市行政中重要的發動機。

第二節：各大都市的園林組織

關於園林的組織，現代世界各大都市所採行的，普通可分爲委員制和隸屬於某一個機關的兩種。現在可以舉出幾個例來說明：

英國白敏罕市，是採用委員制的都市。它把全市劃分爲三十區，設市長一人，長老議員三十人，普通議員九拾八人，非議員之委員五十四人；除書記室一所之外，關於市行政部份却分爲：公園，財政，教育，工程，市街計劃，電車，公安，市場，美術館，圖書館，衛生，洗浴，賑災，電氣，產業，煤氣，總務，薪資，儲蓄，點燈址，獸醫，養老金，水道，等二十三個委員會，每個委

員會之下又分幾個小委員會，市議員就全屬委員了。

在美國委員制的都市，它的園林組織如左。——

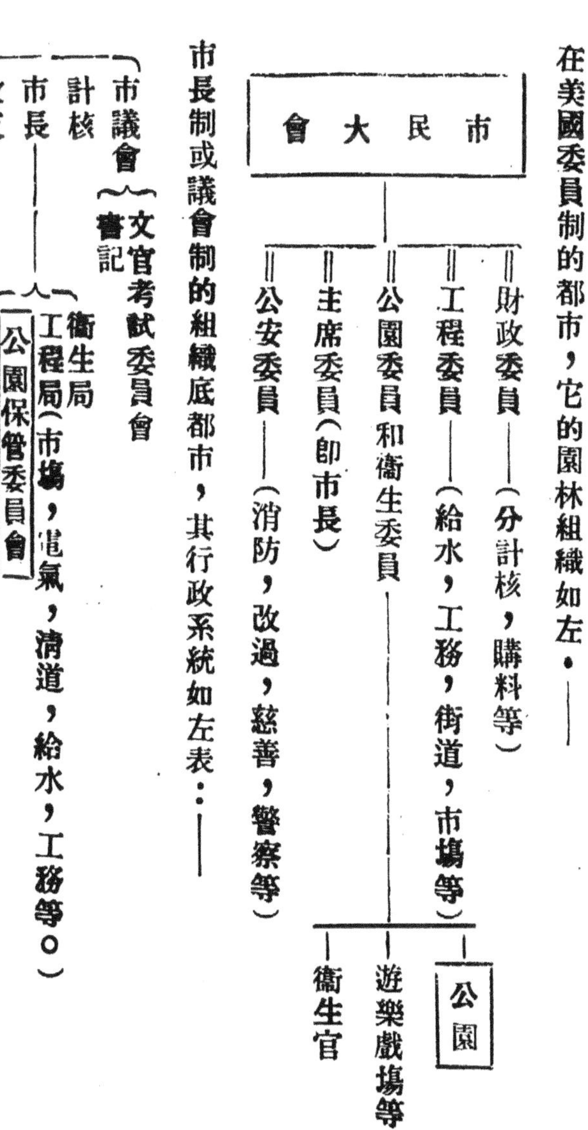

市長制或議會制的組織底都市，其行政系統如左表：——

市民
- 市議會
  - 文官考試委員會
  - 書記
- 計核
- 市長
  - 衛生局
  - 工程局(市塲，電氣，清道，給水，工務等。)
  - 公園保管委員會
  - 儲金保管委員會
- 收支
- 律師
- 警察法庭
- 民事法庭

園林組織於美國最流行的市經理制的都市，它的統屬如左表：——

- 民選委員會
  - 文官考試委員會
  - 市經理
    - 工程部
    - 公安部
    - 財政部
    - 福利部
      - 職業介紹所
      - 改過局
      - 公園
      - 衛生
      - 遊樂場
    - 法律部
  - 書記

外國的都市組織，關於園林部份的，既已列表說明如上。而我國各大都市自設市政府辦理市政以來，已日見進步，然而，對於園林管理和設計事務，尤多未有一個健全的機關來負責處理，故園林建設未能普遍見於各大都市者，此實爲一重大原因。

現在且檢閱各地的市政組織，如首都的南京特別市及杭州，漢口，安慶，汕頭等市，其中市內已有設公園或種植路樹者，只由市政府或工務局指派一二工程人員代兼辦理，似不甚重視。市內美術歷史自然之紀念及名勝風景等地，多歸教育局或社會局保管，然常犯有名無實之弊，並無整個計劃呢！

廣州的園林建設於民國八年已初具模形，是時已設公園多處，並開始種植馬路行道樹及白雲路的森林大道。園林事務歸工務局專設一位園林技士管理和設計，下面並設助理員監工工目事務員等數名分別辦理公園及路樹事宜。直至民國十四年，公園與路樹數目驟然增加，實有擴大組織之必要，於是由是年起設立園林股，專掌園林設計，營造，保管事宜，以後，事有專責，現今園林建設已頗具雛形了。玆將其組織系統，列表如左：——

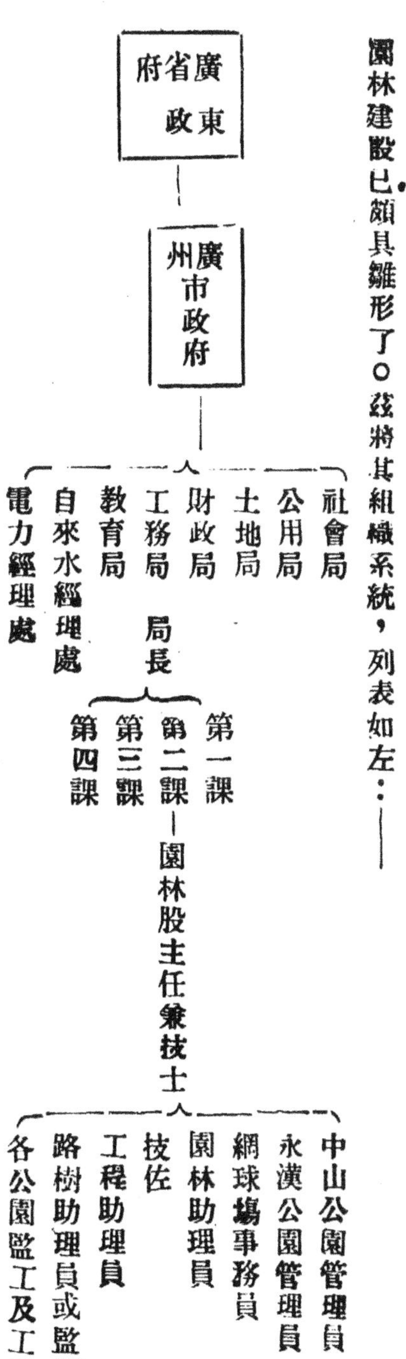

第三節　園林組織系統和應具的部份

園林的設計，非只求市民能得一塊休息和遊樂之地便算了事，它必須使園林景物，盡成美化，佈置舒適，遊行稱便，園林樓閣，建造合宜……這樣才算是計劃的成功。所以園林建設不是一種單純的計劃，它的範圍實包含，藝術，農林，工程幾種原素。因此，園林組織也應具備以上三者的成份和人材。

我們既明瞭園林不是一件簡易的機體，因此，想得到集思廣益，各盡所能的效果，其組織似宜特設一個獨立的委員會。委員會之下再分：技術，管理，總務幾科。委員的名額最好由七八至十一名，其中必須有富於經驗並兼長于工程，農林，藝術學識之一者的委員三名至五名。此種專門技術專家，其任期應無限定，任用也不要分地方區域及政治黨系的界限，由市長及市經理或市參議會，聘請或任命之！其餘委員之產生，應由地方人民推舉具有聲望及熱心公益的人員充任。(或由市政府聘任)，其任職年限似定一年至三年爲妥，或每年另改選若干名額。其中技術委員應兼任常務委員及會中所設之科長職務，常川辦理日常事務，由委員會推選之！非因失職，不得隨政治的轉變而強自更換，除此種常務委員會，其餘委員只支辦公費若干，以義務職爲好，免耗公欵。

技術科下應設，工程，林務，園藝，藝術等各組，各設技術人員，辦理所屬園林設計事宜。

管理科下應設，統計，警務，路樹廣場及道路公園，森林農場，各項公園等各股，辦理事屬園林區域之事務，如考勤，統計，巡察，任免職工，督理實施園林建設事務。

總務科辦理文書，財政，交際，材料購置及分發，工金頒發等事務。並推廣發售苗木花卉等事宜。

各科因事務之煩簡，可酌量增減所用人員。

其餘每個園林單位，如公園，路樹等處最低應設管理員一名，辦理該管事務；如工作煩多應分爲若干隊，設監工一名指揮每隊工人工作。

以上技術人員如技士，管理員等應由科長提議請　委員會任免之！

茲將園林組織系統表。說明如下：——

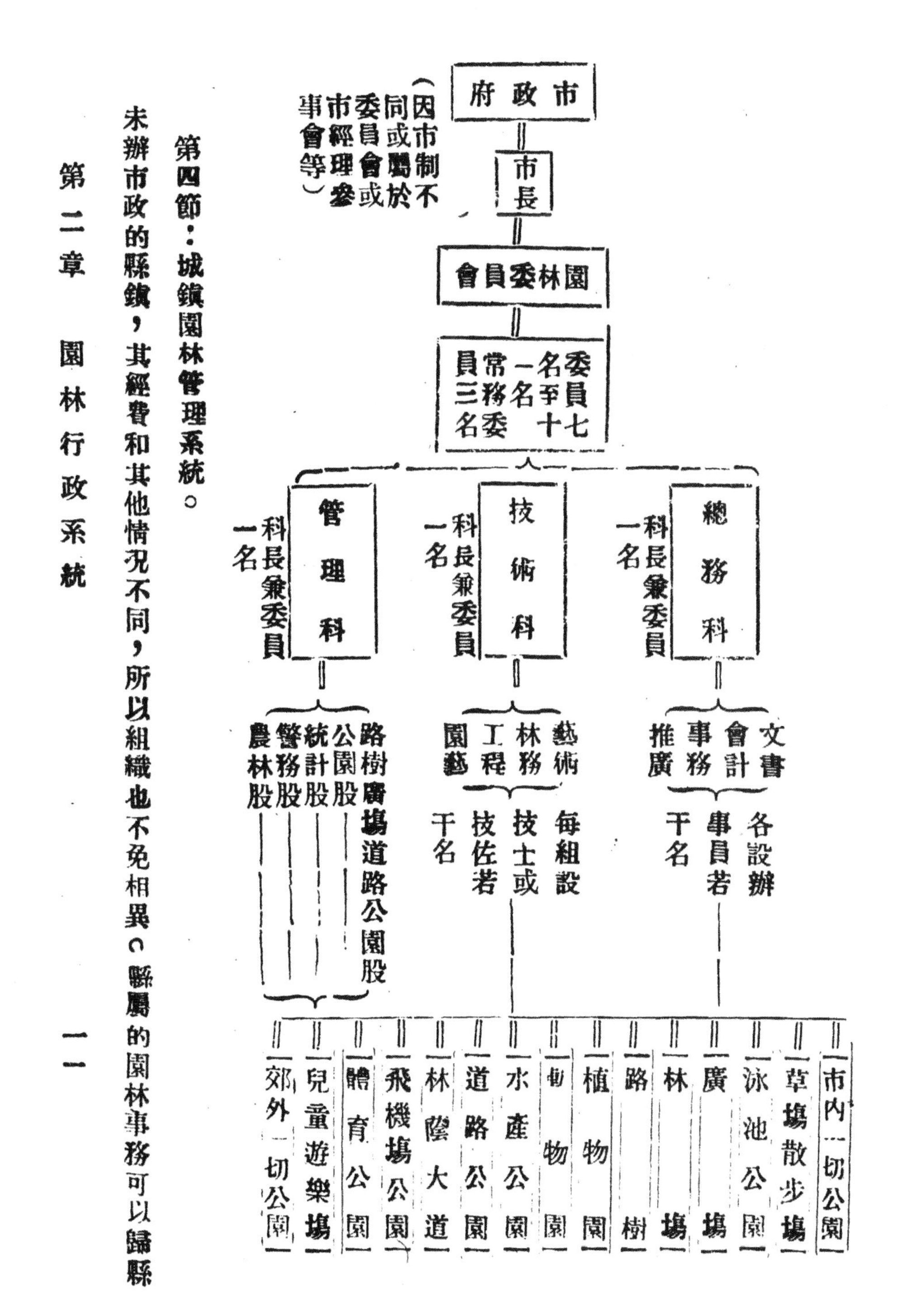

第四節：城鎮園林管理系統。

未辦市政的縣鎮，其經費和其他情況不同，所以組織也不免相異。縣屬的園林事務可以歸縣建設局（或工務局）或另建獨立的管理處辦理。但其所用人員必須具有園林經驗者爲合格，非此不能得到完滿的效果呢。現在我試把成鎮的園林組織管理系統，列表說明如左：——

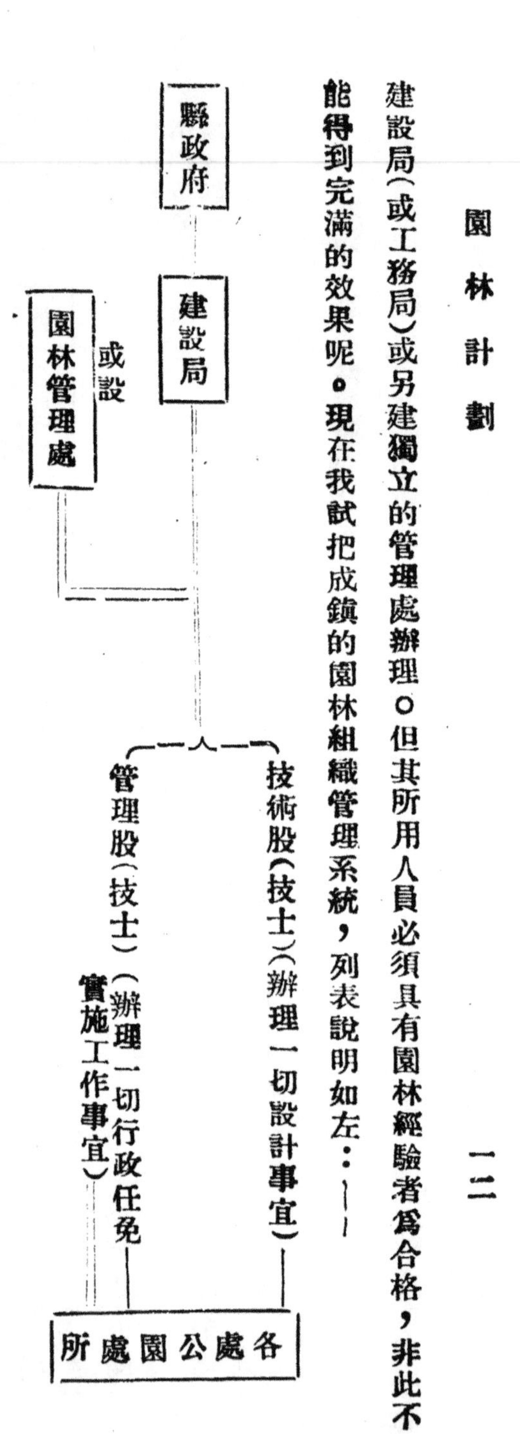

第三章：園林計劃大綱

現代都市多爲往昔之森林地域，此爲美人馮克威氏（Franklin Macveagh）於一九〇九年芝加哥植樹會議中所大聲疾呼的警語，蓋因城市未成之日，當是之時，田園青翠，人稀地廣，林木參天，碧蔭千里，自然物質取之不竭。豈知日後人口繁殖，建城築居，就不惜全力以毀滅幽美的森林和天然的遺跡；直至現世，則不止木材缺乏，家無庭園，市無空地，市街縱橫，水洩不通，往昔大好山光水色，盡變作了今日叠雜無間，差參不等的高樓，這是多麼可惜呢！？如果，我們能於當時保存原有的森林，留作今日闢爲公園及遊樂之區，又何需捲土重來，再事栽植和建造呢？今就最新的趨勢，擬成都市的園林計劃，茲擇其重要之建設問題與計劃，分別言之如下：

第一節：保存自然之風景與名勝古蹟

城市的面積，除了路道，住居，工商業區等等地域之外，其近郊的曠野，城內空地，及一切自然的遺跡，多屬風景清雅，或具有歷史文化的幽勝。如果我們能利用各塊地方的優點，如空地及道路交口，街中餘地，闢作廣場或憩息之地，或擇其面積廣大的名勝，加以整理，劃作公園，栽花植木，建以樓台，造以高閣，如是若經三數年後，就可紫綠成蔭，春意滿園了！又如近水的地方，更可以闢作泳池，這樣因地制宜，只用低微之建設費就能夠獲得一新優良的遊樂公園了，怎麼我們却時常會忽略了這良好的田地呢？因此，市政當局，對於空地，曠野，森林，等物須嚴定法律，加以確切的保存和開墾，以增加園林的面積。

第二節：施行造林計劃

森林的利益甚爲廣大，如調節風雨，禦旱防潦，國土賴以保安。林木青翠，綠蔭遮佈，遊樂其間，固可歡娛心境，何況它又能清新空氣，美化城池，尤增壯市客不少呢！我們由國家施行切實之造林計劃或獎勵人民經營農林事業，森林之中，皆植應用之木材，則濯濯童山不至長此荒廢，不但我國每歲仰給外人之木材所耗數千萬圓的損失可以挽回，即如日常所用之薪炭賤何物又何需乎取之異域呢？故知森林營造，非僅藉塞漏卮，且關係國土保安，人民生計，至爲密切。此實爲園林計劃首要之建設問題呵！

第三節：擴展原有園林面積

園林面積之多少，關係市民的生活甚大，因現成的公園及廣場的建設，常就原有空地或收用田地及名勝而成的。然而，每個城市現有之面積是否能夠滿足市民需要，實爲一大問題呢！

近世園林計劃專家，多主張都市園林的面積，最少不能低過與都市總面積百分之五的比例。

或若干數目之市民應佔園林地多少。然而每個城市的人口，居住密度，經濟狀況，土地面積，經濟能力等項問題之異同，實不能固執一定不移之法則喲！總之，應視市民生活的狀況，都市趨勢妥爲計劃就合了！以普通的情勢言之，如都市內之道路廣闊，衛生設備良好，居住密度細小之區，園林面積能供給市民之需求便可。反之，在衛生設備不全，路狹人衆之地，建築劣陋，空氣光線兩皆缺乏，其園林之面積應比前者倍爲增加呢！

第四節：建設新式公園與園林區

建設新式公園與園林區，其目的爲增加園林的面積和滿足市民的需求。然而建設的計劃，則必須有所根據。故應先事調查全市的人口密度，土地面積，附近城市之地勢和市政，本市原有公園的面積和位置，市民狀況等等作成詳細統計，以備計劃之用。

公園建設的條件，其適宜的要素，當以風景優美，易於創造，地點適宜，面積廣濶，用的費低廉等爲最合理。同時應使公園能夠均勻地分佈於全市各地，免除偏倚發展之弊。園內的佈置，更應順其自然的形勢而建設，則容易收效，且可以避免呆板的平面圖案式之相對佈置，常會惹人發生厭惡不快的感覺呢！我們倘能在市郊附近的村落，或曠野山林之地，擇其適宜的闢作園林區，一則可以分散都市中多量之市民，別方可以增加園林景物，更可實施鄉村都市化的政策呢！我們再行把村裏的建設及行政加以改善，使其成爲獨立的新興的田園市，非止該市人民得享文明與自然二者之恩澤，卽附近之都市和鎭村皆可受其利益呵！！

第五節：改良道路設備及增闢廣塲與種植路樹。

道路之建造，非但求交通的便利，同時對於衛生，美術，安全等問題，亦應加以顧慮和設備。

我們試一看那塵砂飛揚，烈日當空，暑氣逼人的夏日之都市底現象，就會感覺到道路如熱烘的火筒無異了！市中行人，無不受此痛苦。我們如果能夠把原有道路加以改良，種植樹木於道路中心或旁邊，再以適宜的栽剪和培養，則三五年間，就成綠枝碧葉，且能庇蔭行人，淸鮮路面，制壓塵埃的飛昇，調節氣候的劇變。如於寒冬之日，白雪茫茫，更可作行路的標號。因之路樹非但美化道路及都市，對於市民衛生尤俾益匪淺呢！所以現代道路，視路樹爲主要的設備物品了！

放大道路交口的面積，就爲廣塲，其效用爲美化道路及調節交通，更可增加附近地域之空氣和光線。廣塲之中常植以花木，或置以櫈椅，如能佈置完善，誠爲一塊良好的幽美的塲所呢！廣塲建造之形式，因道路之闊狹而異，普通其長約爲道路寬度之一二倍，寬則二三倍，然不強限於此數値，總以不碍交通爲要。

道路之旁的空地，常蓋鋪花草，作爲散步之塲，上放置椅櫈，無須圍牆。這也是道路設備之一種。

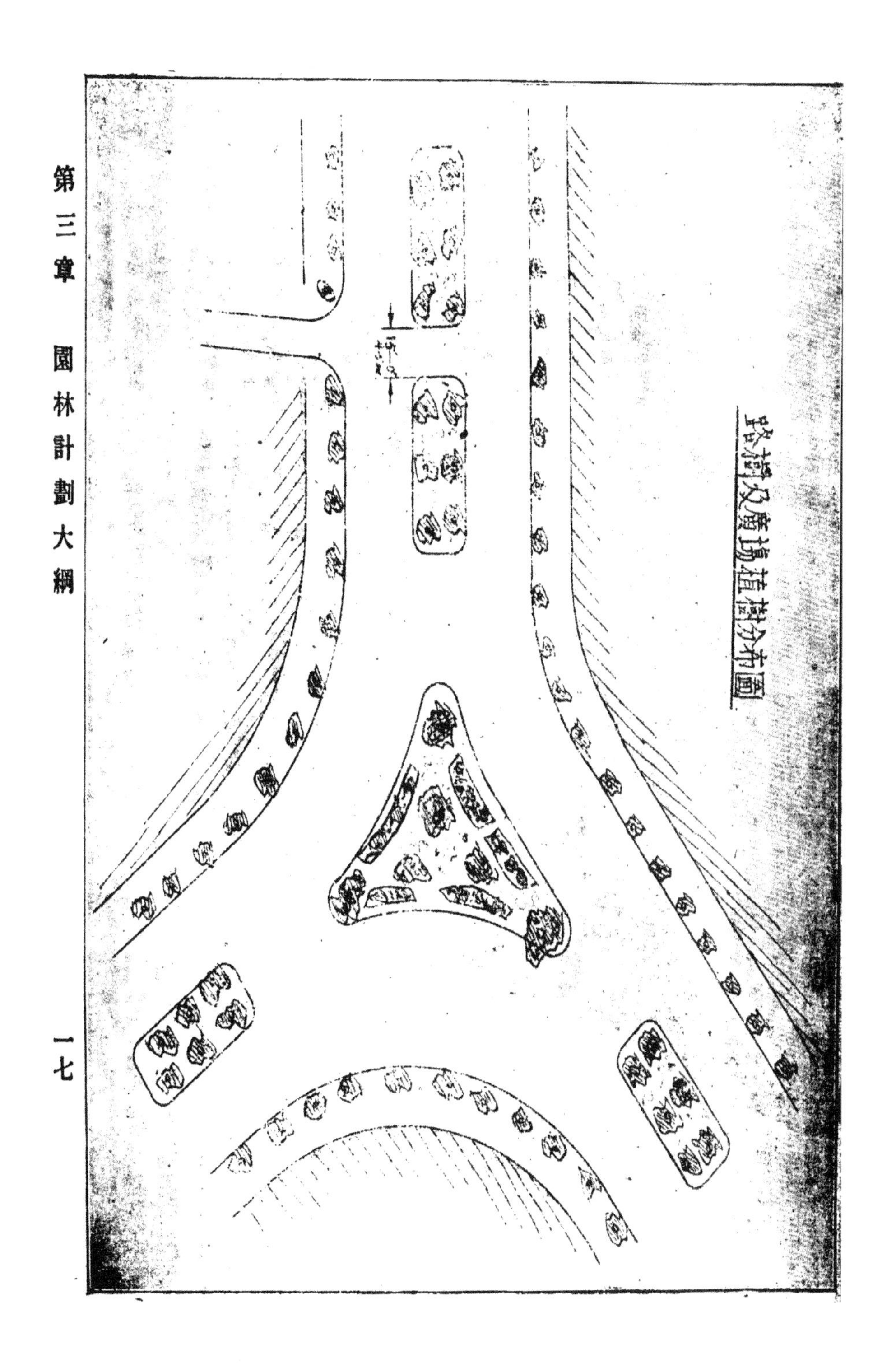
路樹及廣場植樹分布圖

第六節：限制建築及獎勵園林建設事務

改善已成的都市，一方須毀滅現成之障碍物，同時應預防其未來之復燃。因此凡與園林計劃相違之事物，必須取締其已成及禁止未來之產生。現代各大都市市政當局所規定之建築取締規章，無非爲保持市民之安全吧了！如已植路樹的道路兩旁，不准再建騎樓，免碍樹木的生長，限制每畝中居住的人口和鋪戶，以分散人口之密度，取締無衞生設備的住居，改良渠道，整理戶內間格，嚴定建築高度，——令其不至防碍對方建築物的光線空氣。並劃分住宅，園林，工商業等區，分別規定建築的面積，及預留若干空地，以建庭園。

政府對於人民植樹及造林，更應規定法律加以獎勵，和資助，如由政府之苗圃農場，廉價發售樹木花草給與市民，使其易於成就；並灌輸園林常識，俾其對於自然景物具備濃厚之興趣；如是則我們的園林計劃，必得市民努力相助，自可事半而功倍了！

第七節：林蔭大道之設計及完成都市園林系統

林蔭大道(Park Way)爲園林系統(Park System)中之重要部份，其效用非但具有路樹的利益，且爲貫通都市內外園林之要徑，故稱林蔭大道爲園林之血脈，實爲合理的比譬呵！

我們如果於市中各地，建造廣濶的林蔭大道，路中除車馬道外，應在路心及兩旁人行路，另

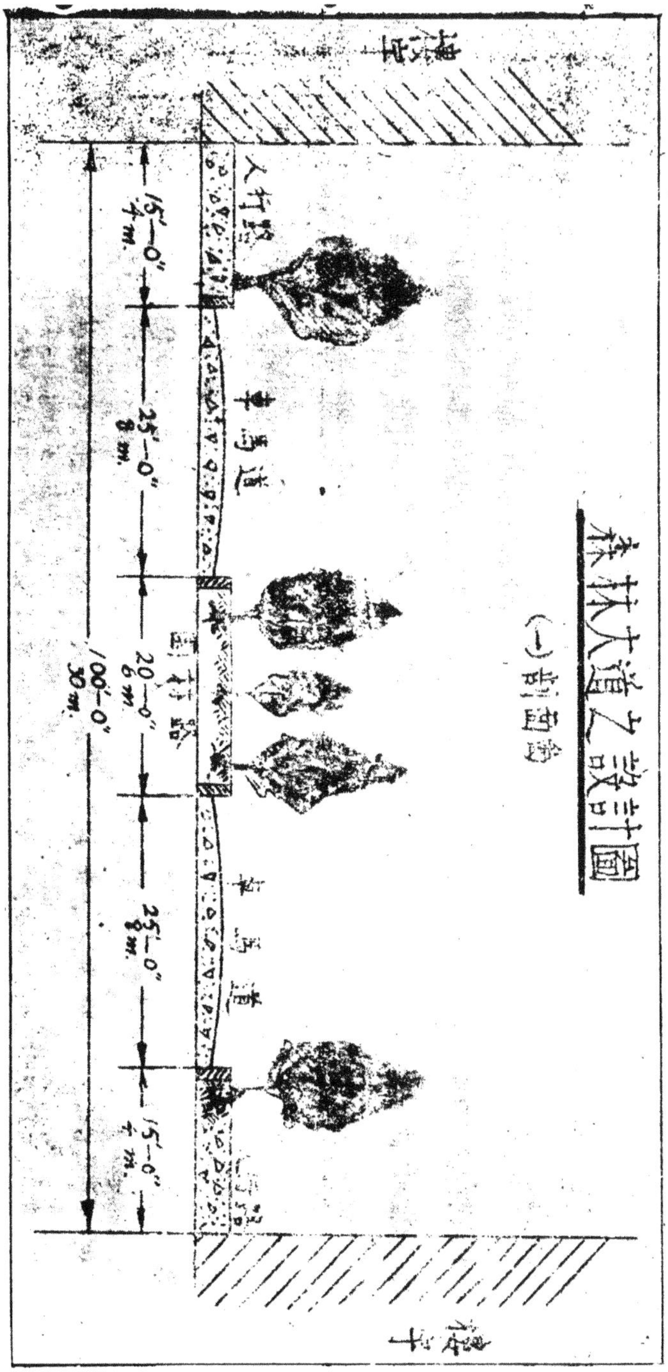

森林大道之設計圖

(一)剖面圖

闢出一部面積爲種植路樹之用，並於綠陰婆娑之下，安置相當的枱椅爲行人休息。

樹木之選擇應合於美觀的條件，如能常綠者更佳。人行路面，也應蓋鋪青翠的綠草或花堆。

車馬路的路面材料，最好能夠具備美麗和安靜兩者的優點，因此三合土，腊青，塊石路等皆頗合宜。

★　★　★

現代的都市，不論其形狀爲環形式，或星形式，都應運用園林計劃的政策以調節及改變其固有的反自然底形態。如近世的都市，多屬古代的環形式，如我國各處未加改造的城鎮，又如往昔法之巴黎，德之柏林，於都市施行大改革之後，始漸行改變其固有的形狀。

環形式的都市，其中心人口最密，工商實業，政治文化多集聚市心一地，其居住之密度，人口之多少，則愈離市心遠而愈疏小。反之，其園林面積則愈離市心遠而愈加廣大。甚之，城市內無空地，樹木森林只可見於城郭荒野，此種畸形發展，實爲市政計劃之障碍呢！

倘若，於設計都市之時，當其確定都市中心及其他支點之後，即於此市心建造若干條的林蔭大道向都市四面外邊發展，直達市外與其他都市貫通。又在公園與公園之間，連絡以林蔭大道，則可將各地散佈之園林地域得以結成健全的系統。市民通行其間，心曠神悅，繁塵頓息，如入山陰大道，多疑是山郊綠野，豈知猶屬城市森林呢！

成市內外，河川貫流之地，亦可加以人工點綴，栽花植樹，造成曲水流觴，碧波盪漾，遊樂其上，山風水色，鑑賞不盡，這是何等的美妙呢!?

基上所述，可知園林計劃欲達到美滿的成功，必須具有健全的園林系統爲貫通都市內外及其他村鎭之工具，並可藉此轉換新鮮空氣，及增加自然幽美的景色，減少一切繁囂，使城市能向外自由發展，——往昔人口煩雜及一切機械生活的病態必因此而消滅於無形了。

因此，園林計劃，可以說是改革現代城鎭和創造未來都市的重要工具，故其計劃之得當與否，實足影响都市的繁榮，然園林計劃尤須自然化，藝術化，經濟化爲依歸呵!

第四章　公園之設計及建築方法

第一節：公園的意義及其種類

公園爲都市之重要建設，不論在改良原有的都市或未來新設的市村，它都佔着最重要的位置。公園的效用不但能美化城市使其趨於自然化之法則，同時，令市民得到優美的境地以娛其身心，增加其康健，以調劑其機械汚穢之生活而消滅都市病態於無形，故公園之設計在近世已不止是都市建設之一部，却爲新興的田園市計劃之骨幹了！

公園的分類，可以從都市的位置言之，則有郊外公園（Out skirt park）和市內公園(City park)從其公園性質言之：則有植物公園，動物公園，水產公園，森林公園，自然公園，水濱公園，道路公園，（如合數廣塲爲一地，或於大道中設立），兒童公園，體育公園，庭苑公園，等等是也。公園二字，在普通廣義言之，就是代表園林的名詞了。

第二節：公園地點的選擇

公園的地點，是建造公園的最先應決定的工作，然其地點之適宜與否，影响於全園的計劃。故公園之地點，不能不加以審愼的選擇了。然而究竟公園的地點應怎樣情形才合呢？現在試寫出它最少應具下列條件之一者，才可以建造公園。

（A）接近自然的景物者。（如居住人少的地域更宜於建設偉大之園林。）

（B）都市中的空地，其面積廣大者。（如狹少者可闢作道路公園或廣塲。）

（C）道路交口或路旁餘地。則宜於小公園及廣塲或散步塲之用。

（D）市內外之不宜於其他建築的地域者。應建作公園。

（E）接近教育文化之區，如學校叢集之地，應加設動植物園或博物館等以助教育。

（F）有特殊情勢的地域，如臨海產魚之地，設立水產公園，温泉公園，森林公園，公葬塲公園等，皆因地利時宜而闢成公園者。

（G）名勝古蹟之地，堪作園林者。

（H）紀念人物或事跡的公園。

第三節：園林面積的計算方法及其實例。

公園面積之計算方法：

吾人欲求園林及遊樂地足以滿足市民之需要，其主要之條件，必須合乎經濟的原則，故對於城市各方之問題應加以相當之考察，作詳細之調查和統計以備計劃之前的根據。

園林面積之計算方法普通根據以下幾個原則：

(一)本市與他市之比較

(這種方法是根據與本市人口，面積，發展形勢相似的城市爲鑑本，作本市園林計劃之指南針)

(二)居民人口與公園面積之比較。

(這種方法爲限定若干個居民，應佔有公園面積一畝)

(三)公園面積與全市總共土地面積之比較。

(這種方法爲根據全市總面積之數值劃出百分之幾爲建設公園之用。)

現在可再把以上的幾種方法說明，以作比較。關於第(一)個方法，以別市的情形來做本市的模範，若果能考察得準確，這種以已往的建設經驗爲鑑本的計劃必會成功，如果別市的發展和本市的盛衰發生歧異之時，那末這種計劃便會失敗。所以施行這種方法時要得到多數與本市情況相似的城鎮做比較計劃的根據，才不至發生錯誤的事情。

從前有許多市政專家曾以居民每百人中應以一畝面積爲布置公園之用，又主張公園面積應佔全市面面積百分之十。以上兩個原則在表面看來似甚合理，但一經詳細考察，就發現許多矛盾的現象了。比方有一個都市平均每畝居住人口爲八十名，如是依照百人中應佔公園面積一畝的方法計劃，則全市公園面積就應爲該市總面積百分之八十。又如一個城市居住之密度，平均每畝爲二人，則二十人中就佔一畝之公園面積了。由此可以知道這個原則不能夠普遍的應用。

都市居住的人口密度不同，各個都市的建設程度也生差異，如道路狹少，人烟稠密，建築不良之都市，比之衞生建設完備，樓宇道路營造得宜之區，其需要之公園面積應較後者特別增加才算合理。

在普通的設計：多採用每二百人至三百人中應佔有公園面積一畝或定公園面積最好能夠爲全市總面積百分之五至百分之十。 此種設計宜於每英畝住三十至六十人之居住密度，然而，這個法則應視該市的人口密度，經濟狀況發展趨勢而定，同時尤須放大眼光，預備百數十年後的居民增加時的需要面積，才不至臨渴掘井再事籌謀！

公園的面積最少不可低過全市總面積百分之二，不能超過百分之三十。

公園所需面積之計算法，經如上述，現在且舉出一個計算的實例。

設有(甲)都市其住居之密度平均每畝人口爲二十名，全市面積爲一十二萬畝，其發展的方向爲向四週放射，人口增加的比率每百年增加二分之一。試設計此都市百年內所需之園林面積應該多少。

我們若依照人口的計算法，可先假定市民若干個應佔園林面積多少。現在我們且定市內居民每三百人中應享得園林地域一畝。就可伸算如左：

一百年後全市每畝居住人口應爲每畝三十名

則全市之人口＝30×120,000＝3,600,000人

故全市之園林面積應爲＝$\frac{3,600,000}{300}$＝12,000畝

再依公園面積等於全市面積百分之十來伸算，其結果恰巧相同。

然而這一百年後的面積，可以不必一時舉辦，自應計劃現在所需的面積多少先行建設，所剩的地域當然可以分作若干期計劃去完成。

現在全市的人口爲＝120,000×20＝2,400,000人

全市所需的園林面積應爲＝$\frac{2,400,000}{300}$＝8,000 畝

現在本市所需的園林面積爲八千畝地。等於現在市面積百分之六•六〇也可以滿足地供給市民的需求了，將來能在經濟充裕的繁榮情勢之下，自然可以逐次充使其成爲美化的城市。

第四節：世界各大都市之園林面積

現在且把東西洋各國著名都市的園林面積，列表如次，以便研究市政者之參攷。

(甲)日本大都市之園林面積表

都市名稱	園林面積（英畝計）	園林面積與都市面積之百分比率	園林面積一英畝內之人口密度
東京	五〇〇	二·一	五、三二〇
名古屋市	七四	〇·六	六、六八三
大阪市	五八	〇·三	三一、八二四
神戸市	五六	〇·五	一一、五六〇
京都	五五	〇·二	四、一一二

（乙）美國大都市之園林面積表

都市名稱	園林面積	園林面積與都市面積之百分比率	園林面積一英畝內之人口密度
波士頓	三、六四一	一三	二〇五
巴爾支亞	二、二七八	一一・二	二五七
費府	五、五〇〇	六・五	三〇六
聖洛易	二、四七九	六・三	三〇二
克利波蘭	一、七〇二	五・	三八六
比支巴	一、四一六	五・三	四〇四
紐約	七、七四〇	四・二	七〇六
得特洛	八八四	三・三	六三七
支加哥	三、八七〇	三・一	六三二

都市面積與園林面積之百分比率平均數

一等都市人口在五十萬以上者爲百分之五・二
二等都市（人口三十萬至五十萬者）爲百分之三・一
三等都市（人口在十萬至卅萬）爲三・九
四等都市（人口在五萬至十萬者）爲二・四
五等都市（人口在三萬至五萬者）爲二・三
總平均約爲百分之三・四

（丙）歐州各大都市的園林面積表

都市名稱	園林面積英畝計	公園面積與都市面積之百分比率	園林面積（英畝）內之人口密度
巴黎	五、〇一四	二六	五五四
柏林	一、〇三四	七	二、〇一四
倫敦（行政區）	六、六七五	九	六七七
大倫敦	一五、九〇二	四	四五六
漢堡	八〇八	三	一、二四六

美國各都市的林陰大道及公園內乘車道之數量表

都市名稱	林陰大道之哩數	公園內乘車道之哩數
支加哥	——	五〇
紐約	三八	五五

費府	六三	五〇
聖洛易	—	三四
波士頓	三二	一四
克利波蘭	一二	四三
巴爾支亞	三	二五
比支巴	八	二〇
得特洛	一二	二九

若合計美國各大都市和一等五等各都市公園之林蔭大道約長四百五十餘哩長，公園乘車道約一千二百哩長。

第九節：園林區域的分配計劃

園林的面積既經確定了，但我們應如何去分配，使其得到適宜的佈置呢？這就是一個重要問題。

從前美國建築家道寧李氏（Charles Downing Lay）曾主張每十萬人的都市中，應最少要有一千五百英畝的園林面積來分別支配於市中各地，這也算一個支配辦法。然而，各個城市的園林面積互相差異，我們想得到一個適宜的支配，必須於一定的面積中規定其比例。現在試寫出園林的面積的分配表如次：

園林面積分配表

園林名稱	對全市園林面積之百分率
森林大道	一十
路樹	一十
普通公園	三十
森林公園	三十八
廣場	四
體育場	六
遊樂地	二
合計	一百

第六節：公園形式的選擇

公園的類別，從它的形式而分，可以劃分下列幾種：

(A)圖案式的公園。這是依照一定的圖形佈置，線角分明，景物皆相對等稱，雖屬一樹一木，石像，樓宇等物，也必須具有一種規則的佈置，拘執着某類形式而計劃營造的，如往昔法國的公園，多採此式。

(B)自然式的公園。此種形式，多順隨園林地域之固有形勢，加以人工的改善而成就的。山河流水各本自然，花木草塲任其自由生長，花紅柳綠各適其適，形式固無一定，風景也是隨地而成。如英國的公園多屬此類，又別名風景園與英國式公園。

(C)混合式的公園。這是參雜形式的公園，合集自然式的與圖案式的兩種佈置方法而成功的。

然而，我們設計公園自應採用那種形式呢？這個問題必須從它的形勢，面積，經費，四週環境，和風俗習慣等項加以綜合的攷察然後能得到答案。不過從普通的情形而言，風景幽勝，山水清明的地方，當然要用自然式的方法來設計，俾其盡顯本來之優點，如在市中平坦的空地，或道路公園，路心廣塲，含有紀念或其他意義的地方，如學校園，醫院，監獄，兵房等公園，常因其建築物之形體，而配合適宜之圖案式的佈置，也隨合宜。但是，現在各國的公園很少應用此種形式了，園林的專家多主張力求自然化的佈置，以免除了呆板的形式。

第七節：建築公園前之重要工作

公園地點既經決定，則開始籌劃建造，俾其早日成園，以供市民大衆享樂之用。然而建園之計劃，必須有精確的根據，然後能收穫良好之結果。但根據之事物，即建園地點之種種情況就是了，所以，我們於未營造公園之前，應做下面幾件重要的工作。

(A)地界的勘定與面積的計算。　建園的工作第一步就是地點的測量，應先用經緯，水平機測妥全園的地勢和高低，繪成一幅平面的地圖，用紅線或其他標緻，劃定公園四圍的界址，並計算其地之總面積的數量，以便計劃一切。

(B)公園的建築圖。　這是全園建築景物的總圖，上面注明，叢林，道路，花堆花街，建築物等等的位置。這幅圖只求能一目瞭然，把景物盡行分別繪明於圖上，同時應用各種顏色分別不同的景物。

(C)着色的方法。普通建築圖的着色，以黃色表示園中的道路，深藍色表示叢林，藍色表示矮林樹木，綠色表現花草，水青色表示湖河泉池等水景，褐色和其他顏色表示其他的樓宇亭台。

(D)局部的建築工程圖。此種圖是用作實地工作而用的，所以建築物的工程圖應繪其四至地址圖，平視，正視，剖視，側視等圖，明顯的把建築尺寸註明上面。道路的工程圖應繪明平面，剖視，平水等圖及附屬砂井渠道等圖樣。園林之建造圖應繪平面，立體等圖，把樹花種類，色彩，距離，佈置等等示明清楚以便興工。

(E)分期施工計劃。以上各種圖則繪妥之後，再從事計算力學與估價。既定全園所需經費，應即就現在之能力及未來之趨勢，而分別劃分建築程序，確定各期施工計劃。

(F)建築的方法。建築的方法有幾種，如招商承建，包辦全件工料的，或包工的。有的是由建園機關自己營造的或僱用散工的。然而造園的工作甚爲煩雜，非對于該種工程有經驗不能營造幽美，故管見以爲建築的方法，應採混合制，如道路，水塔，樓宇等項可以招建築商店承投，園林樹木應購於農園，由本園栽植，花草之配置和培養，自己的能力可以做囘的應由園林管理處的工人自理。

(G)管理工程。建園的工程合農藝，工程，藝術三者而有之，故管理之責應歸園林委員會指派專門技師管理，同時應由地方社團組織建園委員會以辦理財政之籌劃，及監督工程，收用土地等要務，以照公允。

第八節：設計公園的法則

公園的形式，既如上述，但是我們應怎樣去佈置呢？那末必須預定一種法則。

自然式的公園的設計，自應合乎左列各項。

(A)全部的佈置法。——這是指整個的公園而言，必須能內外相應，叢林間疊，合而不亂，風景幽美，清秀而能深遠。，道路不應太多，以免失却自然之色彩。

(B)局部的佈置法。——此爲用於園林區域的某一個地方和物體而言。其必要的條件，應不失全園自然化的計劃，如形式之不可重復，色彩不可濃俗，佈置不可簡陋呆板等就是，因爲園中的景物，一遇樹木相稱，草花全同一色則失自然之美了。所以我們應令其雅緻而微妙。

(C)佈置的景物。——自然式的公園，其佈置的物件，應多藉樹木山林之美景爲骨幹，再加以人工池沼，樓閣亭台爲之點綴，故建築物自應要地點適宜，空氣光線皆屬充足，並須使人望之一目瞭然。如能於建築物之四圍，栽以花木，造以相當的林蔭，則可收自然人工兩者之優點啊！

圖案式的公園底設計，必須具有偉大的建築物和名勝古蹟等然後能偉麗壯嚴，故近代市內的公園，很難能合乎此種條件，其構造佈置的方法，不外直線角綫兩項爲主。旁配以花圈叢林石像欄杆階級樓台等物，其形式宜於齊一與勻稱，樹木如軍中之行伍，花堆和草場如整潔的地氈，園內各地，皆依照有規則的原理底支配之下，靜肅地佔有園地的某一種固定的位置。

第九節：公園的外觀。

(A)外觀和公園的關係

外觀是公園建設中一種重要設計，它的適宜與否常會影响公園全部的佈置。比方，一件呆板的，濃俗的，恐怖的裝飾物體映示於人們眼前，心中立刻就起了一種重疊不息的厭惡與失望約情緒。我們既然對外觀生了不快的心，那末它的內容雖或十分華麗可愛，但却被前者厭惡的情緒減低了許多良好的印象了。所以對於公園的外觀應加意去研究呵！

(B)外觀的形式。

公園外觀的佈置，有的採用建築物如廊屋，園牆，欄柵，或以水溝分別公園的地界。別的則應用自然的景色或樹木結成藩籬作爲外觀。二者之間，各有所長，我們自應審度該處公園之佈置形勢而決定採用何種形色，實不能拘執成見呀！

(C)建造的方法。

園牆和廊屋的建築材料，有磚砌，石結，或鐵石木料間雜而成的。欄柵則分爲木和鐵兩種，柵中的鐵木條間隔的距離，普通多在一英呎左右(三十公分)，總之以行人不能通過爲合。園牆及棚之高度，最通行者由六英呎（二一公尺）至十英尺（三公尺）之間。廊屋則形式無定。

自然景色爲外觀的，其佈置當因地勢而定，常植以高大之各種形狀的喬木或灌木爲垣牆。如以塔形的樹木如針松，扁柏，羅漢松等類。或以爬藤類屬之植物如垂荊棘，金銀花等科之樹結作藩籬以爲遮掩之用，形式各有不同，其妙處常見春色滿園，若隱若現，景物幽深，令外觀者於鑑賞之餘，具有非得逛遊此人間之桃源，不肯罷休之概！

（D）大門的佈置

大門也是外觀的一部，其寬高度數，應視園前地域而定，如於十字路口及繁盛市區，則應於門前預留廣濶的空地，以備停放車馬之用。門口則移縮入內面。另於大門旁邊設置小門若干度爲便利遊客通行無碍。大門的裝飾，於圖案式的公園應具古雅之意味，在自然式的公園，務求美觀清秀就合宜了。

（E）外觀應具的條件

公園的外觀，其應具備的條件爲美觀，壯嚴，清秀，而三者之中必具其一者。不論爲林蔭式和垣柵式的建造，形式不可呆板，顏色不可濃俗，花樣線紋不可繁雜難辨。這是設計和營造時應加意重視之點。不然，且看那普通設計的監房式的垣牆，鐵木間雜的欄柵，刺人心目，使人疑惑是囚犯的居留所或動植物園的籠屋呢!?這豈不是枉費經營嗎？又有些公園的外觀，色綫亂塗，如村姑之濃裝入市，愈華麗而愈顯其呆俗不堪的形態吧!!

第十節：道路的設計和建築方法

(A)公園道路之使命。

道路是公園的血脈，它必須四通八達，貫連園內各處建築物及花堆叢林等地，務使藉道路的傳達，能夠令游人皆可盡量鑑賞園林一切景物，同時，步行其間必深感歡舒而毫無厭倦的情意爲原則。

(B)道路的種類和規定。

公園中的道路可以分爲車道與步道兩種。

車道中心路面，專供給車馬往之用，此種道路宜於公園四週或貫通叢林間的大幹道，普通或狹少的公園可以不必多建，以免減少園林面積。行車路面的寬度，最少應有二十呎(或六公尺)以上，道路兩旁必須另建三英呎至六英呎(或一公尺至二公尺)之寬度的小路爲人行及閃避車馬之用。

步道分爲幾類，卽大步道與小步道及環園道三種。大步道的寬度應有十呎(或三公尺)以上之寬度，能供給四個遊人同時並進爲準。小步道和環園道兩種多由三呎至六呎之寬度（卽一公尺至二公尺）爲合。

(C)路面建築的方法。

路面之建築材料，最妙能夠美觀和耐久。因此，腊青，三合土，塊石，卵石，鋪木等路皆甚合宜。然而上述各種材料，價値頗昂。如在經濟非甚充裕之時，可以改用坭路，砂粘路，水固碎石路(Water-Boundmacadam Road)，砌磚路等也頗適用。

建造路面的方法，應先行確定全園道路系統和寬度，所用路面種類材料，等項。同時中心線(Center Line)及路線水平線也應詳細繪明於工程圖上，然後用木樁或其他標緻示明各種界線，和掘土或塡坭的體積及高低等等之後，就可依照所列程序分別興工。

先把路面路線經過之地掘妥符合路線之水平點後，卽把路面掘鋤成曲線的弧形，其橫剖面之斜坡(Slope of Cross section of rood)，三合土，腊青路面則每呎斜四分一至二分一吋，腊青板及鋪木路則每呎斜八分之一——至四分之一吋，鋪磚路每呎斜四分之一至八分之三吋，坭路及碎石路每呎斜三分之一至二分之一吋。

路基鋤平後，用轆路機或人拖的石轆壓實，就成坭路。如加砂礫或粘土層於其上，即爲砂礫或砂粘路了。有時於路基塡平後，上面鋪蓋三四吋厚之煤屑一二吋厚之細砂然後壓實，也可成爲一種經濟的路面呢！磚路的砌結形式如人字形，丁字形，萬字形等樣。三合土和水固碎石路，其厚度約由四吋至五吋已足應用，因除了車道之外，步道所受的活重（Live Load）並不爲多呵！三合土路面所用的材料，可分爲灰砂三合土和士敏三合土，即士敏或石灰，混和砂，石碎而成。然常以磚碎或煤屑代替石碎，則用費較廉。混和的份量，普通用一：二：四或一：三：五之比例。即一份士敏土（或白灰），二份砂，三份石碎（或磚碎，煤屑等）。普通再於路面蓋盪半吋厚之一：三比例的士敏砂漿層，俾路面光滑美觀。

如在三合土或水固碎石路面上蓋鋪一塊腊青層，就成爲腊青三合土路或腊青水固碎石路了。

（D）道路的其他設置。

道路之旁，應另建一度明渠或暗溝，以爲宣洩雨水之用。小路旁渠其寬度應在六英吋（十五公分）以上，大路及車馬路應在（英呎寬三十公分）以上爲合。並於相當的距離（普通於五十呎或一百呎）建留砂井一個，以備清理渠道及隔砂之用。

我們爲符合道路的使命起見，園中道路應多採弧形曲線形式。炎夏之日則有林蔭遮蔽行人，如屆寒冬之候也應使日光能透達路面之上，務使寒暑適宜，才算合理。自然式的公園尤須令路線曲折，使園林風景深幽微妙，不若一眼洞悉一切的相對呆板的佈置惹人生厭喲！所以，我們於路須盡處自應佈置一些樓宇亭台，十字路或交口或路旁尤須配植適宜之花木。

茲將道路的圖式，繪明如下——

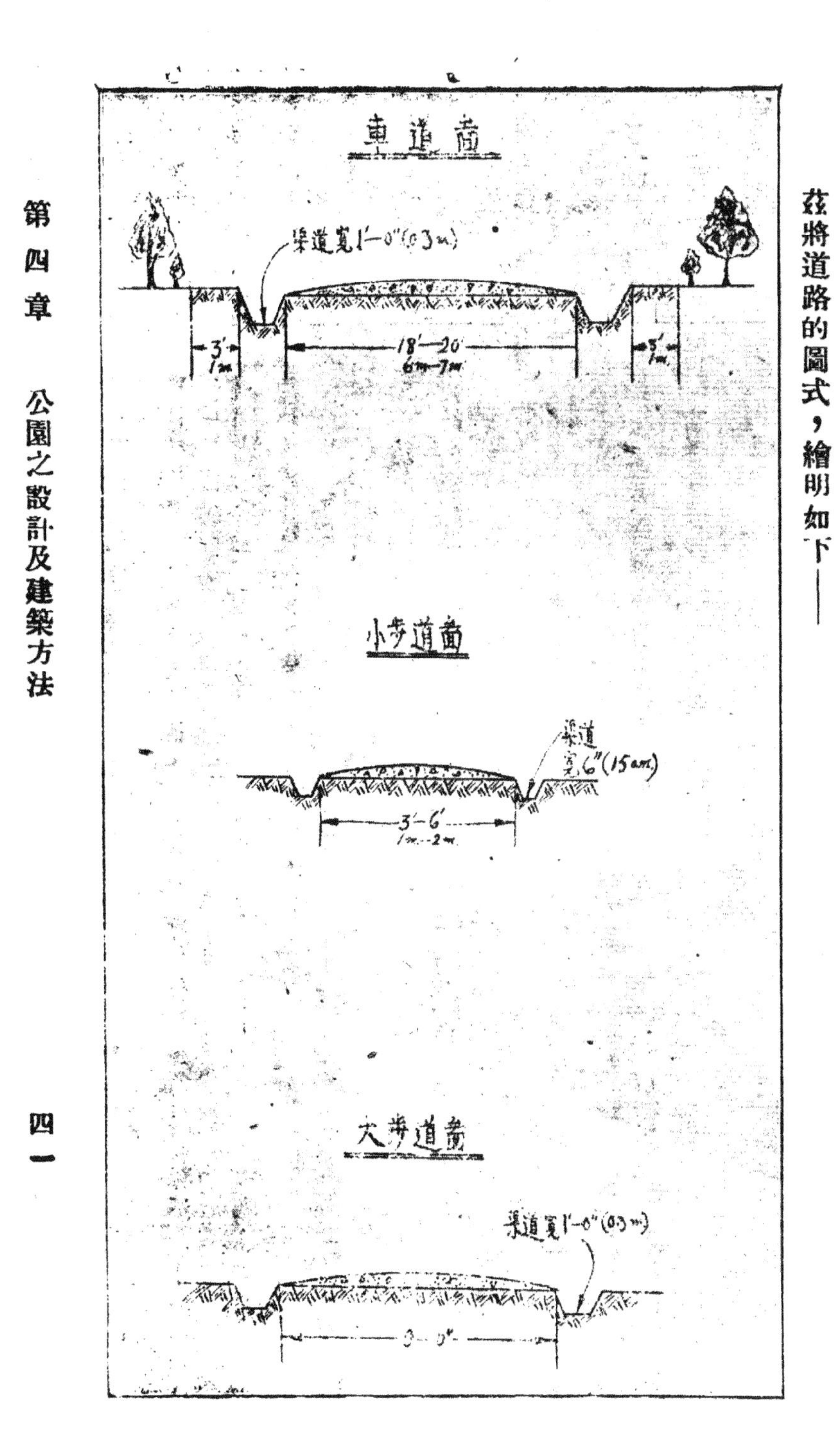

第十一節：山水風景的設計和營造

青山綿連，綠水微蕩，遊樂其間，心悅神暢，這是自然之景倍勝於人爲的地域喲！故公園的佈置最忌平板，如在倚山傍水之地，當卽加意經營，以成人間的樂園，或在市中平坦之空地以建園林，也應助以人工，佈置泉川山坵來增加風景，美化園地。

山水的風景可以分爲天然和人爲兩種，其分配的方法，必須適宜；普通的設計，天然的景物多順其原來趨勢，再種以稀疏的樹木於其間以調節風景；人爲的風景，宜於隱藏掩映，如水塔水池之水管應使其埋隱不現，並須避免人爲的痕跡。同時，於自然式的公園，其山水風景之佈置切勿重復相同而失奇異之美。

天然之水景，有瀑布，河流，清泉，池沼，潭澤等物，瀑布有分急流緩流兩種，河流之水有動靜之分，總之，天然之水景以深幽而富曲線爲美，河川之旁，應點綴以花樹，池塘之間，應放置片舟多艇以爲遊客行樂，清泉附近，佈置櫈椅爲聽泉和休息之用等等，當因地制宜，妥爲置配就合了。

人爲的水景如水塔，噴池，泉川等，就是補救不近山水的市中地域的公園，如在未設自來水的園林，上述幾種人爲的水景就爲不可缺少的物件。它們不但增加園林的幽美，而對於樹木花草灌溉之需，其用甚大，故應於空曠之地，或樹木稀少之處多造池沼。池沼之形式不一，如方形，圓形，橢圓，多邊皆可，噴水池常造於草塲中心或花堆之旁，其池邊不可過高，普通以一公尺（或三英尺）爲度，材料有用鋼筋三合土，或砌結石塊及磚的亦無不可。在圖案式的公園常把石像安放在池中，與自然式的公園放置遊魚或花樹於其間的，其意無非增加池沼的美觀吧！！

天然的山景，青翠可愛，當然不用加意整理，如在平地中，建造小坵或土堆，則務須古雅自然，無異眞景爲要。如蓋以草皮及荊棘植物，種植樹木於四周造成人爲的叢林，或再隔以藩籬，使園林倍加深遠，雖面積狹少之地也要使遊客有興遊不倦之慨，才是設計的成功。自然山林中的石穴，深谷也應加以人工修飾，以添多一塊境地。

第十二節：亭台樓宇的建築和佈置。

樹木和建築物，同是公園裏的不可缺少之要素。而建築物之營造，其目的爲補助天然之不足，以增加園林的美觀和效用吧！說到建築物的種類，可以用亭台樓宇之名詞代表了。現在且分別說明如次。

（A）亭。

亭是美麗的建築物之一，從它的形式而分，有圓形，四方，多角，尖頂平頂等。

亭的效用不同，如避風雨亭，憩息亭供遊客往來而坐之用，風景亭，守望亭等，皆具其個別的效用。

說到造亭的材料，多用草，竹，木，樹皮，石板，三合土，磚結等等。避風雨之亭，而積應較爲廣大，材料應採用三合土或石等物料，造成堅固之亭，守望亭爲園警看守之用，故地點應適中而居高處，能窺視園中重要之地域爲要，亦應用堅實之物料以建造之。風景亭，如綠蔭亭，以樹木葉蔭爲亭蓋，旁植以些矮樹灌木排列成行作爲亭之垣壁，綠陰青翠，盡得秀清之美。或以茅草樹皮蓋搭成亭，也添增了不少的雅緻風景了。

(B)台。

台的妙處甚多，它能使遊客得一個停步的地方而細心專意去鑑賞園中的景物。它的建築地点，多在山坵及較高之地營造之，其形式因地而異。台與亭不同之點，在於台者多無頂蓋，而爲亭者有頂蓋吧！不過台的構造較爲簡單，材料多用石結或三合土欄柵而成的。

(C)樓宇。

公園必不可少的樓宇，其地點自應選擇適宜以不得全園之風景爲原則。如工人宿舍，公園管理處，材料室，温室等物，必要預先計劃妥善，務求適合實用。形式以採清秀簡潔便可，不必強作裝璜，反失却自然之美。方向在中國之地帶，向東南方向，多屬合宜；光線空氣當務求充足這是必要的建築條件了。

亭台樓字，除守望亭外，其餘之建築物的四面空地，自應設法以樹木池沼流川之類的物件來加以點綴，免犯着孤立呆板的缺陷之景色！

第十三節：林蔭和樹木的分配及其計劃。

公園裏的林蔭，可分爲叢林，群聚樹林，和孤立樹，幾種。茲將其分配佈置的計劃，分別言之如次。

(A)叢林

叢林是灌木，喬木參雜混合的濃密底林蔭。它是自然式及圖案式的公園之骨幹，其佈置的方法應視公園地域之大小而定，如圖形式的或多邊形式的叢林頗宜於分配於廣大的園地，反之如地方狹少當以橢圓形式的叢林爲最相宜，同時公園中各處的叢林樹木應互相連絡一氣，形成一個林蔭系統。

叢林的地點之選擇既如上述，但是叢林的樹木應採那些種類呢？這也是要特別注意的問題，謹將宜於叢林中的幾類灌木，介紹如左：

楊桃，菊科植物，陰地丁香樹（LiLas）日本櫻桃樹，中國冬青，（Traenes de chine）月桂，榕等樹。

喬木也是叢林中的必要物件，但因土質的肥瘦，樹木亦因而相異。如栗，榆，楓，松柏科菩提胡桃等樹木宜於叢林中之沃土的。又如杏，公孫樹，山松，李，槐，櫻，菩提，柳，楓，宜於粘土砂礫土質之地。

樹木之種類和名稱現在已經說明，但常青和季青樹木之選擇應視地域氣候之寒暑而分別配置妥善。

（B）羣聚樹林

羣聚樹林對於園林的效用，甚爲廣大，它不但於綠陰之下，遮陰遊客憩息，並且能增加風景的美化。在普通的公園之中，以不同種類的灌木喬木混植一處，多於草場山坡或叢林之附近佈置之，羣聚樹爲密集的矮林，故其高度應比叢林爲低。

佈置此種林蔭，其重要的法則，應使樹木三五成羣，各居其地而能濃淡相稱不碍視線和遠景爲目的。

現在寫出宜於羣聚林蔭的樹名，列舉如次：

柿，白楓，美利堅的菩提樹，垂枝的榆和槐，普通桐，橡，中國的香椿等樹，都是葉色淡綠，而枝幹有光滑的色素者。

栗，歐洲橡，日本槐，白臘樹，黑胡桃，楊，桐，梓樹皆屬幹黑而葉色深綠者。

椿(Ailante)，玉蘭樹，荷蘭楊，紅黃山楂等樹皆爲葉與幹色澤相似爲淡綠色者。

(C)孤立樹

孤立樹，是一種簡單的佈置，然而它必要具有雅觀和特殊的優美底性質。

孤立樹應種植於明顯之地，使人們能盡量鑑賞它各部的優點，所以選擇樹種和樹木形式需要愼重的審査。

孤立樹的形式分有左列幾種：

錐圓形的——可以配置於空曠的草地或其他區域，如種白楊，楓等類。

垂枝形的——此式宜種植於水景之旁，如泉池，沼澤，瀑布流川之地。所謂綠楊垂柳，襯着一河碧水，這是如何美妙的風景呢！如垂枝之柳，楊，槐，楓，白臘及荆棘等皆頗合宜於此式之佈置。

雜項形式的——多採植松栢科如羅漢松，金葉松，南洋杉，針松屬，紫杉屬，扁柏屬，松柏科之樅屬（Abies Concolor）公孫樹等。此種樹木於春秋兩季種之，休眠期間可以不必剪枝了。

第十四節：種樹的方法

圖案式公園的種樹，總而言之要齊一，匀稱美觀。

自然式的公園，種樹的方法，應合乎左列原則：——

（甲）不可有並立的形式。

（乙）樹木之高低大小不宜於齊一。

（丙）不必強集同種同色之樹木。

（丁）出入的大路口不宜於種植偉大的樹林，以碍遠景。

（戊）樹木應合乎雅觀和深遠之美妙。

樹坎的掘挖，普通視樹木的大小而定。小樹的掘坎，深寬多約一呎半，大樹掘坎常由三呎（一公尺）至六呎（二公尺）。但於草地或輕鬆的坭土則可以減少爲一呎至呎半（三十公分至五十公分）就夠了。

樹木的距離，可依左列規定：——

喬木。

大喬木中至中之距離十八呎至廿四呎。(六公尺至八公尺)

小喬木中至中之距離六呎至八呎。(二公尺至二公尺六十公分)

灌木中至中距離由二呎至六呎。(六十公分至二公尺)

種樹的方向，以向正西南的樹木，得空氣光線之供給，較他方者爲充足。

第十五節：花街

花街是公園裏不可缺少的美麗底点綴，不論自然或圖案式的公園都需要他作爲步遊的廊徑呢！茲將它的形式，建造，植樹等要件，分別說明如下：——

(A)花街的形式。常建如曲折的迴廊，頂蓋種着些爬藤的樹花，或使花葉細枝，輕垂兩旁，結成拱形或多邊，圓形等等樣式。如於自然式的公園，各條花街的形式和種植的花木，務求不相重復似同，枝葉花朵，可任其自由發展，不必强加修剪，免失其本來之天然的模樣。但於圖案式的公園之佈置，却常把枝葉結成種種有規則的形式，造成勻稱相對的整齊的典型呢?!

(B)花街的建造。花街的高度最少應能容行人通過無碍，普通在八英呎至十英呎(或二公呎半至三公尺)近叢林中的花街，其寬度由二呎至三呎(六十公分至一公呎)。若在花堆之旁，則寬度常增加爲三呎至五呎(一公尺至一公尺半)。建造花街，必須先用木樁或竹，鐵條等物，在花街兩旁及頂蓋，於相當的距離——普通每條中至中的距離由八呎至十呎(二公尺半至三公尺)把椿條挿入土中，使其堅實不歪，作爲支柱。蓋搭成拱架，然後於支柱旁邊種植樹花，俾枝葉沿竿而上，爬生滿佈於花街之間。用作支柱之鐵條，直徑約一吋大，竹木之支柱其末端之直徑應超過一吋半大。

(C)花街宜植之樹花。　花街所植之樹花，應以美麗清雅爲原則。如金銀花籐，長春，素馨，茉莉花，無刺之玫瑰，爬籐的玫瑰，夾竹桃類之籐，木香花，葡萄等樹或花，皆甚合宜於花街之栽植。如能佈置勻稱，則花江葉綠，相映撩人，徘徊其間，正是花香風清之境，心馬神往，却不禁留連忘返呢！

第十六節：藩籬

藩籬的妙處，在能間隔景物，使園林風景，不至平坦無奇。故欲得隱現不常，深遠幽美的園地，非助以藩籬不能如願呢！

普通應用於公園的藩籬，可分爲下列幾類：——

(A)荆棘藩籬：這是一種易種而常用的景物，如在公園外圍或叢林等處，以各色的荆棘植物，或勒竹園成一幅藩籬却遠勝於牙板的園牆了。

(B)雜樹藩籬。通常用羅漢松，水松，扇柏等樹種列而成，有分一行或多行不等。如於樹

(Honx)沙而美樹(Charme)，皆是美觀而易生長的樹花。

(C)寄生的藩籬。此種藩籬普通不常多見，它於砂礫土垣，或樹幹之間，種以爬行的籐類植物，寄生於其中，再以人工的栽培，雖屬同一叢林，也可分出幾種不同的區域，它的用途却甚爲微妙呵！

(D)藩籬的寬度。普通由一呎(三十公分)至弍呎(六十公分)，高度則由三呎至三四十呎不一而定。(一公尺以上)。藩籬植樹的距離，單排藩籬樹至樹的間隔約四吋至八吋(十公分至十八公分)。雙排由八吋至一呎(十八公分至三十公分)，種成「之」字形式。

第十七章：時花的栽培

花是不能缺少的鑑賞物，公園裏所種植的花，分有看花，看枝，看葉幾種。

欲達到全年都有花朵來佈置於各種花堆或配景之用，必須分季種植，依序栽培，普通的情形，春季之花於陽春初届則開始種植，如水仙花，鳳仙花，吊鐘，等科植物皆頗適合。夏季之花，應先在三四月種植，宜種秋海棠科(Begonia)茄科(Perilla)曇華科(Canna)鳳仙花科(Impartens Bals金蓮花科(Trapeolum)(Majus)萬壽菊科(Tsgetes)(Erecla)等類植物。秋季之花於七八月植多種菊科花。冬季之花如十字花科，菜科，櫻草科，石竹科等花却多合宜，於秋季花長成前，繼續栽植。

盆景的栽植，多見於圖案式的公園，自然式的公園可以不必採用此種點綴。盆景種植及放置園中鑑賞之期，多由五月至十月之間施行。

花的栽植因種類不同，有播種，插葉，插枝，接駁等等方法，總之在新種植之花秧，應常加灌溉，日光土質皆宜特別注意，若遇烈風暴寒酷暑等時日，應分別安放於温室內，以調節其氣候，所以怕寒之樹花及盆景多於十月後收藏在温室栽培，以待氣候温和時始行應用。

第十八節：花堆的佈置

花堆爲園林中美麗的景色，在圖案式的公園更加特別重視，普通的佈置方法，如屬圖案式的公園，當把它放在顯明注目之處，或道旁等地。自然式的公園，則於叢林草地，或道路交口處栽植較爲妥當。

花堆因種類相異，故有同種的，異種的，孤立的花種幾個樣式。

如以花孕的色素而言，則有同色與雜色之分，更分別爲看枝，看花，看葉的花堆。

花堆的形式甚多，普通有圓形，卵形星形，三角，幾何圖案，排成各國字等形式的。常視該地公園的形式與地勢而定。

同種的花堆底花朵，宜鮮明可愛，異種的花堆應色彩調和，濃淡相稱才能快人心目。孤立的花堆，其樹花應能强健耐久，以常綠之植物爲最合宜。

花堆的花木應於年中更換多次，因枯黃之花葉甚不美觀呵！

卵形，圓形，星形多佈置於草坡之地，三角，多邊等形式則常設於道路之交口地點。

圖案式的公園，其花堆必須形式齊一，高低相稱，但在自然式的公園則最忌同樣或對等之花堆及草坡，種類高低，種類異同可不必十分慎重，只令其生長自然就合式了。

第十九節：草地的分配和修理

草地的分配應均勻合度。

草地是園森的衣裳，所以草地應配置適宜的分佈公園各處，使其各合該地的風景，如人類所穿的切身合度的袍衣。

草地有天然和人爲的不同，比方青山碧翠，本似一片綠波，微風垂草，景色自然，實不待我們重加改造，只可掃除無用之荊棘，或略加修剪與弄平，就能適用了。

但在無草之地，如建築物之旁，河川兩岸，泉潭山坡之僻處，自應加以人爲之營造，使成草地。

營造草地之法，有播植草種和蓋鋪草皮兩種法子。前者宜於附近難覓草皮之地。播種之前，應將該地填平合式，加鋪肥沃的土質一層，用水略加灌溉，只求潤澤，不可過濕，然後播散草種於上，待草種長成發育便成草地。播種之期，四時可以施行，然以春秋二季更爲合宜。

人工的鋪蓋草皮，其方法也如上述所言，整平地塊及加以沃土，然後把別處運來之草皮鋪蓋坭土之上用物打實結密。在別處鏟掘之草皮約厚由二吋至四吋（五公分至七公分）。面積普通二十至三十平方吋，每塊計算。所蓋鋪之草皮，應即日鋪在坭土之上，日加以灌水二次，新鋪之草皮應加以保護，勿使遊人踐踏，以碍生長。此法於春秋二季行之爲佳。

以上兩法前者用費廉而費時日，後者用費較多而收效迅速，我們只須因地制宜便可。

公園裏因開闢道路或建築亭台樓宇的原故，必然地把園地分爲若干數塊的不似同的草塲。在圖案式的公園，多把草塲劃作相對齊整的小塊。但自然式的公園，應把細小的草地，設法減少，以免犯了零碎呆板之弊呢！

草塲之上有建立石像或花堆，然而總以不碍風景爲主，我們對于其中每日樹蔭吹落之枯葉，風捲飄零的黃花，應即盡行收集安　，不可任它遺棄勿理！

草塲之草，如在四吋至五吋之高度（約十公分至十二公分之間）可以用剪草機修剪平坦，剪草機之形式甚多，而以兩輪式最耐用，價值約由一百元至二百元。（每架計）如草高過五吋以上則用機剪不能運用靈敏，不若以人工刈平之！

公園中爲保護草木，多于草塲四周，圍以木樁或鉄樁，寬約一呎至一呎半，高八吋至十吋，以防足踏傷害，但叢林境界當不爲例外，只專指不宜人行之地而已！

第二十節：公園的櫈椅。

椅櫈爲公園中所必具的物件，其效用爲利便遊客休息停坐而設。椅櫈安放之地點，應在顯現能夠易見的地方，同時，要有樹木庇蔭和避風爲妙。

椅櫈的形式不一。最通行的有（A）平板櫈。即是用一塊平坦的木石等物爲坐顚，另安兩隻櫈脚。（B）一面椅。這是一種坐着能椅身向後的形式，（C）兩面椅。與（B）種相似，其所異者不過供遊客多人且能兩方相背同時並坐而已。（D）聯接椅。這種椅常用以佈置於亭台多角的地方。（B）式的櫈，如巴黎市之散步塲道旁椅多採此式，各國市中公園多以（B）（C）兩種最爲通行。

椅櫈的長度，最少應能供給兩人以上同時共坐。其構造的材料多用木石，三合土幾種物質，椅櫈的脚坐，應用三合土把它結實深埋土內，以固實其位置，不致隨處遷移。

第廿一節：路燈，厠所，橋樑和渠道。

路燈爲夜行的南針，普照人們任意遊覽，鑑賞景物，故其設備應滿布全園，無偏無缺，於往來大道，其光線尤應加倍光亮，其他路燈最妙能配合各種顏色，不然也要明暗相稱。路燈的支柱必須優雅或繪圖畫以用三合土建造較爲堅實，電線宜於建園時預留電線路，以便埋藏，免失美觀。燈胆應用網保護。按玻璃罩及蛋白石質球筒，以免閃光之弊。

路燈應以電燈爲最合宜，切忌採用煤氣燈，因其時常傷害樹木呢！路燈的距離應隨地方形勢而定，總之，二燈相照，其光線能互相普照，光影中距之黑影不可超過二十尺。

路燈如在叢林之中，不可懸高於最低樹枝，總之公園的路燈能滿足維持公共秩序及利便警察巡視之用就算合理了。

厠所之建造，宜於隱蔽之處，但在其四周應設以指示牌，以便遊人尋覓。在園內各處應分男女厠，數量應視園中大小而定。

橋樑是近世公園裏所常利用來增美園林風光的建築物。往昔建橋之材料多爲木石，現代則改用鋼筋三合土及鐵料，則公園往日之呆板的平橋，如今却換作拱橋吊橋等各種形式了。現代的橋樑不但應用於流川，更進一步建立於山峯林蔭之上了。

渠道爲排洩地面水之工具，故於園中的路旁和花堆潮濕之地等處宜安設之！渠道分明渠暗渠兩種。如於無自來水中之公園，常藉明渠收集地面雨水，儲於水池爲灌漑之用。渠之材料有坭用土，石子，石塊，三合土，磚建造而成的。

留砂井是渠道的附屬物，在沃土間的中至中距離應在十五呎至二五呎之間，在砂土可增加爲四十呎至五十呎。

水管不論其爲自來水所用及園中儲水塔或水池之流管，應埋藏地下，不可顯露地上，免失美觀。

第二十二節：公園的事務與行政。

公園日常事務和行政，必須設置一個管理處來辦理公園裏一切工作。管理處應設園林管理員一名，內分植樹，栽花，工務三部工作，每部應派監工或工目管理之，職員和工人的多寡，應視事務煩簡而增減。

植樹部的工人專理公園裏所有園林樹木之種植，修剪，移植，收種，灌漑，除虫，施肥等項工作。

栽花部的花匠專理四季花草之播種，插秧，轉盆，施肥，灌漑，配植花堆，更換時花，栽培盆景一切栽花培草的工作。

工務部的工人，專理公園裏工程之建築或保養的事務，如道路的建造，修理，清掃，山水景物，路燈，渠道，水管，池沼，河川的營造或整理，及一切不屬於植樹，栽花兩部的工作。

警務由園林委員會派警察負責，並應受管理處之指揮。

公園裏的職員如管理主任管理員，監工，工目應由都市園林委員會委派富有經驗學識的人員充任，承園林委員會各科之指揮監督辦理各自該管的事宜。

公園各部工人應選其具有技能可任某項工作者僱用之，應由公園管理處選用，呈報園林委員會備案。工人之選用，應把其年歲，姓名，住址，技能，工金，等項列成工人登記表填妥分別存記於園林委員會及管理處備查。

工人分長工散工兩種，長工之工金以每月計，分一日十五日分發兩次。散工的工金以每日計於一週內結算清發所有工值。發給工金方法有用代發法，有用直接支領兩者，前者由公園處向委員會把全部經費具領後分別發給各個工人。後者由管理處先給工人與工金憑單，向委員會總務科領取工金。二者各有其利，我們只好因地而施便好了。

工作時間，普通由上午七時至十一時，下午一時至五時。或上午八時至十二時，下午一時至五時。

公園管理處，應每週將該園工作及園林委員會交辦之事務，分別列表統計，詳細呈報各主管科股存案。

第二十三節：公園的日常事務。

公園裏的行政和事務既如上節所述，現在且把日常應做的工作，申述如次。

（A）鳴號。公園每日開放，關閉，及開工收工，用膳等時間應有一種特殊的鳴號，俾辦事有所遵循。園門遊覽之開放關閉，應鳴鐘，其責任歸園警司理之。開工，放工，用膳鳴號，由管理處派工人司理鳴鑼或吹角，或响鐘。

（B）分配工作。鳴號開工之後，即由各部監工工目依照園林委員會或本園管理處的本日工作事項，分別指派工人若干名各司其事，並點名，以考核本日工人數目。

（C）領發材料工具。工人受命工作之後，立刻往材料器機室領具本日材料及工作用器，開始赴工場施工。

（D）指導及巡視工人工作。各工人出發工作後，監工工目應隨同前往工作地點分別指示監督其工作。

（E）登記本日施工事項。收工之後，應由各部監工將該管工作，填寫於報告表內，交存管理處。

（F）統計報告。管理員應將每日工作人數，成績，告假，交來材料及用去多少，等等工作統計登記。彙集於每週呈報園林委員會。

（G）請示及承辦其他上級命辦之事務。管理處如於不能解決之事的時候，應即向上級請示辦理方針及遵辦上級交辦事務和其他一切園林工作。

公園裏每日不可缺少的工作是，打掃全園路面，把一切垃圾，污物，枯葉殘枝等物清掃完妥。最好能於清晨或遊人稀少之時間行之。灌溉樹木及花草，於炎夏之日，每天清晨再加淋水壹次。巡視園內景物，叢林等處，剪枝拾花除雜草等事其目的不外使公園景象常存活潑可愛，清新鮮明的氣象吧了！

第二十四節：公園的定期施工計劃。

公園裏除日常的工作之外，還有許多應分別依時辦理的事項，茲分別畧言之！

（A）建築物的修理整飾——如道路之修造，樓宇房亭台之補修，外觀內牆之粉飾等等就是。

（B）修剪枝葉——修剪之法，於叢林中，大喬木應比灌木爲高，細小之樹木可任其生長，只修剪除却低陰之枝或不整齊危險的幹枝便可，枯黃之殘葉應設法清除之！修剪時期多在花謝後舉行。夏季則剪除了防碍他物的枝條，冬季則剪却枯弱之枝，俾其來春重發新芽。

(C)補植樹木。叢林，孤立樹，羣聚林等處之樹木，如有死傷，應即設法妥爲補植。

(D)增擴林蔭。於公園稀少樹木之地，必須加植樹木。

(E)土地之耕耘與肥料的灌輸。公園裏的土質，應視其肥瘦，分別輸入相當肥料於其中，俾樹木花草得以繁茂。

(F)草地之修剪。草地之草如超過八吋(十八公分)以上則應立卽修剪，常先以人工刈平，然後用剪草機修養平正。

(G)花街及藩籬的整理。花街藩籬的低垂枝葉如有不美觀的，應立卽除去。

(H)清除樹花的害虫。每年應分季用人工的捕捉法及藥物的救治，以防止害虫的侵害樹花。

(I)渠道砂井之清理以免渠水及砂石污物停積閉塞。

(J)雜草及含有臭味不合衛生的樹木。

(K)河川水池沼溪，應使其時常清明澄淨。

(L)花堆，盆景應時加變換，俾常鮮美清新活潑。

(M)園藝工具的修理和添置。 園裏所用的工具，如剪草機，噴水機，洒水機等物，如有損壞，當即飭匠修理，以利工作，其餘鋤頭，鏟，剪枝葉機、等物應常充足以備應用。

(N)材料之購置。 公園每年所用之材料，如花坭，肥料，盆，竹，蔴，木條，竹掃，繩，籮篸，樹苗，花種，應分季分配完妥，呈報園林委員會購置。

(O)收拾園中花木種子

(P)剪插枝條爲種樹苗之用。

第五章：路樹之培植與管理

第一節：路樹的意義

我國古時對於道路植樹，本屬早已施行，如秦始皇時代的馳道植樹，夾道種着幾行整齊青翠的綠樹，正是白楊蕭蕭，葉影飄搖，那種幽美的景色，却有說不盡的詩情和畫意呢！可惜後世官民，大家都忽略了這件美舉，路政不治，街道分歧；至今始捲土重來，再行創植提倡，反耗費不少的精力，豈不可歎呢？

「路樹」二字，如德文之(Alleebäume)英文之(Avenueof Tree)皆指此意。即種植道路中心或兩旁地方的樹木，它有一定的距離和佈置，排列在道路之上。同時，恰好能夠令全路的樹木種類齊一，生長均勻，整潔幽美，使市民步行之間如入山陰大道，綠蔭繽紛，造成都市的森林，這是路樹應具的條件。

第二節：路樹的效用。

我們如果能在都市內外各地道路，遍植以適宜而優良的樹木，則其效益甚爲廣大。因爲路樹的作用，不僅能夠庇蔭行人，美化道路；即逢大雪之日，白片紛飛，路樹就是最好的道路標號和防風林蔭了。如在炎夏之時，道路兩旁的路樹，却能遮斷烈日光線，樹葉又能蒸發出不少水份，更可以調節溫度。其餘，如對於住居和生活也發生密切的關係，倘若市民能於臨街之地，或另留回一部住居面積種植樹木，栽培花草，如是少則可以享受田園之樂，何況因此可減少住宅建築之密度，並能增高該屋的租值呢！因此，可見路樹與市政之重要關係了。

第三節：選擇路樹的標準。

我們既知路樹的效用這樣廣大，那末應如何去選擇合宜的樹木來符合這種要求呢？

現在且略將路樹應具的標準條件，試言如左：——

A. 易於生長。

B. 適合本市的土質。

C. 以應用本國苗木為原則。外國樹種，除有特別優點之外，應少採用，以挽利權。（如本國自行種植之外國樹苗等，當可例外。）

D. 壽命長遠。

E. 樹幹堅實，不易為兒童及畜生等所傷害者。

F. 樹形壯麗，樹葉常綠者。（因落葉樹一屆冬令則枝葉枯零，蕭條之狀，甚為不美，如不得已時，應種植同時落葉之樹爲合。）

G 潔淨無臭，葉能庇蔭行人，掩蔽日光，適合衞生，且不防碍他種物體者。

H 無風害，蟲害，病害，能富於抵抗力者。

I 易於修剪栽植和管理者。

J 每路樹木最妙能同種，並大小齊一者。

第四節： 路樹的種類和土宜

樹木的榮枯和土壤的適宜與否作成正比例。因此，對於種樹之土質，應加以檢驗，然後能從事於購植何種樹木，這樣才可事半功倍。

普通宜於植樹的土地，最好能夠充分的含有富於營養的原素：如輕鬆，不乾不濕，含有滋養植物的成份爲合。因此，理想合理的植樹土地，其配合成份，應爲含砂十分之七，黏土十分之二，腐植土十分之一。

如果於土質不宜的地方，我們應施行換土的方法，及輸入肥料，用人工去補救自然的不足。總之，以適宜於該處樹木的生長爲標準。

我國各地，因氣候之冷熱不同而土地的性質亦異。在南華的路樹，以銀華，相思，樟，石栗，有加利（大細葉兩種），合歡，槐，大葉榕，細葉榕，楹，紫荊，梧桐，秋風，紅豆，音香，楓樹等等，皆甚合宜，這是在廣州各地及華南各省試植且有成效者而言。

我國長江流域，中部一帶地土，宜植合歡，木蘭科樹，赤楊，槐，澤胡桃，楓樹，菩提，梧桐，白楊，公孫樹側柏，棕櫚，洋槐，黃金樹，篠木，檜柏，冬青，楝等。

卽如漢口市則定白楊，楝，冬青，公孫樹，側柏，檜柏，棕櫚，大葉柳，洋槐，梧桐，黃金樹，篠木等樹爲標準的路樹。

華北地域，植以楊柳科樹木（如白楊，垂柳等），豆科樹（如槐等）樺木，榆屬類樹及公孫樹（卽銀杏又名白果樹）（Ginkgo Biloba lime），皆甚合宜。

北平市之標準路樹定植公孫樹，中國槐，洋槐，楓樹等數種。

以上所舉的樹種，皆屬經實地試驗而富有成效者，其餘未經過試植者不敢介紹。因爲。樹木種類繁多。其能適合公園庭院的未必更宜於塵土飛揚的道路呢!!

第五節　路樹的種植方法和保護的設置。

路樹既經選擇妥當，第一步工作就是種植了。然而在未種植的樹，應在夏秋之間在苗圃掘起，移植一次；最好能經盆植，使其離却本來坭土而適合於新種樹木的地方。

種植的時令，多以春天爲宜，樹身的高度最妙能在華尺六尺至八尺以(二公尺以上)，樹幹直徑由一寸至二寸左右的樹木，其生長成效最好，太細則易被風折吹斷，過大也難發育。

植樹的距離，樹幹至樹幹之中距度以十五呎至二十呎(五公尺至七公尺)之間爲合。總應使兩樹的枝葉不至重疊，却又不相間離爲最妙。

路樹樹幹應距離溝邊石(即車道邊線)相隔二呎至三呎(六十公分至九十公分)，以免樹根破壞渠道及路面。

種樹之時，應先在地面掘下一個樹穴，直徑約二尺至三呎(六十公分至九十公分)深度亦相似，但應再視土質之鬆硬情度而定。然後用禾桿或枯草包好連坭及樹頭，愼重放入穴內，再覆蓋輕鬆的坭土，隨而洒水一次至濕潤爲止。

路樹種植之後，應即用枯草或禾桿纏裹樹身，待長大至相當時候然後解除之；並於每樹加搭樹架一個，以資保護。或襯以竹木於樹身，使其正直不歪。用於襯樹之竹木，最好能在直徑一吋至三吋(三公分至九公分)，插入地面一二呎(三十公分至六十公分。)高度與樹梢齊平或高過一二呎(三十公分至六十公分)均可。襯樹身所用扎物以小繩或牛蔴爲好，免傷樹身。

樹架的形式，有牌坊式，梯形式，三脚架式，但以後式最爲堅固，架之高度應不碍於樹枝生長爲合。普通應用十尺或八尺長，尾徑一寸或寸半(長三公尺尾徑四公分)的杉木條，插入地

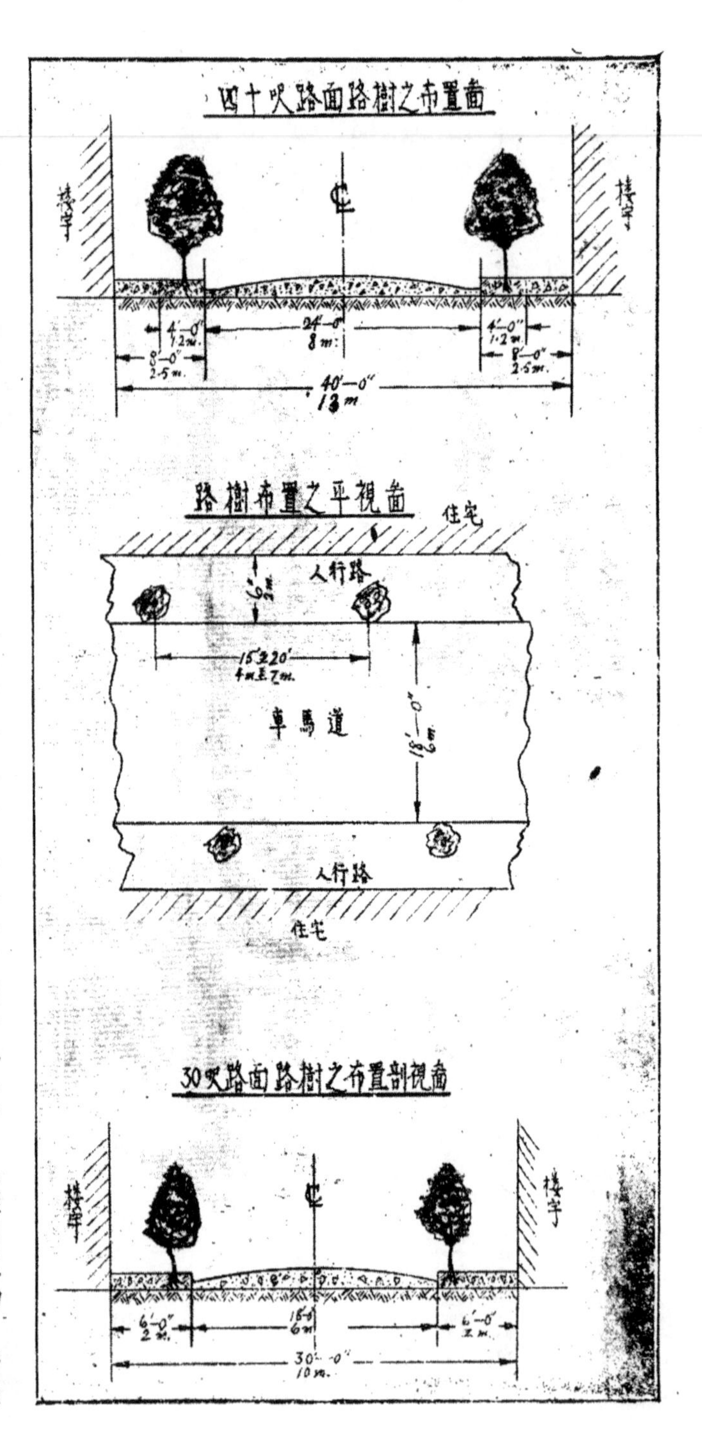

面下二尺，另于上部加搭橫杉，長約一尺至一尺四寸(三十公分至四十公分)，扎架用之物，普通用十八號至二十二號的鐵線。又有先打下杉樁，然後扶扎直杉於其上者，如圖所示

如於遊人衆多或防備兒童畜生傷害樹木，應於樹旁加設欄柵(木鐵均可)，以爲保護。

新植之樹，必須剪少枝葉，只留回三分之一便可，以減輕水份之蒸發，並宜勤加灌溉，使土壤常得飽和，以增加樹木生長之效率。

路樹樹架形式如左：

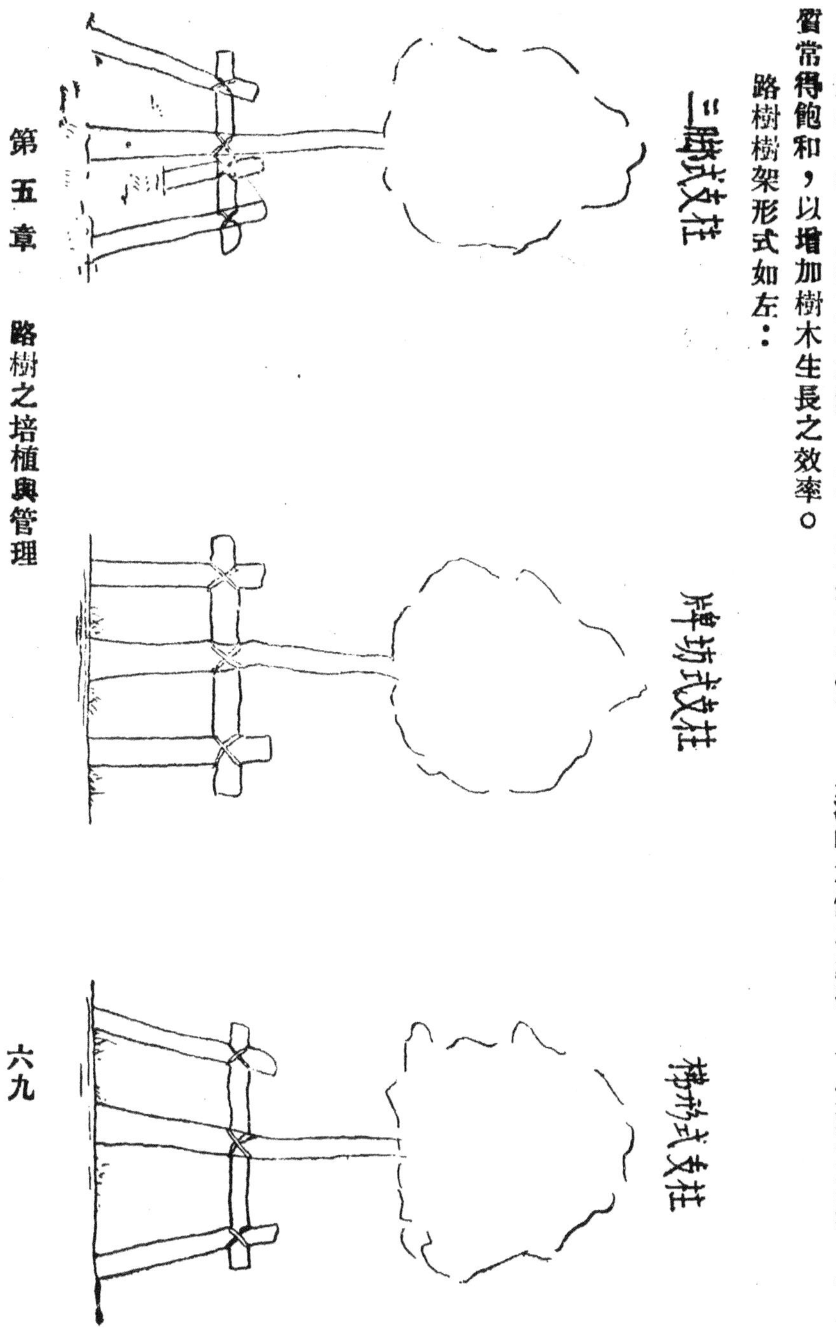

第六節：路樹的管理和日常工作

路樹的管理事務，似應由每市的主管園林的機關，劃分一部，指派人員爲之處理。倘若一任植樹地之旁居住者自行撫育，常因市民財力和種樹技能各有不同，而其結果必使樹種參雜，生長不勻，樹形錯亂，距離不一——發生種種障碍和缺點，此種私人之管理制度雖可令公家少費一筆欵項，然其影响實足以破壞整個的園林計劃呢！

試觀全市路樹十萬多株的哥倫比亞(Columbia U. S. A.)市和路樹八萬遍滿全市的巴黎(Paris)，園林事業皆在該市路樹公園科管理之下，得獲優良的成績。又如我國華南的廣州，自工務局增設園林股專司公園路樹森林等事之後，其路樹的成績驟增，數年之間已達三萬餘枝之數。(即在民廿二年亦種樹九千枝)其餘私人栽植及森塲路樹猶未列入此數。

因此，我們以爲全市的路樹之處理，應設一個公共路樹管理處，直轄於都市園林委員會之下，指揮管理種植全市路樹事宜，其組織如下：——

園林委員會 { 技術科、管理科、總務科 } 路樹管理處 } —— 管理員 —— { 特區、市內、市外 } 各隊監工工目 { 樹匠、雜工

路樹管理處，上承園林委員會之命，分別辦理下列工作：——

A. 每月或一定的期間派工人分別到各區灌溉路樹。
B. 考查工人工作勤惰情形。
C. 登記每日工作狀況分別塡寫存記及呈報園林委員會。
D. 耕耘土地及施肥。
E. 樹穴除草。
F. 修理樹架。
G. 修剪枝葉。
H. 補植路樹。
I. 除虫及防害。
J. 掃除枯葉及枯樹，清潔路樹人行道。
K. 收集種子及播種育苗等事。
L. 路樹器械之添置及修理。
M. 捃插樹枝。
N. 增植新種路樹。
O. 其他園林委員會交辦事項。

第六章　廣州市園林建設及未來計劃

第一節：　廣州園林之現況

園林的建設，為都市美化的主要設計，亦卽文明都市的一種表徵。廣州市自舉辦市政以來，對於公園的建設，歷年來經已具規模；然而公園面積與都市面積的比例，人口密度與公園位置的分配，迄今尚無相當的規定，及未有相當的系統。故現今欲整個的規劃園林的建設，其首要工作，在規定全市公園的面積，務須適合全市的需求。次要規定全市公園的位置，使人口密度成適宜的正比例。再次將現有公園，加以整理，使內容設備成為美化，可以表徵都市之文明，可以為市民一般游樂之中心點。

至於進行步驟，必須整理與建設同時幷進。倘偏重整理方面，而輕視建設，則公園面積不能分配適合。或者偏重建設方面而忽略了整理，則建設的主要點不能得相當的比較，卽原有的缺點不修明，新建設無從而錯鏡，理固而然！未由偏廢！

茲就現有的事實而論，以公園的面積言，廣州市區面積計二十九萬華畝公園面積約為七三六四．七一華畝。以位置與人口兩者密度而論，德宣分局所轄人口不算至多，而計有中央公園，淨慧公園，越秀公園，共面積三百華畝，除越秀公園係依原有風景古蹟為根據，因與公園建設條件適合而改建之外，其中央及淨慧公園均係人工建設而成，其面積尚有一百二十畝與人口密度為比較，則一人可佔公園面積二個平方尺，以賢思分局區域而言，其人口不亞於其他各區，而僅有動物公園一所，面積僅三十華畝，是二人只得公園面積一個平方尺而已。以河南方面而言，人口衆多，惟年來僅有海幢寺之改闢公園的一部份吧。再以西關地帶而言，人口稠密，過於老城，而公園則求之一所而不得。又東區人口，逐漸增加。　十年以來其速度雖極大，惟以言公園，則僅獲面積五華畝的東山公園而已。至於郊外方面，近年來則公園面積的增加，倍覺進步。北郊有白雲山的開闢公園東郊則有石牌造林區的中山公園，面積二千餘華畝，雖人工未能實施完備，而規模具在，可爲市政當局得意之作了。

就現有事實觀察，則廣州市對於園林建設之事實雖在少壯時期，然離完美的界線尚遠。故園林計劃的擬訂，所以輔助市政設計者亦大，核諸事實與理論既如是，則計劃之標準，不得不列爲以下之二個方面：

建設計劃——積極的。

整理計劃——消極的。

廣州市公園面積表

名稱	英呎面積（方尺）	公呎面積（方公尺）	華畝面積	所在地	備考
中央公園	八三八八八九·二五	七七九三九·八一一三	九二·四五六六	惠愛中路	
越秀公園	一三六一七四八·八四	一二六五〇九·八一一六	一五〇·六七三一	越秀山	
東山公園	二五二二八·五六	二三三四·四四三二	二·七八〇二	東山廟前街	
河南公園	一七八一六九·一〇	一六五五一·九〇九四	一九·七一三二	河南海幢寺	
永漢公園	三一四〇八八·七〇	二八一七八·八四〇二	三三·五六〇九	惠愛中路	即原日稱動物公園
淨慧公園	二五〇五四四·二〇	二三二七五·五五六二	二七·七一一一	中華北路	
中山公園	六一七七九五五六·〇〇	五七三九三二〇·七五二四	六八三五·五三〇九	石牌附近	
白雲公園	一八一八三〇三·〇〇	一六八九二〇·三四八七	二〇一·一八四〇	白雲山	
海珠公園	一〇三〇四·〇〇	九五七·二四一六	一·一四〇〇	長堤	現改作道路公園

茲二種計劃，卽園林計劃的中堅部份，而建設與財政問題，亦爲事實上的要條件。今分別言之如下。

第二節　建設計劃的方針

園林建設的計劃，以擴充公園面積，增植路樹，多設公共地段的廣塲。總以增加市區內的綠面積爲主要原則。以廣州市擬定區域爲二九〇•〇〇〇華畝而言，公園面積約爲七三六四•七一華畝，則市區面積，與公園面積之比，爲百分之二•五四路樹廣塲，猶未列入。然而此中面積，以中山公園新增之數爲多，但該園偏向市東，且屬森林地，距離市心甚遠，故少人遊玩，因此能供給現在市民日常之需求的園林地實並不爲多呢！故應再行尋覓增加相當之園林地，及于交通地點，與市區餘地，增設道路散步地或廣塲，此實爲輕而易舉的事。故公園的建設，此爲第一種要件。

其次爲古蹟名勝風景與公園建設的關係，亦復重要。越秀公園，以越秀山爲根據地，遊人衆多，中外人士所共仰。海珠公園，地方較少，僅處江邊，而遊人培多，夏日晚凉，幾無容足之地。石牌之中山公園，面積廣大，惟處東郊，缺乏古蹟名勝景物，路遠地遙，故遊樂斯地的人，不覺甚多。由此可知公園建設，以古蹟，名勝，風景，交通繁盛爲第二要件。

再次爲地價與建設經費問題。都市土地，地狹價昂，難得廣大場所爲公園建設之用。且雖有相當面積的土地，倘全靠人爲的工作，則建設的價值必昂。以廣州市的財力，相信難得市區內相當面積的公園，此爲第三種要件。

基於上述的諸原因，期於五年內，擴充相當面積之公園，則建設所含的要素，可分爲下列之幾種：——

（一）面積大而在近郊，交通便利。

（二）古蹟，名勝，與風景地方之開闢。

（三）地價低賤，建設費廉。

建設的方法，分別說明如後。

第三節：系統的建設計劃

系統的建設，即是以綠蔭的面積，如林蔭大道相連而成的公園系統，有下列幾處：

第一個系統——東北區公園系統

（1）東山寺貝底公園

現有的東山公園，地積狹少，不堪爲公園之用，故東山寺貝底公園之規劃，早已規定於市政計劃中，不過一時未及舉辦而已。該園地址，即在東山寺貝底村之前，擬定地積約九十萬畝，除圈入山岡及公路面積外，須收用民業約三十五畝餘，計地價每畝三千元共約十萬元。建築園內大小道路共約九千呎，平均十五呎寬，共計十三萬五千平方呎，以三合土或角石鋪面計，每平方呎價銀三毫，計築路費約四萬元。添置座位椅櫈，亭宇，房舍，等二萬元，花木點綴三千元。共需費一十六萬三千元。

該園落成，一面接近東郊各廣塲與模範村，一方接近東山舊區域與中山公路，百子路，中大農塲，東沙路均有路樹的路線而直達白雲山，綠面積綿亘二十餘里。此公園面積既大，且近郊而交通便利者。工程也不甚鉅大，期於一年落成。

（2）東沙公園

大沙頭與東堤東沙角隔河相望，東與二沙頭對峙。倘二島填築之功告成，大沙涌之一旁填妥，則二島與東堤可以數堤相貫，環島植樹與水天相映輝，風景天然。不過此處公園之計劃，將有待於築堤填地工程告竣之後。加以植樹工作，點綴花木，需費約二萬元，半年期間可以竣工了。此公園適合於優美風景的條件，可以西通長堤一帶，與堤邊路樹相連接。東北向與白雲路，前鑑街，百子路，而東沙路，其綠面積相連，系統出於自然，曲折紆廻，天然美景呢！

(3)海珠公園(剩餘部份)

海珠塡築之後，與長堤相連接。擬於東隅留出地段約一百二十華井，除築路規劃及經費由塡築海珠經費支出外；公園点綴，須保存海珠公園原有紀念品(如程壁光銅像)，餘則設椅座三十張，置花圈三數處，花棚一所。復於沿堤加植洛樹，則海珠雖變爲市區之中心，然中心亦雜有休憩場所而爲公園點綴則一也，此海珠剩餘部份仍設公園，與長堤畔直達東沙公園而至于寺貝底公園，黃花崗等處及白雲公園，成爲廣州市東北區公園系統的重要建設了。

第二個系統——西區公園系統。

(4)荔灣公園

荔枝灣開闢公園，早已在市政計劃中。現定爲西區公園系統的中心，以簡易方法使之完成。即先開闢一河兩岸之道路爲森林大道，將曲折紆廻之小涌收歸公園管轄。配以美術的小舟和樓船畫舫等二百隻，沿岸公有涼亭及建築物等若干所，並提倡及保護私家在附近美術的建築物。擬定築堤築路費二十萬元，堤路長三千呎。點綴花木一萬元，建築亭宇等四萬元，共約需二十五萬元，先發行公債，以河涌小舟樓船娛樂征費爲抵償，建設成功，殊不維難也。

(5)泥砲台公園

荔灣沿河北上爲牛牯沙瀕河的坭砲台舊址，有平湖風景，幽靜宜人。沿河加種樹木，以砲台舊址公地爲公園的廣塲，不必另收民業，爲舉辦較易的公園。

（6）西村公園

劃定西村的北崗爲公園地段，劃定附近建築住宅辦法，每住宅須留一定地段爲花園。所有道路雙軌線，以路樹爲美化工具，以崗上廣塲爲公園。沿西村公路，增埗馬路，黃沙馬路，點綴樹木以抵荔枝灣，此爲住宅區公園，所得面積可在五百畝以上。

（7）走馬崗公園

沿西村公路，至瑤台馬路之東，有走馬崗。將全崗劃定爲公園住宅區。以五華畝爲一宅，五華畝之中留建築地段十五井至二十井（即四分一至二分一），召人承領，其餘爲公地建公園。即以住宅地價爲建築公園費用。由小段的小花園集成一個大公園，俾易于舉辦。

第三個系統——東南區系統

第三個系統，因地域寮濶，再分爲黃浦系與森林系，因中山公園係本市造林唯一塲所，與車坡，魚珠同在中山公路，故定爲森林系公園，而以之爲中心，經已開闢玆不再列。

森林系

（8）車坡公園

擬在下車坡之北，沿河兩岸建築小道路三千呎至五千呎，由附近各鄉征工築成，使與中山公路相連接，另收民業三十華畝，闢作公園。

（9）魚珠公園

魚珠公園地域，雖非市區範圍，然已建公園於先，因地理上交通關係，茲一併列入爲東南區系統中森林系公園之一。

黃埔系

（10）黃埔公園

魚珠東望對河便爲黃埔，　總理手創軍校的地址，也是國民革命軍的發靱地。擬在大石崗改闢公園，地積可千餘華畝，改建方式，須尙自然，以饒有鄉村風景爲主。

（11）崙頭公園

黃浦南望隔黃浦涌爲崙頭鄉，爲果樹的出產地。此處可以崩崗收用爲公園，有崙頭馬路，擬定全崗面積爲公園地址。

（12）北村公園·

北村附近有山崗，地積百餘華畝。擬收用一部份爲公園地段，採山林風景加以修飾，便成爲美觀的公園了。

第四個系統——南區系統

南區系統，因地積廣濶，復分爲海幢系，七星系，五風系。除海幢寺已改闢爲公園，茲不列。其他分舉之如下：

海幢系

(13)草芳公園

在草芳村之後，收用民業約五十餘華畝爲公園之用。該處至海幢寺爲河南人煙最密之區域。收用民業五萬元，改建公園費三萬元，共需費八萬元。

(14)荷包崗公園

由南田馬路至白蜆殼馬路，中經荷包崗。擬劃定一部分約一百華畝，改建公園。

七星系

(15)七星崗公園

將七星崗附近的馬騮崗，臭鷹崗，大崗等收用爲公園。同時闢爲公園住宅區，以宅地收益爲建築公園費用。此公園地域，饒有風緻，爲河南系統中的重要公園。

(16)大塘公園

擬在大塘劃出一部份民業收用爲公園。因該處爲定功馬路與新村馬路的滙合處，地點合宜呢！

五風系

(17)漱珠公園

在五風村有漱珠崗，風景絕佳，饒有山林曲折，祠宇巍峨之勝。如將全崗劃入公園範圍，加以點綴，便成偉觀。

(18)康樂公園

康樂七十二村，人烟稠密樹林陰翳，劃出一部份林木區爲公園，約以三十華畝爲限度。

(19)赤崗公園

在崗塔附近圈用山崗約五十華畝，保留原有樹木，加以人工修飾，遂成美觀。此地有赤崗涌，遊人可登臨山水間，與中流砥柱相望，襟懷爲之快暢，其優勝豈可以言喩。

第五個系統——中區系統。

中區有中央公園，越秀公園，永漢公園淨慧公園，此為已成公園，祇須加以整理修飾便可了。

第四節：局部的建設計劃

（一）馬路中廣場的建設

（1）在南區系統中，大塘公路，瀝滘馬路，南箕馬路，小洲馬路之交义點，即靠近瀝滘鄉之北前方。此處設一馬路中心的廣場，為來往人士休憩所。其建設的方法，只留空地面積六十井至一百井。中建石櫈若干，圍以小樹，並搭花棚而已。此種建築費用，大約不過二千元，可在路費建築中劃撥，易于完成。

（2）在完功馬路，新村公路，鳳凰馬路，大塘馬路的交滙處，建築馬路中心的廣場，為行人休息地。其建築大致相同，不贅。

（3）在南田馬路，瑤頭馬路，瀝滘馬路，交滙處建築廣場，其方法如前。不過地積大小，屆時須在馬路設計中擬定。

（二）東北區公園系統中的建設

（4）白雲公園，濂泉坑築壩三度，建成游泳池，娛樂場一所。此案經提出工務局局務會議通過，由設計課與園林股計劃了。

(三)東南區公園系統中的建設

(5)中山公園擴充造林區域

中山公園爲本市唯一的造林區域，年來增植樹木過萬，管理方面有管理員負責，頗著成效。現擬于未完成造林區域中，加緊工作，期於明年完成全區域的林地。其建設的種類如后：——

A. 苗圃之擴充。

擴充苗圃二百華畝，以半數爲幼苗假植區，以四分一爲成年樹區，以四分一爲播種區。內設苗床四百平方尺，每年可盆播種子五十萬，可直播種子十萬。三年之後，可得成年樹苗二十萬至三十萬株。

B. 房舍之擴設。

照該園特別欵預算，擬于本年內建宿舍一座，並增建馬房一所，備將來馬巡之用。

C. 亭宇之增建。

建蓄水池三口，分中設置，建蓄糞池二口，靠近苗圃，備供施肥之用。

D. 園路之促成。

環園馬路幹線，大致經已完成。尚有各區枝線，長約二萬呎，分段促成，以利交通。其環湖馬路，坭勘，同時興築之。

(四)中區公園系統的建設

(6)中央、越秀公園之宿舍、廁所

中央公園新式水廁，業經計劃完妥，現在經已全部建築完成。越秀公園之改良廁所，亦已計劃建設中。越秀，中央公園之宿舍，已經市府批准，在設計中。中央公園宿舍需要孔亟，擬建地積約十六井，需費二萬元。

第五節：建設的程序。

廣州園林建設計劃，公園分五區系統，除中區係已成公園，可以從事整理之外。其餘均屬新定公園，須分別緩急，及各該地之需要從事實施建設。至于局部的建設，在南區系統中，其廣塲之設置，必須俟各馬路興築時，然後能夠舉辦。是以建築的程序，再區分為三個時期如下：

第一期(由民國廿二年至廿四年，為實施時期，計三年。)

(1)屬於系統中堅部份的建設者

完成東山寺貝底公園

計劃二個月，收用民業三個月，審定，開投工程兩個月，工程期間一年，共一年六個月

海珠公園。待堤工完成後，其工作分配如下：計劃半個月，審定，核准，開辦開投一個月，工程期間三個月，共四個半月。

荔枝灣公園——詳細測繪一個月，收用民業三個月，計劃二個月，審定，核准開投二個月，工程期間一年六個月，共二年零八個月。

七星公園——手續與前園同，約需一年八個月。

激珠公園——不必收用民業，只需時間規劃及修理，假定爲六個月。

（2）屬於局部建設者。

白雲公園之水塘工程浩大，期於三年完成。

中山公園擴充造林

第一年擴大苗圃五十畝，增設宿舍，亭宇，建水池，糞池。

第二年建環湖路線，續闢枝路線，增購小艇。

第三年擴充苗圃五十畝，完成園路，發售苗木。

中央公園，越秀公園宿舍第二年內完成。

中央，越秀公園則所於第一年內完成。

（3）稍先計劃第二期實施建設次要部份的公園。

第二期（民國廿二年至廿四年期間，除實施並完成第一期工作之外，同時亦爲第二期建設計劃時間。廿五年以至廿七年爲第二期工作，實施與完成時間。）

第二期之建設，爲擴展各公園系統中的次要部份，同時實現局部的建設中的廣場，不過廣場建設，必須俟馬路興築時，方能如期建築呢！

（1）屬於實施次要部份的公園者。

建築東沙公園——該園的建設，須俟東堤河岸改良興築後，而開始建築者。在東北區系統中雖屬重要，然因有待於他種建築物的完成，所以不得不撥入第二期。

建築西村公園——西村一帶，近以郊外路線日漸發展，該處將成爲一個新住宅區。將來人烟稠密，非建築住宅區公園不可。擬於民國廿五年完成之。

建築車坡公園及擴展魚珠之中山公園——車坡位於中山公路的中點，發展中山造林區之後，以次興築車坡公園最爲適宜。魚珠的中山公園，係在中山公路之末端，且列入森林系統中，自宜同時擴展，二者均期於民廿五年完成。

建築黃埔公園——黃埔商埠的發展，在民廿六年時，當有相當的發展。此時卽宜及時興築，以與商埠發展計劃相並行。

建築康樂公園——康樂旣爲人烟稠密之區，該處興築公園，本宜及早。惟因河南路線興築的關係，故列入第二期。此公園期於民廿六年時完成之。

建築赤崗公園——附近以山崗爲公園的主要部份，易於收用，故提前爲第二期建設，期於民二十七年時完成之。

建築草芳公園。——河南三馬路等路線建築完成後草芳一帶，自屬易於繁榮。故此處公園，擬于民廿七年時完成，充實海幢系建設。

(2)屬於發展林區者

林區之發展，本已列入程序中之第一期。然而造林以苗圃發展爲根據。此時在民廿五，廿六，廿七，三個年度。再事擴充苗圃一百畝，造就良好之樹苗供給全省之用。

(3)計劃第三期中實施建設再次要部份之公園。

第三期(民廿八年至卅年)

第三期建設，爲完成公園各系統的時期，亦爲林區伐木之重要時期。

(1)屬於完成公園各系統者(民廿八年)

泥砲台公園之完成(民廿八年)

走馬崗公園之完成(民廿九年)

崙頭公園之完成(民廿九年)

北村公園之完成(民廿九至三十年)

荷包崗公園之完成(民廿九至三十年)

大塘公園之完成(民廿九年至三十年)

(2)屬於東南,東北,南區,西區,各公園之局部建設者,分年局部實施,茲不能預述。

(3)屬於發展林區者——林區的發展,在此時須行局部於斬伐。伐木之後,再行造新林區,惟最早須在民卅年時行之,屆時觀察林區成績如何,然後實施。惟于年期計算,則自民十八年造林至此,時應得第一次之木材收獲,故併入第三期建設程序中。

第六節:技術的整理計劃

建設的計劃既經確定,必須將現有公園加以整理。茲篇係根據公園現有事實,從事改良而已。分爲技術方面與管理方面二種。現先說前者。

技術方面。

（一）花卉之栽培

現在各公園，如中央公園，東山公園，均以花卉栽培爲主要工作。然花卉最重品種的改良，茲分別三年施行之，以臻于完善。其餘如動物公園，淨慧公園等均須增植花卉。

第一年（民廿二年冬至民廿三年秋末）

（A）盡量購外國之優良品種籽（如爲本國所無者。）以適宜者于本年冬末播種。

（B）選擇第二代外國花種自行留種，養育花秧。

（C）以良善品種的花卉，加種園內之各花園。

（D）本地花種的選擇栽培，增加品種數量，注意菊花。

（E）盡量繁殖松柏類盆栽。

（F）花圈式樣的改良。

（G）增僱花匠。

第二年（民國廿三年冬至廿四年秋末）

（A）再購入適宜品種的外國花種籽。

(B)選擇第三代外國花種自行留種。

(C)開花卉展覽會，秋末或初春舉行。

(D)繁殖竹類的盆栽。

(E)劃定盆栽地點(以河南公園一部份爲之)

(F)再搜羅本國花種繁殖。

第三年(民廿四年冬至民廿五年秋末)

(A)外國品種與本國品種之混種栽植。

(B)發售花卉種籽，推廣花卉事業。

(G)成立花卉研究會，養成花卉良工。

(D)購置各種儀器農具。

(二)花市之整理(此屬於獎勵栽培，故列入技術方面)

廣州花埭爲本省花市有名的區域，每年貿易總數達百萬以上，堪爲南中國花市唯一的貿易場。現擬從事整理，俾完成爲一個良好的花市區。

(A)獎勵花市營業，如花卉展覽會之給獎等。

(B)減輕花市地稅，一經營花市業則該地地稅可以減輕，並請省政府豁免花卉業之行厘，減輕營業稅。

(C)規定既營花卉業之園圃，倘有歇業，其頂受者必須繼續營業，否則政府備價收用之，市營花卉事業以防花卉事業的減少。

(D)凡花埭一帶地段，倘土質適宜，合于經營花卉事業者，其買受之人必須經營花卉業。

(E)政府規定住宅留通天部份時，其規模大者，必須加植花木。使花卉事業的貿易量增加。

(三)路樹的整理

本市內外之路樹，截至現在止，有三萬餘株，其最高年齡爲十五年，最低年齡則三年，惟向來對於路樹的栽植，只顧其生長及管理，對于技術的改良，似猶未盡善，茲分述如下：

(A)規定每年冬初爲剪枝期

(B)規定路樹的形式（以本市現狀而論，暫定左列幾式）

圓錐形——適合于附近公園道路。

半圓形——適合于商業區道路。住宅區道路。

塔形——寺觀，祠宇，古蹟，附近道路，限於特種樹。

自然形式——只限於郊外路樹。

(C)路樹形式的養成。

在剪枝時修正之。

在完植時剪完其雛形。

制止生長。

(四)苗圃之整理(專指中山公園之苗圃)

(A)疏通排水溝

(B)分別播種區爲盆播直播二種。

(C)苗圃完三分一爲假植區,三分二爲移植區。

(D)搜集肥料,加緊於冬季施肥。

(E)每年冬末初春廣播樹種。

(五)繁殖法的改良和訓練。

(A)訓練相當之工人學習花,樹之繁殖法。

(B)實行將花木於冬季施以接駁繁殖。

(C)購入多量砧木，逐年接駁花樹。

(六)搜羅各種珍禽異獸

(A)第一年籌撥特別欵項二千四百元，分期採購各種珍禽異獸，補充陳列。

(B)第二第三年節存動物公園(卽永漢公園)飼料費餘欵，購買小動物。

(七)改良路面。(現已全部完成)

(A)改良動物公園路面爲士敏三合土路面。

(B)修補中央公園路面。

(C)修理越秀公園爛路，改良明渠暗渠。

第七節：管理的整理計劃。

園林股事務，屬於管理與技術兩方面。管理方面，除日常事務，係依據環境爲轉移，或必然之事實外，最重要者爲工作之分配，次爲事務之執行。

工作分配方面

(1)確定辦事人員

現在除中山公園與動物公園(卽永漢公園)和普通公園性質不同，特設管理員負責，以資鄭重外；其餘各公園，現在只有工目一人或花匠一人。二個以上之公園，另有監工一員監理，這是現在的情形了！

現先就第一年至第二年而論，擬繼續充實人員如下：——

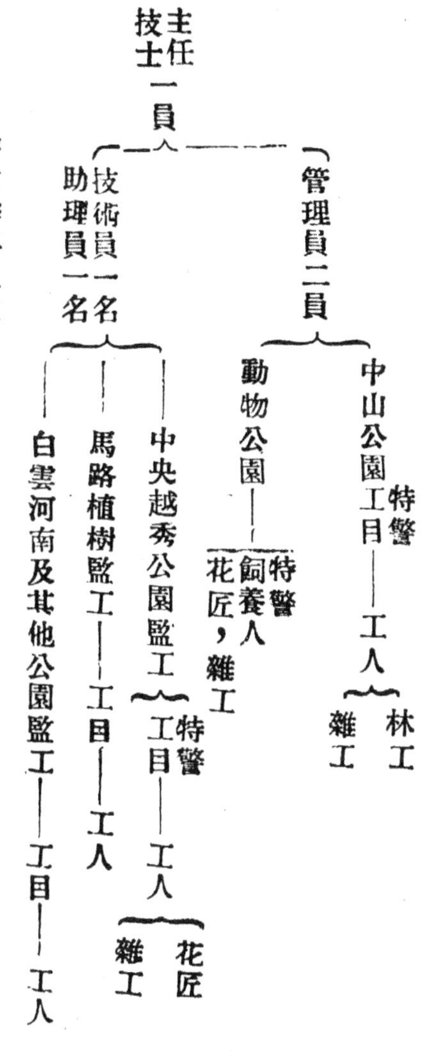

（2）擴充辦事人員

在擴充公園建設後，除內部辦事外。其外部各系統之公園，即擬分區辦理，使之敏捷。雖然此屬於三年以後計劃，亦須論列之。

擴充後之辦事人員系統。

- 主管園林技術與行政機關(此時不一定限於現時名稱)
  - 技術部份
    - 各系統之技術員
      - 助手
      - 工匠
    - 內部設計人員
  - 管理部份
    - 各系統之管理員
      - 監工—工目—工人
      - 特警
    - 內部事務行政人員

事務之執行方面。

A. 觸犯園規之處置，照向例辦理。

B. 路樹保護規則之施行。

C. 林區保護條例(在民廿一年度擬訂實行。)

D. 增加各公園經費。此項擬照公園區域擴充爲比例，逐年增加，以便發展。

舟車之增置

現在所有之園林汽車，僅可敷用。將來擴充區域，必須配量增設汽車若干輛，電船一二艇。

第七章　我國各大都市園林概況

第一節：北平的園林

北平爲我國故都，自革命軍統一全國之後，卽行遷都南京。而該市自設市府以來，建設日見進步。現把該市園林狀況，分路樹苗圃及公園，園林管理數者言之：

(A)路樹之現狀及未來計劃。

北平現在全市有路樹一萬九千餘枝，將來擬行補植者一萬一千餘枝，各公路新植者二萬餘枝。

路樹的標準，以公孫樹，中國槐，洋槐，楓樹幾種爲市內外各公路種植之用。於近水地之擬植垂楊柳，鄉村的地方多種美國楊等樹。

現在先種大車道，較寬或無浮攤之公路，人行路在三或四公尺以上者，及名勝地点，亦從速辦理植樹事宜。(如王府大街，臥佛寺，安定門大街，朝陽門，東四北大街等處。)

公路兩旁於可能範圍內造成爲道路林，以壯市容。現定每年增植一千五百至二千株爲限。

路樹之管理事宜，由工務局派工程員一名及植樹頭目二名，工人十八名負責辦理。

（B）增擴苗圃

北平現有之苗圃在地壇（安定門外）之外壇西南部，惟地非廣，現只七十畝稱爲第一苗圃。現經由市政府咨請内政部撥出先農壇日月壇等處爲苗圃之用，此種擴植計劃不日可以實現。

（C）中南海公園

中南海公園含有許多地方，如建築精美的蜈蚣橋，（現修理完），南海西岸馬路，明朝時代的萬善殿，該地佛相壯嚴，森林繁茂，古柏參天，然荒蕪已久。又如燕京八景之水雲榭亦毁敗不堪，現經修理殿之四周和沿海馬路。又如增加添設椅櫈，電燈，遊船等物，也是最近建設之一。中海南岸的游泳，初爲商人創辦，現經加以改善，如聘請醫生檢驗，池底用白漆改造等項經已辦理完妥。民國二十三年（一九三四年）之華北運動游泳比賽，卽在此池舉行。

（D）故宮開放改建的頣和園。

頣和園之地點，遠在西郊，山川俊秀，建築宏偉，如仁壽門牌樓，排雲門外樓，正門石舫，樂壽堂前之圓柱等地皆是名勝古跡。

玆將其最近（一九三四年民廿三年度起）整理計劃，擇要說明如下：——

(A)修理道路及建築物。
(B)增加裝電燈於公園各地。
(C)重訂遊覽指南。
(D)影晒發售各項照片。
(E)劃一入園參觀券價。
(F)添置遊船。
(G)增植東堤垂柳一百株，後山植桃杏二百。
(H)整理玉泉山。此山之靜明園卽清朝乾隆時所建，現擬收理園牆及橋樑等物。
(I)園中第一泉及其他各泉，爲北平市水源之發源地，現擬加保護與清理。

(E)園林管理。

北平的路樹管理由工務局派工程員一名辦理，公園則歸工務局第一科總務股管轄。但頤和園的管理有一個事務所，直轄於北平市政府。其組織如左表：——

北平市政府——頤和園事務所{總務股、保護股——{圖書館、陳列館}、民衆學校}

第二節：漢口市的園林建設狀況。

漢口爲我國中部的名鎮，自設市政府掌理市政之後，建設日見進步，惟因政局與經費之變遷無定，故市府組織也因時而異。民十九年一月後，市政府下設公安，工務，衛生，財政，社會，教育等局，以前土地，公用局因經費不敷，此兩局所辦之事併歸工務，財政兩局代辦之。

漢口市的公園和路樹等園林事務，歸工務局負責辦理。茲將其公園，路樹建設狀況，略言如下：

(A)公園

市府公園

市府公園位於市政府之門前，舉辦之時爲民國十八年七月間，園內的特色爲道路能曲折自然，不犯呆板之弊，即所用材料也不相同。園中噴水池，在工務局前的，爲一個圓形而深陷低於地面的池，池中建以碎石砌成的假山，別的在市政府門前，其池高出地面，圓形池中建蓮篷式上站鶴一隻，水即從此鶴嘴中噴出。又有八方形的草亭，中設椅坐，頂蓋樹皮。園之西南部則有花圃，爲育苗栽秧之用，園牆高約五呎(或一公尺半)，用柱嵌木柵而造成的。

中山公園

中山公園裏，最幽美的地方就是湖山風景，園內的湖面積約三千方英呎，爲長方形式的，深約四五呎，它是用挖湖堆山的方法，造了許多小丘獨立湖中如小小的荒島。湖中有遊艇二三十艘備爲遊客之用，更養飼白鵝十餘隻，和鴨子二三百翱遊於水裏，大瀑布，噴池，山洞湖東北岸及瀑布後，皆有山洞，前者寬約八呎長五十呎，後者寬爲四尺長則倍之，——並於附近栽植花木，故甚爲清雅。

園內關於體育的設備頗爲完善，有長四百尺寬三百尺的運動場，內設有藍排球等運動用具。遊戲場則有鞦韆，浪橋等物，遊泳池面積爲長七十五尺寬二十尺，旁設有更衣室。

橋樑，道路也算可觀，路面的材料用一：二灰沙三和土。

（B）行道樹

漢口市的標準行道樹，爲白楊，楝，冬青，公孫樹，側柏，檜柏，棕櫚，大葉柳，洋槐，梧桐黃金樹，篠木等類，現已種植者有六千零八十一株。

現在該市的路樹，有幾種不甚妥善的情形，卽如樹木種類不同，年齡相異，距離建築物太近，常受人物的推殘。因此市政當局，洞悉此種弊端，已能從事立刻改良，卽是於今後補植，新植時，注意避免上述缺點，所以確定未來發展路樹的方針：——

(甲)全市的道路，其路幅在十五公尺以上者皆應種植路樹。

(乙)計算全市道路長度，統計全市應共植樹三萬二千零二十株。除已種(六千外)。尙待種之數目爲二五九三九株，此項計劃，擬於十年內完成之(由民十九年起)。總共需費八七四〇〇元正。

(丙)此後植樹標準，每年應增植路樹三三〇〇株，經費爲六四〇〇元。

第三節：昆明的園林地建設

「昆明」是雲南省全省的中心底都市，自從民國十一年八月一日成立了昆明市政公所之後，市政的成績居然很有可觀；它以每年五六十萬的微少經費去創辦了千頭百端的建設，且能得到相當的收獲，也可算不愧該市十年努力的苦心了。

昆明市的設計方針，本着「田園化的新都市」的口號來做建設的基礎。它預定五十方里面積爲新市區之用，于舊市南方發展，把這寬大的空地，建立偉大的廣塲爲新市的中心，劃分南北兩部，南部作半月式的放射形爲工商業等區建設的中心，北方即舊市面積只佔全市三分一的地方。現在舊市區已整理得頗有成積了，新市也依次計劃營造。

現在且專說它的園林狀况吧！昆明市對於園林計劃雖無詳細的訂定，然對于市內外的古剎名勝都能加以保存，以便市民能愛護鄉土史蹟和自然的遺痕。

市內的公園有翠湖公園，內裏建立了噴水池及水禽動物陳列飼養所等物，又有山林式的園通公園，河湖式的大觀公園，佈置也算清雅。

市外金殿，黑龍潭，歸化寺，海源寺，太華，虛凝，古幢等公園，多是名勝或古刹地方改建整理而成，故能含有自然的風景，這是它的好處了。

此外又於市中空地，建以小公園或廣場爲遊人休息之所，各條道路多植路樹，以增風景而壯市容。該市爲建設整理上列各地公園，統計用去五十多萬元的消費。

第四節：南京市的園林

南京市爲我國首都，自設立特別市政府以來，市政日見進步。然而金陵是古代金粉繁榮之都，園林勝景，代有聲名，今略言之如次：

(1)秦淮小公園——面積約數十方丈，爲長方形式，在夫子廟貢街前，背臨秦淮河，卽往日的貢院故址，今由市府植樹數十於此，略加修飾，以爲市民休息之區。

(2)白鷺洲公園。——在武定門內，小石壩街附近，三面環水，亭榭相對，風景美觀。謂說卽爲李白所吟

「三山半落青天外，二水中分白鷺洲」之地呢！

(3)莫愁湖公園。——此園在水西門外，聞說爲南齊時有女盧莫愁居此而得名。湖周圍約六里，湖中遍植菱荷與岸柳交相映輝，清絲古雅，其中有粤軍烈士墓，曾公閣，勝旗樓皆爲名勝之地，現市府闢爲公園。

(4)玄武湖公園——在玄武門外，湖周圍約四十里，中分新，老，長，蓁，芷五洲，今改美，歐亞，澳，菲，五洲，由市府闢爲公園(又名五洲公園，園中羣山環抱，形勢壯麗，山水相輝，甚爲可觀。內中湖神廟，賞荷廳觀音閣，湖心亭及張端二公祠等皆爲名勝景物，湖中有遊艇供遊園之用，由市公園管理處定價，俾資遵守。

(5)鼓樓公園

鼓樓的地點，適居南京中心，形勢奇突，東瞻鍾阜，西瞰大江，天然風景，雖未加人爲已甚可觀，此實爲合宜的公園區域呢！此地之建築公園，由王伯秋先生之倡議，齊燮元先生等助捐二萬五千餘元，因由各名流專家劃定附近地域，收用民地，修築道路等項，今已成爲平坦道路了。現歸中央研究院管理。內中之北極閣暢觀閣等皆爲名勝。

(6)秀山公園。(第一公園)

南京秀山公園的創辦是由李純故後，齊燮元以其遺愛在人，因自籌鉅資十萬，度地復成橋東鍾山之陽，闢一公園，俗名秀山。現改歸市府管理，名第一公園。

這個公園是紀念李氏的，同時內面包含有運動場，植物園，博物館，圖書館，等物，似合于彙辦民衆教育的宗旨。內裏所有的池沼，道路，花壇等皆由技師詳細計劃，樹花各種也分看花看葉，分時佈置，頗爲美觀，該園並有管理員及庶務園丁，掌理日常事務，烈士祠，紀念碑，烈士紀念塔，飛來剪皆爲園中有名的景物。

第五節！廈門的園林建設

廈門爲我國通商口岸之一，地近海濱，居民向外洋謀生甚多，每年由外國滙返之欵項爲數千百萬元，本市工商業，常藉滙欵擴充生意，故市面狀況，自闢路辦市以來，頗稱繁盛。然地域廣大，人煙稠密，而完善之公共遊樂場所，猶未多見。

現在該市已有之中山公園，創辦於民國十六年間，園址在城東北隅，內有博物館，運動場，陳列所，影戲場等，建設偉大，頗爲完備。全園有河流三，川溪二，長橋二度，短橋十度，古式的亭台等十餘處，皆是風景幽雅，水天相映的自然式底公園。計該園面積凡一百四十餘萬方英呎，收用土地及園林建設費合計捌拾餘萬元，堪稱我國偉大的公園了。

其餘市內的名勝地域，經由市政當局計劃，擬建爲人工的圖案式公園或半自然的公園數處。

第六節：長沙市的園林

長沙爲湖南重要的市鎮，在成爲正式市區之時，面積只二方哩，自民十七年六月，湖南省政府議決命建教民財各廳及長沙縣公安局從新勘劃界址，擴大市區爲二十四方哩，並成立市政管理處，自此數年以來，經從事測量，劃分市區，設計馬路，計劃公共塲所，及鐵道的改移等重要工作，經分別實施。雖然爲時未久，不能得到若何重大成績，但各項事務，已進行實施不少了。

關於公園的計劃有四：（A）市東公園，此園在湖南大學之後，就麓山天然的風景而成。（B）市北公園在絲茅冲。（C）市西公園爲閻家湖。（D）市南公園在市南的雨花亭。天心公園等處。

現在且說已完成的天心公園

天心公園即天心閣故址，閣在市南城垣最高處，麓山爲屏，湘環如水，登臨其間，可以瞭望全市景物如指掌，風景清雅，爲湘省名勝之一。

建園之議，始於民十四年，由省府闢爲公園，於原有天心閣之旁加增東西閣各一，合而爲三。劃定附近曠野爲公園範圍，並建路貫連由蔡公墳至妙高峯之間，以便市民遊覽。民十七年加建事務室及雜屋數座，另于閣之前後植以樹花等物此爲第一期的工程狀況。

民十八年建築動物園，中西餐館各一，及噴水池，網球塲，停車塲等物，並修理東西城的路面，和遊路上的天心，崒麓，妙高等亭台及橋樑此爲第二期的計劃。

民廿一年二月，再從新計劃，加建兒童公園和廣植花木，園之東北設有氣候測驗器——爲棉業試驗場之建設。

以上爲該園狀況之大畧情形了，然因經費困難未克再事擴充；甚爲可惜。但該地風景絕佳，令人遊樂其間已覺心神舒暢了。

本書主要參攷書乙束

（其餘雜誌公報專刋未及記載）

✲ ✲ ✲

Robert B. Gridland: Practical Landscape Gardening
American Institute of Park Executives: Park and Recreation
R. M. Mc Curdy: Garden Flowers
T. W. Sanders: Lawns and Greens
C. Eley: Gardening for the twentieth Century
W. Robinson: Park and Gardens of Paris
Rehder: Manual of Cultivated trees and shrubs
Moon and Brown: Elements of foresty
Lerival: Agricultural Botanty
Ghandler: Fruits growing
R. K Bliss: Care of New Tree Plantings
B.aitey: Manual of Cultiveted Plants

✲ ✲ ✲

Raymond: Town Planning in Practice
Lohmann: Principles of city Planning
Howe: Modern city and its Problems
Copes: Modern City and its government
Munro: Government of American cities
Munro: Government of European cities
Wilcox: Great cities in America
Fairtie: Municipal Adminastration

✲ ✲ ✲

Merriman and Wiggin: American civil Engineers Handbook
Tracy: Plan surveying
Huntington: Building Construction
Agg: Construction of Road and pavements
Folwell: Sewerage

✲ ✲ ✲

工程專門書報介紹——南中國

新書：

鋼筋三合土設計學：梁啓壽著。定價大洋五元。柏文編輯室出版，各大公司書店代售。

本書內容：（學理與實例並重，內分力學原理，三合土建築，樓房及橋梁之設計各編。圖表豐富，允稱佳作，爲工程界不可少之讀物，又著者近編一本木材結構設計學，不日出版）

木橋：張公一著。定價一元八角，廣州蔚興印刷場代售

本書內容：（共分十六章，對木橋各件之討論與設計，可稱詳備，甚合公路橋梁之用）

量法：温其濬著。定價一元。廣州新華職業學校代售。

本書內容：（分平面立體兩部，對於各形面積體積之計算，甚爲詳細，爲研究測量學之唯一補助讀物。）

實用水力學：吳民康著。定價八角，廣東國民大學土木工程研究會出版。

本書內容：（共分八章，先述水力學之定義及其歷史，次述流體靜力及動力之原理，繼述孔穴，水堰，河底水管等之流水。理論詳細，舉例明白，圖表亦甚丰富，爲國內水力專書中少見之讀物，存書將告售罄，不日再版。

雜誌：

工程季刊：廣東土木工程師學會出版。每册售價四角。

本刊內容：（本刊爲南華工程界先進所組設，年出四册，內容豐富關於[illegible]計劃及消息等，記載特別詳盡，甚有價值，不可不讀。）

工程學報：廣東國民大學土木工程研究會出版。年出兩號，每號定價四角。

本報內容：（本報爲繼「工程季刊」出版之定期雜誌，內容分專門論文，工程設計，工程常識，調查及報告，工程實施計劃及消息等欄。專門論文欄內又分市政，建築，水利，道路，材料，橋樑，衛生等項，立論大衆，設計簡捷，計算精確，圖表顯明，學術通俗，允稱南華工學界之權威刊物。）

南大工程：嶺南大學工程學會出版。定價三角。

本刊內容：（本刊爲南大工學院師生之發表機關，內容中西皆備，別具一格，論文及設計，可稱豐富，堪爲一般工程界之讀物。）

工學季刊：中山大學工學院出版。定價四角。

本刊內容：（本刊爲後起之工程刊物，操筆者多爲該校工科教授及講師，內容充實，甚爲可觀，將來發展，未可限量。）

中華民國二十四年雙十節日出版

定價：每本大洋壹元

著者　莫朝豪

訂者　莫朝

版者　南

中華南部及南洋園藝視察談

（日）櫻井芳次郎 著 林奄方 譯

國立暨南大學南洋美洲文化事業部
民國十九年

南洋叢書第十二種

中華南部及南洋園藝視察談

日本櫻井芳次郎著
林奄方譯

國立暨南大學南洋及美洲文化事業部印行

民國十九年

南洋叢書

南洋地圖

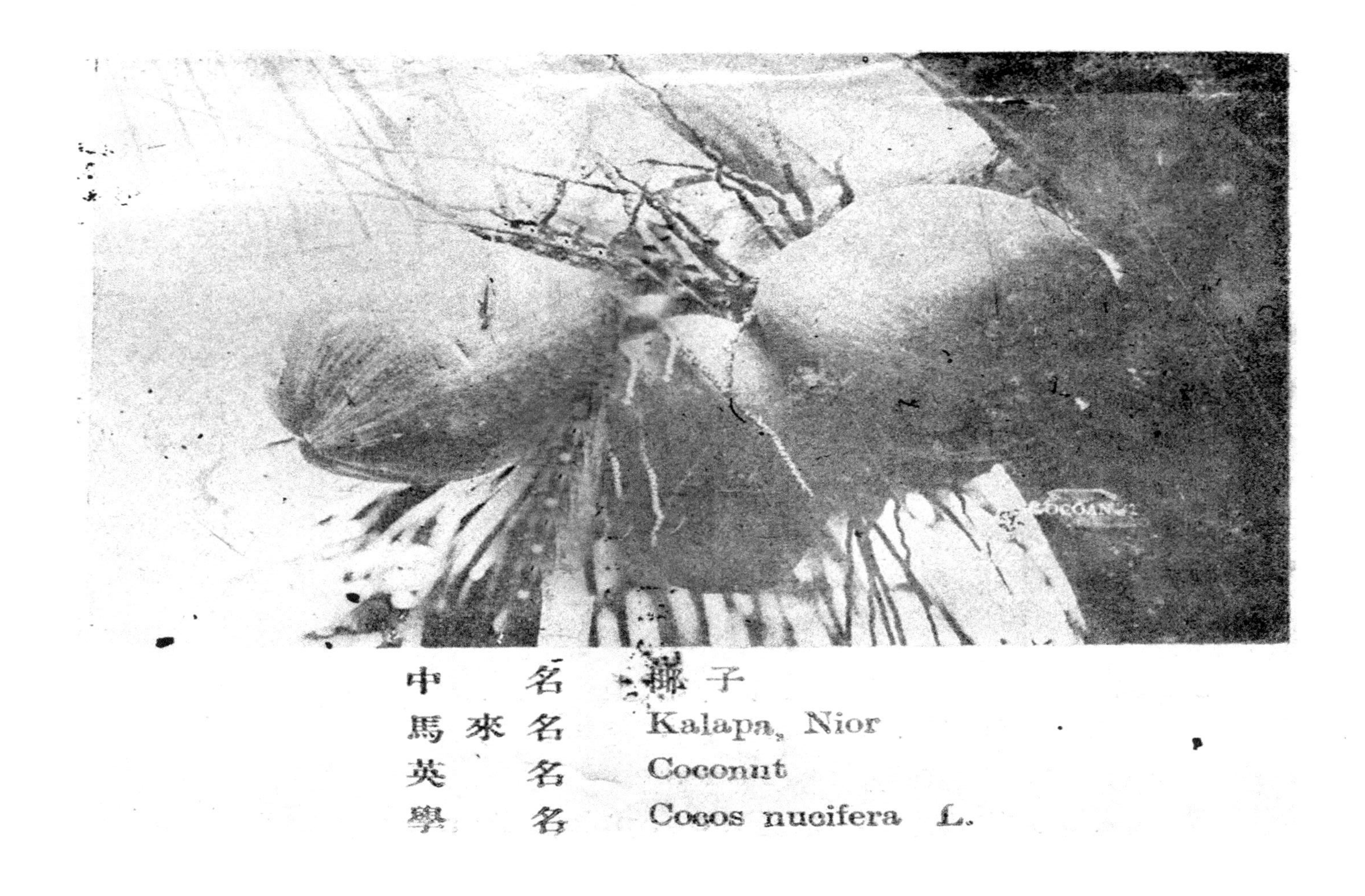

中　　名　椰子
馬來名　Kalapa, Nior
英　　名　Coconnt
學　　名　Cocos nucifera　L.

中　名　波羅，黄梨

馬來名　Nanas

英　名　Pine apple, Ananas

學　名　Ananas sativa L.

中　　名　榴槤
馬來英　Durian-Deorian
英　　名　Civet-cat friut
學　　名　Durio Zibethinus L.

中　名　紅毛丹
馬來名　Rambutan
學　名　Nephelium Lappaceum

中　名　山竹
馬來名　Mangis
英　名　Mangosteen
學　名　Garcinia Mangostana L.

中　　名　波羅蜜
英　　名　Jacktree
馬來名　Nangka
學　　名　Artocarpus integrifolia L. F.

弁言

策羣

侈談愛國，無補乎時艱。空唱絕交，奚喪乎敵膽。曩者邦人士醉心歐化，競尚虛榮，唯舶來之仰賴，鮮自給之天能，日用所需，泰半輦金外出，入超可怖，坐看國債年增。愧爲農業國人民，以缺乏常識故，生貨低價讓却，熟貨高價購進，若花衣，若布疋，若木材，若紙張，若皮革，若米麥，若麵粉，若鹽糖，若樹膠，若油漆，若藥材，若烟酒，若果物等等，以及其他需要品非需要品，奢侈品，盡量吸收，漫無限制，競相揮霍，毫無顧惜，因之國力漸就枯竭，市況到處蕭條，不恤剜肉而醫瘡，盛行敲骨以吸髓，人民負擔日加增，社會治安未回復，失業者資生無路，爭爲挺而走險之亂謀。有心人實力未儲，不識輕便易行之捷徑。今者國基新定，百業待興，民生主義，尤爲切要，待舉之事，萬緒千端，如渡海備險然，苟得一浮囊，得一竹竿木板，順流而去，皆得遂出死入生希望，暨南大學南洋文化事業部主任劉士木先生偶得日本櫻井芳氏中華南部及南洋園藝視察談囑林奄方君譯成，因得快讀一周，知此中蘊藏著不少生源，小而個人生計，大而全境繁榮，乃至經濟上國防之鞏固，外資之補進，智者見智，仁者見仁，隨意取求，俯拾皆是。獨恐青年中走馬看花者，不耐尋求，不能終卷，臨寶山而迴駕，失天緣於交臂也。囑爲校閱，並作方便，用是酌易新名，劃分小段，加以富有興味一覽了如之子目八十餘條，卽奉此寸誠，廣行介紹於海內外有志救時者，此中有不易計算之無盡藏，有不可限量之新領域，凡具慧眼遠識與熱誠毅力者，當能相機進取，親自受用之，最當機之士，厥唯國內有農學知識者，及吾僑界青年不被社會積習所左右而富有自立精神者，均能容易得到是編之實益，世人不察，往往忘却自家具備無限能力，不知發揮，日夜癡望他人之援助，一任自手能造之機會年年月月從眼前脚下飛過，不知乞求者恆召辱，恆失機，惟能隨時隨處自求者，乃能於一切時中，一切處所，在在成功而致福。以成功家之秘旨言之，一數多數，實在平等，一能致多，多由一積，一無所積，何由致多，一無所縱，多何由失，一言蔽之，故曰一多平等。「千里之行，積於跬步，百丈之臺，始於寸土，十圍之木，起自萌芽」未來之成功家，其努力創造汝未來之幸運，萬勿期待自己以外之人，及現在以外之時，天時地利人和三者一貫之謂王，衆心傾折人人向往之謂王，大莫與京無物能與爭勝之謂王，果物中亦多王業，示有爲之青年，勿向政治兵備功名窄狹之途討苦楚，當向此廣漠無涯，取之無盡用之不竭之途求安富尊榮之天惠，出刊在卽，用誌片言以質之閱者諸賢。

十八年一月一日

序一

江楫

一國的物產，一半屬之天賦，一半却屬之人造。氣候和雨量，足以影響一切的生物——尤其是植物，這是誰都知道的；可是種子的選擇，栽培的改善，那當然仰仗於人力，所謂 Natural Selection 這是從植物本身的歷史而言，若從人類的眼光看來，這句話早已成爲過去了。

我們中國素以物產豐美著名，然而究竟怎樣豐？怎樣美？却無人能答。太湖區域的稻和桑，江南山地的茶和竹，豐是豐了，然而毫無統計。嶺南的荔枝，海南的波蘿，與化的龍眼，潮汕的密柑，美是美了，然而分布不廣。我們既有這許多天賦的物產，如果不用科學的方法，以增加其量，改進其質，暢銷所產，以供全國所需，又那能免「地有遺利民有饑色」之譏？

我因此想本校南洋文化事業部林君所譯的這部中華南部及南洋園藝

視察談的確是一本有價値的好書。牠第一步叫我們知道我們有如此如此的物產，第二步就是提醒我們應該如何如何的努力。同胞們當心，餓着的海外飛鷹，要搶我們籬笆裏的肥羊哩！

十八年十月十五日

南洋叢書 第四種 南洋華僑史

丹徒李長傅先生積年搜討南洋華僑史料時有長篇發刊於各項雜誌此書爲李先生所著南洋叢書三大傑作之一參攷中西書籍七八十種費時九閱月選擇史料攷訂其僞博採羣議慘淡經營方得脫稿史家柳翼謀先生稱其考證精覈敍述有法確係定評書分概論東印度羣島馬來半島婆羅洲菲律賓羣島暹邏緬甸越南結論九章末附南洋華僑大事年表及參攷書目尤便讀者檢閱海內外同志關心南洋華僑問題欲明瞭過去解決現在推測將來盍各手置一編（書用道林紙印刷實價大洋肆角）

發行者 上海眞茹國立暨南大學南洋美洲文化事業部

代售處 上海華通書局 上海及各省商務印書館 南洋及日本各書店

序二

戴本中

余少時好園林，尤喜種植果樹，每見山谷間桃李之屬，輒取而栽諸園中。蓋以兒童之心理，以其將來能結果實，可取而食之也；並不計其種之良否，亦不知種之不良者，可改而良之也。及遊學日本東京帝大農科，探討而研究之，乃知凡物之種，皆可以科學方法而改良之。且攷其全國農產物貿易統計，蔬果之屬，爲額甚鉅，尤覺園藝雖屬小道，其於民生國計，亦有密切之關係。吾國面積廣大，地勢複雜，土壤肥沃，氣候和暖，固天然之果樹園也。然一觀市上充斥之果實，大都來自他國，年計輸入不下數百萬元，漏巵之大，誠可浩嘆！豈以國人之無意於園藝而致此哉？良由種之不良，而爲良者所淘汰也。蓋吾國農民之栽植果樹，猶余少時之見解，祗知是爲果樹而栽培之，並不知栽培果樹，固有賴於科學以改良其種，然後其果實方可立足于市場也。己巳秋，余服務於嶺南大學，從舊友劉士木君處，得讀林奄方君所譯之日本櫻井芳次郎氏中華南部及南洋園藝視察談，書中所述，於南洋地方，則有農產博物館，柑橘試驗場，農事試驗場，園藝試驗場等。而於我國果實最豐富之福建廣東則此種設備，絕未之見，無怪我國園藝之日卽窳敗，而舶來品日益戰勝也。願世之有事於園藝者，讀此書後，能發深省而謀改良，庶毋負譯者一片婆心矣。

民國十八年十一月識于暨南大學

南洋叢書
第六種

華僑教育論文集

本書由暨南大學南洋文化事業部劉士木錢鶴李則綱合輯搜羅豐富選擇謹嚴計得名著四十六篇合共四百六十餘頁對於華僑教育可稱發揮盡致有的論教育宗旨有的論課程編制有的論教育方案有的記載已往有的描寫現狀有的規劃將來也有悲觀的也有樂觀的很可將華僑教育的整個給大家瞧瞧過去是怎樣現在是怎樣將來是怎樣關心華僑教育的同志們讀了以後應當發生深刻的感動熱烈的同情將華僑教育的擔子共同擔負起來求適當解決的方法卽此一編當做華僑教育史料參看亦無不可發行者上海眞茹暨南大學南洋美洲文化事業部實價七角五分代售處上海商務印書館及各省分館上海華通書局

目次

南洋叢書
第五種　中華民族之國外發展

黃朝琴譯　書係日本長野朗原著計分緒言中華移民之狀態中國移民問題華僑與本國及結論五章詳敍歐洲諸國北美中美南美西印度羣島南非洲澳洲及紐絲綸並南洋華僑之最近概況而對於北美中美南非洲及澳洲等處限制華僑移殖政策尤有極精當之評論復經劉士木李長傳諸君之悉心校訂對於原文不少修正及補充之點洵爲關係中國移民問題較爲晚出之書紀載忠實足供研究華僑問題國際問題勞工問題及世界經濟學者之參攷

發行者　上海眞茹國立暨南大學南洋美洲文化事業部

代售處　上海華通書局
南洋及日本各大書坊

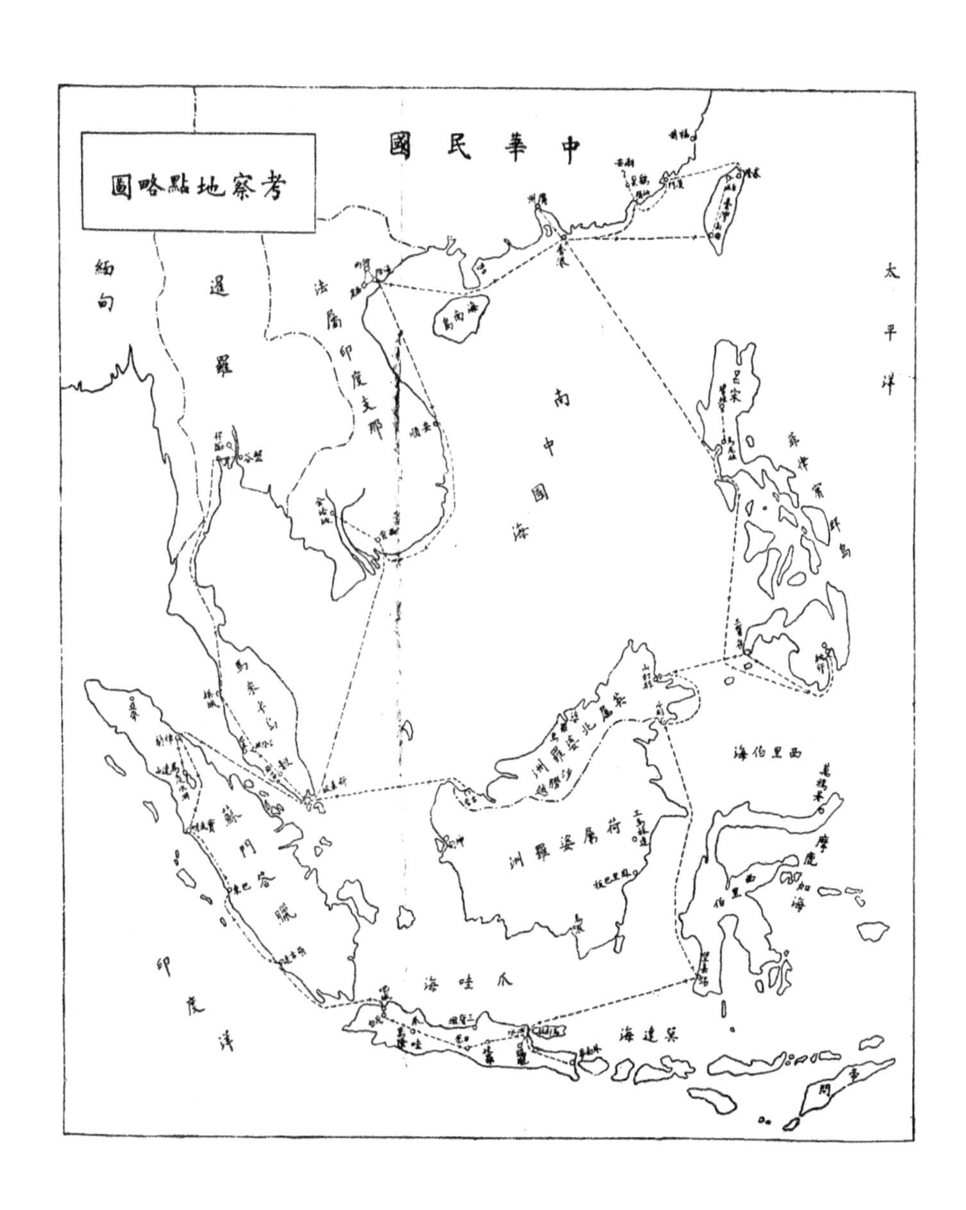
考察地點略圖
中華民國
太平洋
南中國海
印度洋
緬甸
暹羅
法屬印度支那
海南島
菲律賓群島
馬來半島
蘇門答臘
荷屬婆羅洲
爪哇海
西里伯海
西里伯
摩鹿加海

中華南部及南洋園藝視察談

櫻井芳次郎著
林奄方譯

日人南進危害及天產上閩粵籍華僑立脚地

本篇篇幅雖有限，原文却成一很有價値之單行本，爲去年所發行，初擬摘譯其中要點，而略其全文，後覺其閒談中每具一種熱忱，雖不能令人直接謀利，猶可促有心人之反覆思維，而幫助未來時代許多水果王及水果業王出現於新時代，故將全文譯出以饗閱者。竊惟台灣與我閩廣兩省關係最深，凡原文中原著爲台灣所着想之處，卽爲譯者對閩粵所着想之處，凡日人利用吾台灣役使吾華僑，彼日人事業進一步，吾閩粵人事業卽須退縮一步，兩者互相消長，有如月影之盈虧，自其製糖業興，而閩廣之糖業難振矣。自其茶業作，而閩茶之銷路塞矣。自其樟腦出，而閩廣樟腦業難立足矣。自其香蕉鳳梨之栽培盛，而吾閩廣香蕉鳳梨業危殆矣。

「知行合一」便能令閱者譯者之心血成結晶物

今日人孜孜以振大翼，勃然作南圖之雄舉，而我國則變亂頻仍，凡百事業，非但無尺寸進步；且日就蕭索而閉歇者舉目便見焉。思之不覺令人不寒而股慄，苦於深夜之悠悠，東方之曙光，不知何日大放也。有志之士，閱此編者，苟視爲「他山之石」，使譯者心血，不致空嘔，則慶幸無涯矣……譯者識

爲選購鳳梨苗一路物色水果王園藝特刋由茲開篇

櫻井氏云：『予此次擔任殖產局事業之一部份，往購北婆羅洲沙勞越國之鳳梨苗，順便得着農商務省調查課之援助，往華南及南洋調查鳳梨事業，關於鳳梨事業一方面，當加整理，容後報告，茲應東京南洋協會之請，僅將此次視察所得之園藝見聞，依照旅行之順序，約略述之。

汕頭出產之果品難博專家之一顧太難爲情

予從大正十五年（按卽民國十五年）八月三日出臺灣基隆，先赴汕頭，

中途經過厦門略作該地之果市考察;此時除桃子以外,並無與臺灣兩樣之青果,予此次旅行,所以必須由華南出發者,係有一種用意,就是因爲久居臺灣,突然往南洋羣島,未免因種種植物關係,及其他情況不同,而疑惑叢生,爲避免此種疑惑起見,故特由與臺灣情況相似之地方漸漸前進,果如予之豫料,由華南至法屬海防之間別無奇特果品或植物,予住汕頭四五天,調查此處鳳梨事業,及著聞之汕頭柑橘栽培事業。

汕頭濫造粗製之罐頭出品年達二百萬元……倘精製將如何?

其地鳳梨工廠,實屬可憐,雖有五六工廠,其所用原料之粗劣,較之臺灣爲尤甚,而盛造其濫製品,合其他之罐頭出品,年約有二百萬圓之產額,所得到之參考事項,除鳳梨外,如荔枝,蓮子,楊桃,苦瓜,栗桃,或芥菜心等,用臺灣亦可得之原料,製造種種罐頭出品,此外製造日本式福神漬之雜色醬菜,及以桂圓胡瓜梨子薑筍枇杷火腿等作原料,終年不息從事製造,予特往華南調查鳳梨事業之目的，因爲台灣之生產費甚高，此次目的在考察生産費，須如何方能低減，乃覺到苟如此終年不停之運用工廠，鳳梨罐頭之生產費自然會低廉，此乃人所共知者，中國有好幾百萬之華僑，到南洋各處發展，汕頭二百萬圓之罐頭食品，推銷到華僑身上，南洋各市場上雖有種種外國之精良貨品，一般華僑頗有愛用國貨之熱情，或者因價錢低廉，大銷其國貨因此兩層意思，銷路之遼大，居然牢不可拔。

潮汕路中間鶴巢名産之蜜柑王占得絕好地利

汕頭至潮州，有潮汕鐵路，其中央爲鶴巢，爲馳名之汕頭蜜柑產地，日人多知之，台灣近年盛行栽培之椪柑桶柑雪柑等，都是三百年前中國移民臺島，由南華帶來者，鶴巢就是其原產地。予去看他之栽培法，最可駭怕之台灣栽柑，都須在山腹斜面，而此地卻偏要在平地水田中，且先插稻而後插柑秧，當時予非常疑惑及詫異，後查明原由方知確有道理，中國南船北馬，大家知道北方多山，南方平地多水，各處都可通小舟，予到彼時正在八月，當時適逢連日新雨，故各處都成澤國，柑樹生長地方，亦爲水所繞住，經仔細訪問之後，方知此時正是蜜柑最須水氣之時，怪不得不怕水多，然至收穫時之十月十一月十二月，其地必致大旱，故柑味轉濃厚，難怪中國所產之椪柑桶柑味道格外可口，但是因水多故柑樹極短命，如台灣傾斜地方，其經濟上之壽命，約有三十年，此地決無如此生利年歲之長久，此完全是多水之關係，但不待其老衰，就先插下壯苗時時補植，此法最爲得宜，如此予就想到台灣之臺北市附近平地及和尙洲等，蜜柑產地，每年苦其水多之地方，尤其每年夏季苦其汎濫之地方，苟利用此法，必得良好成績，汕頭柑之出口，每年約二十萬圓，殆皆售往香港星洲遠及於蘇門答臘爪哇及菲律濱。

華南果品之甘味醞釀因氣候關係壓倒南洋產快圖擴展

此項華南之蜜柑，所以能運往南洋市場消售之緣故，實有品質上一重之關係，南洋地方本亦產各種柑橘，不過除了文旦及柚子之外，小形蜜柑，味道極劣，因爲此種果類，須得一定之溫暖時期，以資生長，生長之後，又須得一定之寒冷時期，俾其成熟，始有甘味，然南洋全年，都如夏季草木果實生長不止，而果皮與果肉不同時成熟，中間之海綿質爲之分離，果肉先熟，皮則與樹枝生長不已。所以外皮猶青而果肉已可嘗了。所以南洋多青柑，如此在短時期間，進行其不平均之成熟現象，所以味道不濃厚，台灣及華南則不然，氣候較溫和，柑類可以慢慢地吸足其養分，所以味道頗佳，彼大形之柚子及文旦之類，都是早熟性之水果，氣溫越高越好，成熟越快，味道越好，所以暹羅之文旦，庫達子之柚子，皆爲上品，以此觀之，台灣之蜜柑，不單可銷於日本，將來一定可出售到香港，馬尼拉，新加坡，爪哇等處各市場，現在香港地方，台灣蜜柑之進口，亦已不少。

美利堅果品藉冷藏法稱霸於香港市場一般出品家黯羨否？

其次參觀香港市場，最動人者，厥爲美國果類非常之多一事，皆用凍藏法，每船都有大批貨到，八月我到香港時 Honegdew melon 及其他美國柑橘，檸檬桃葡萄之類，貨色充滿於市場，以善價銷行，可知將來台灣之果類，對於香港市之消行上，甚有希望，無論何種果子，港市住民，一律都歡迎。

幾十萬株荔枝王爭榮競立於珠江沿岸

遊香港之後，即到廣東，到廣州須由珠江行，珠江河幅遼闊，好像海洋，未到廣州之前，兩岸有好幾十萬株樹木爭榮競立，凡到過廣東之旅客，都知道此項密層層環珠江而生存者便是荔枝樹，荔枝就是華南果類之王，我到此處，約略調查其栽培方法，荔枝可生食，可做荔枝乾，做罐頭，亦極高貴，所以關於荔枝之研究，不能認作等閒，廣東之嶺南大學，對於此項出品之研究，最爲熱心，荔枝有四五十種，爲研究上頗感困難之植物，且其栽培有極多煩難之條件，最適其栽培之土壤，是該處一帶赤土之酸性土質，台灣之酸性赤土，雖不與此地全同，聽得地質學家說，極其相近，已經有人研究之後，發表其意見，謂此種酸性土質，極適於茘枝，聞廣東地方，比較的富於酸性土壤。

茘枝最喜酸性赤土各園主能研究澈土質物性穩教名滿天涯

又據專門家研究所得，茘枝樹根有使其發生根瘤之必要，茘枝喜歡酸性赤土，所以我就想到臺灣新竹街附近之茘枝園，新竹附近年年出產比較上等之茘枝，這一帶是酸性赤土，確與廣東情況相同，又調查之結果，知道茘枝對於水濕抵抗力頗强，將來台灣如果大行栽培，可利用多酸性赤土之桃園地方之大圳兩旁，且可防隄岸之坍決，當可一舉兩得。

發達華南天產當然是嶺南大學許多賢哲之重大使命

余在廣東，參觀廣東「國立農科學院」及嶺南大學，嶺南大學係發展於南洋之華僑中有資產者捐出巨款所設之「農科大學」。

李將軍植果萬樹勝爲萬戶侯

看了此兩所「農科大學」之後，到了一個很有趣味之私人經營之果樹園，就是廣東著名之豪族李福林將軍，在大塘所設之果樹園，大塘在嶺南大學湖江五六里之處，栽培面積約三千五百畝，據說年產約可十萬圓以上，所栽有荔枝龍眼桃李楊桃等多種果樹，所餘空地全部種芋，其他柑橘類，眞正橄欖香蕉蓮藕，種種作物，密密地栽着，我初以爲李福林是一個武夫，不料他同時又有如此之園藝趣味，而又係地方豪族，所以得了一個「園植將軍」之別號，在此處使予得了一點參攷材料，此三千五百畝之大果園，係利用潮水而行灌漑，潮漲河水滿則開閘門盡貯其水，而後閉門，退潮之後，園內仍有充分之灌漑用水，此誠是一良法，非在平坦之大陸地方，實在莫能實行，由此以後再登舟離廣東，直赴法屬越南之海防。

園藝家苟不注意排水工程免不了浩大損失

予到海防時，正在八月杪，恰遇着五十年以來之洪水，火車各處不通，苦煞行人，海防與首府河內之間，相距百粁，平常火車二三小時即到，我到此地時因爲洪水驟至，歷盡艱苦，費了兩天大好時光纔到，因爲此地有一大三角洲，由海防搭輪往南定，由南定搭火車往河內，中途在汽船上過了一夜，所以二三小時可到之地方，竟費了兩天，海防河內間相距百粁，既如上述，而海防臨河岸與河內地方之水流高下不過一米，其水流之緩可知也。故此一帶遼闊耕地，殆與河水平，今逢此五十年以來未見之洪水，損害數目，雖未曾見，當爲此地之一大問題，可想而知，其地爲大陸性，因經此次洪水，物產上驟受一大打擊，東京地方，米糧大缺，既有須向西貢輸入之大消息，海防河內地方之果類，亦並無足供吾人參考之資料。

海防佛果王占領市場一部之繁華

海防雖遭大水災，植物上受絕大損失，但其佛果一種，極引我稱許，較臺灣出產，品質高尚，占得市場一部份之繁華，此地佛果稱爲「椪加乃兒」當其生長不已，色青未到爛熟之時，即採之藏入米缸內，使其黃熟，待其略轉柔軟之後實出，老實說，我在臺灣，未嘗吃完一整個之佛果，因為色大黑，過爛熟，不覺得有如何好味道，到越南時所嘗之佛果味道十分好，連吃了二三個，所以我想臺灣之大宗佛果注意其收穫時期，及黃熟法，定能變為益加有望之熱帶良果。

雲南石榴王大邀專家之賞識林產精華多當局者各宜努力

予初想由海防往雲南，且恰好有良伴同往，不過由海防至其國境之老開地方須費一日工夫，再搭滇越鐵路，至雲南又須二日，往來六日，在彼視察須四五日，結局要費十天以上之光陰，所以雖是一個好機會，在船期與日程之關係上，竟使予不克成行，至為可惜。雲南土地高爽，氣候頗佳，且農產物亦極豐富，為將來有望之地方，予以時間匆促，不能前去考察，殊為悵悵，幸於海防得雲南名物之石榴二三個，實屬可喜，此石榴依予之眼光看來，形大味甘，核却極小，因味道大好，所以將其核帶回，現已播種了，不久當可觀其成效如何？

順化市上之橘王早博一般人士之稱許

那邊有一維恩城（譯音）爲王城順化附近之市鎭，維恩地方之橘子，在此處市場上博得一般人士之稱許，本想一往其地，亦無奈因時間迫促，未能前往，但維恩城已經接枝後之橘樹，不久當設法購至臺灣試種，聽説阿爾及利亞（均譯音）之橘子出産於此地。

雲南檸檬王在法屬各市場嘖嘖人口

再者散基斯特（譯音）之檸檬，頗於法屬各市場占有不少之稱譽，美國檸檬橘子之銷路，實令人駭怕，唯臺灣果藝家努力研究栽培，將來如能作同等良品之供給，確係一絶好之事業。

霍亂吐瀉之疫癘流行時勿冒險啖果

予以到各處去嘗水果爲職志的，不過在八九月間，爲虎疫流行之時候，所以實際調查果味之工作，不及一半，有果不嘗，確有點似怯，但嘗了來患虎疫，更不值得，所以不多吃，虎症之多，實屬可驚，尤其是廣東，在余所寄宿之隔壁一間，有一西洋老婦中夜而死，鬧了一場，所以對於品評鮮果，覺得十分遲疑。

栽培路樹修剪合宜也能博國際榮譽

海防與河內人人所知，係一法國式之可愛市街，而最堪佩服者，爲街上路樹，其樹木種類，與臺灣路樹，並無大異，都是鳳凰木苦楝班枝羅望子（譯音）等類，唯其栽剪之法極妙，剪成有雅緻的路樹，臺灣地方高自丈許，卽亂剪瞎截，恰如癩病手足無措，所以令其枝葉與樹根之間發生連帶之困難關係，因其枝葉少，以致樹根亦減少，大風一來，應之而倒，我到此地才感覺得明白此地如何布置乎？就是路樹植了之後，高至二十尺，任其生長，樹幹由二十尺處截之，使其生枝，故頗繁茂，夏天蔭涼可貴，尤其是盛暑火車施行時，每站五六條鐵路之兩旁均有路樹，綠蔭鬱鬱，遮住鐵路，所以火車每到一站，覺得非常快樂，臺灣之榕樹，人多截成古怪希奇之樣子，自形得意，予以爲不如像此地，任其慢慢生長，栽成壯大之路樹爲勝，當然臺灣時有暴風，此項問題尚須考慮。

西貢農夫缺訓育以致米王之天才尙多掩沒

其次到了西貢，植物界之熱帶色彩，就十分濃厚起來，此處因旅行關係，僅逗留三日，其間到過離此二百五十粁之百囊奔（按卽南旺）所以來西貢不能從容觀察，南旺有農產博物館，又王城中有價値好幾百萬元的金剛石刻成之佛像，予往此地方看去，途中令人生莊嚴之感者，爲兩旁羅望子（譯音）大路樹，此二百五十粁之遠道，處處都有此種繁茂之路樹，乘汽車經走其下，遊子心中爽快，難以言語形容矣。道路兩旁，又是個渺渺茫茫之大平原，猶營其原始的農業，何謂原始的農業？是八九月雨水之前，隨便種下了玉蜀黍，待其結實，就收穫起來，內地雨下個不停，此處太平原變了海洋國，土人就利用種水稻，水稻之栽培亦極簡易，所出的就是西貢米，在小小島國生長之我們日本人，眼光看見此等任其自然的大平原，不覺感慨係之，

新加坡鳳梨王名震全球其地罐裝業年得八九百萬元之大生涯

由西貢直往新加坡，住了許多日，星洲爲予第二目的地，調查鳳梨事業，費了時候不少，九月十二到星洲，最後離星洲爲十一月一日，住在新加坡恰占却四十天光陰，其間曾到暹羅之盤谷，又到過沙勞越之古晉，對於鳳梨事業，此處不暇詳述，僅就其大體將星洲之鳳梨事業，述來供大衆之注意，此處鳳梨罐頭，年產約八九百萬圓，約八十萬箱，（臺灣約產二十萬箱，夏威夷約六十萬箱）製造者全屬華人。

柔佛州十所鳳梨製造廠展開浩大之出路

工廠多在新加坡，柔佛約有十廠，製造法極簡便而得法，適於大規模之生產，其生產費頗廉，其銷路歷史長，範圍廣，十分六七售出倫敦，其所餘下十分之三四，銷路頗廣，足令人驚嘆，英本國不必提，其他印度，緬甸，香港，大洋洲，新西蘭，埃及，坎拿大，中國，法，德，丹麥，荷蘭，及其他南洋各地，皆見其出品，經手之批發商，皆係第一流之公司，約二十餘家，新加坡罐頭事業，與世界各市場相周旋，甚有可以研究之價値。若論工廠，則非常隨便，不過蓋以海椰子之葉，構造甚爲簡單，用鉛版蓋頂之大工廠僅有數家而已。

取材富運輸便成本輕物質美布置巧五美齊故事業步步發展

其所出製品都是鳳梨罐頭，工廠必設於水邊，原料及出品，概賴水運，故運費頗廉，罐頭工廠隔壁，大概是造材所，製材所之木屑，卽爲罐頭工廠之燃料，有時隔壁是橡皮廠，勞力之分配，可稱靈妙無比，又如資金一時停止運用，則融通與雜貨店，一副活動資本作雙料三料用，在經濟運用上，非常講究而活潑。

橡樹園獲利之先鋒軍第一要推鳳梨栽培

此項新加坡之罐頭，予購得許多，帶回日本，分別發給有關係方面，以供參考，試問原料之鳳梨，如何得來乎，大家都知道，凡新闢橡皮園時，同時種下鳳梨於橡皮苗間，經五六年，橡皮樹漸漸長成之後，才停止鳳梨栽培，做成眞的橡樹園，或賣出給人，或自己經營。

橡皮園並非在高山上，都在如新竹州（按即昔之竹塹）之新埔關西等之山地，斜面栽培，所以在此所種之鳳梨，排水極便，氣溫又高，成績當然極佳。新加坡種，葉無刺，果皮略呈黑色，果肉黃金色，也是可記之特點。

如上述鳳梨與橡皮同植，一旦成爲橡皮園，則鳳梨之栽培，即須停止，再往新開之地，同樣經營，五年後，鳳梨栽培，又須停止，所以鳳梨園，時時移換，漸入深山，往昔鳳梨園在新加坡島山上，非常之多，今則寥寥無幾，漸移往柔佛，柔佛鳳梨園，亦漸由沿岸移入內地，鳳梨第一年僅結一二枚，以後逐年多結，至第四五年而大盛，六年以後，便衰敗，至時倒下，使腐化，充橡樹之肥料。

廠商競利以未成熟之青果濫造立招失敗

最近若干年內，大行競爭之後，價低落，有用青果未熟之品製罐頭者，於倫敦市場大失信用，以致陷入困難，所以華僑之營此業者，才於一年前團結起來，組織罐頭之聯合公司，對於生產法，大加改良，如原料方面，不行爭奪，不採未熟之青果，一方面公定出品之價格，其各工廠所必須之大宗砂糖全部同時以投標法購入，洋鐵板亦由組合一齊購買，可謂非常徹底之改革。

巴生港內鳳梨製造廠別樹赤幟令人驚嘆

此項出品，在於混沌時期之臺灣，其現狀頗多參考之處，由馬來半島首府之吉隆坡，乘汽車約二小時，可到巴生之小市鎮，此地最近成立一所製鳳梨罐頭之新工廠，這工廠裏有一種新法子，令予驚嘆，就是把鳳梨皮榨出果汁，煮沸精製之後，用爲鳳梨罐頭之汁，係用所謂「夏威夷式」約値三萬圓之大機器工作，不失爲一大改良，新加坡鳳梨談到此處作一結束，再約略將往暹羅考察之事，述與一般研究家作研究新資料。

暹羅肥地百分之九十未墾種每年在米產上已獲得一萬三千萬元以上

由新加坡至暹羅之盤谷，一千一百八十哩，搭快車三日趕到，途中恰如搭火車而航海，由檳榔嶼過國界之後，往盤谷約須三十六小時，其中約三十小時，兩旁全是竹林與樹木，爲一龐大未開之地，暹羅國到底如何廣大，今舉一例以示之，此地輸出外國之暹羅米年約一千八百七十萬擔，約值一萬三千萬元以上，將臺灣全島早晚二季所收之總數併合算來，恰當其每年輸出之數，如果將暹羅國內人民所消費者加上其數更巨，不過其種稻面積，才當其總面積百分之五，所以其國內如何廣大，可令人驚駭。

暹羅文旦王眞個是全世界第一佳品

我特地到暹羅之目的，在調查暹羅出產之無核文旦，（俗名暹羅柚）暹羅文旦，非但世界著名，而且在各地所產之文旦中，要算第一等貴品，予想購其接枝移入臺灣，暹羅文旦如何馳名，吾人見其遠銷於厦門，汕頭，香港，廣東各地，便可以知之。

暹羅文旦亦知否各地不易消行之貨冒汝名以欺世

各地所產文旦多冠以暹羅二字，這是因暹羅文旦，十分馳名，而冒名者，並非眞的暹羅文旦，不過利用其名罷了。然亦可以知暹羅文旦之大名。

完全無核之暹羅文旦眞種每年僅產四五百萬枚宜乎每擔值二十五元之代價

此暹羅文旦中完全無核之眞種，又屬極少，由盤谷一地，每年約有四五百萬個，以每擔二十五圓之代價輸出外國，此純正暹羅文旦之地，限於一個極小地方，面積不過數町（每町約當十七八華畝）而已。此外所產者，則爲普通之暹羅文旦，略帶有核，試看那新地圖上之湄南河口就是盤谷與湄南河並流者，有大清河，無核文旦原產地，就是這大清河之邦勵（譯音）地方。

碩果僅存兩打多靜待天涯來青眼

我所往之路程，是由盤谷雇小火輪走巴圖南（譯音）運河，（此運河與大清河通）而至邦勵，當時有暹羅農務部之技師普拉坡加甲拉（譯音）君招呼，這普拉波加甲拉君，與現在講堂上的磯技師，係在美國求學時之老同學，他和我同往，蒙其多多指導，盤谷至此原產地六十粁，苟以汽車往，不成甚麼問題，無奈汽車不能去的，此處有個小運河，既如上述，由此運河出大清河之後，約一小時，卽到目的地之無核文旦之原產地方，我到彼時候，是九月二十九日，時期稍遲，既是收穫之後，僅留少數在枝頭，採着二三十個，都給他買來，前此我以職務上之關係，臺灣出產之麻豆文旦及其他蜜柑，嘗試了不少，都無有暹羅文旦風味之甘美而適口，如 Grape fruit（朱欒之一種）肌色全是文旦，葉亦文旦，剖開全不見核，味甘漿多，肉色與麻豆文旦無異，誠無上之佳果也。

暹羅文旦各國園藝家競來覓種物競天擇問幾人參破此中暗示？

我本想一定要購回臺灣試種，無奈此時沒有便苗，剛在過枝，非寄接枝，別無良法，此樹樹身頗矮，十五六尺已是最高最大，此著名之暹羅無核文旦，爲美國菲律賓中國日本各專家所覬覦之品，對於其輸入各國都頗注力，我久想移種臺灣，最先移入日本者，爲九州帝大農科大學，係數年前上海同文書院學生，冒死前往原產地方，才得其接枝，費了許多心血，始於今之九州帝大農場，育成此世界名果，我亦想大大試行，把其接枝包裝得非常妥善，寄往臺灣，不料途中日久，概行腐爛了，此事在爪哇旅行中，接到電報才知道，當時想到一處不能再去，大爲失望。

馬尼拉移植無核文旦屹立十尺果垂垂不減母國風味

由暹羅歸新加坡後，遊沙勞越、蘇門答臘、爪哇，而經過望加錫，出婆羅洲之Tawao而往菲律賓之拷卯Davao而後到馬尼拉，馬尼拉附近達那灣，有柑橘試驗場，予就訪問該試驗場，以前我既聽得菲政府曾派專家到暹羅移植此無核文旦，不料一到園門右面，就看見約十尺高的文旦樹，一時且驚且喜，幸得在總領事處得到一封介紹書，給菲島農務總長，託其照料照料，農務總長又以電話介紹到各地方去，我往柑橘試驗場時，場長歡喜見我，我特拜託他分給二株無核文旦秧，立即設法帶回臺灣，再等十五六年二十年，想臺灣也可出些美味之暹羅文旦，所以十分欣快與切盼。

馬來半島蘇丹農場中柑橘王充當法國最珍貴之香水原料

在新加坡，我又往植物園及馬來半島第一之蘇丹農事試驗場參觀，蘇丹之農場，可由吉隆坡乘汽車一小時而到，除椰子橡皮之外，將各種農作物充分試驗着，面積有二千英畝，予於此處得着一種希罕之柑橘種子，名曰「比爾額莫多」（譯音）比爾額莫多種，曾聽人說是法國最珍貴之香水原料，形似檸檬，果皮凹凸深香氣襲人，這種子現已下種於士林（譯音）我又由吉隆坡之植物園，新加坡之植物園，及檳榔嶼之朝日旅館等處，購得熱帶果樹苗約千株，凡十二三種，妥裝於安全箱，寄回臺灣，幸得安全得到臺灣，其九成都活，著成績極良，如果將來此種果類，都成爲臺灣之土產，則於我可謂不虛此行，而精神之愉快，更不待言矣。熱帶植物，於臺灣北部是不成功的，所以輸入之苗，都分發於嘉義農事試驗場支所及臺南農事試驗場，高雄（按卽打狗）農事試驗場及勸業課。

南洋羣島果品中大王之芒果榴蓮也被日人移植入臺灣島

我最用心輸入之果類爲倒捻子一物（Garcinia mangostana）約購三百株，全部妥到，過了此冬季再等十年工夫，我想那大家喜歡吃的倒捻子，定可嘗嘗，不過詔子（按卽榴蓮果）在南洋，非十五年二十年不成功，在臺島或者還要了幾多歲月，可以奏功，詔子之一種果品不過希罕而已，並非人人嗜好，以後我又到了沙勞越之古晉城也不妨順便說一說。

距沙勞越首都三英里低濕地之鳳梨王名震遐邇

我當初以爲沙勞越之古晉，交通極其不便，不料事實不然，由新加坡去不過三日船卽到，且每星期一回船，沙勞越國大部份之土地低濕，欲往沙勞越之古晉，須溯大紅樹林中之河流，迂迴三四小時，過了紅樹林之後，始到古晉，在古晉河之岸上，不過人口約二萬之小邑，爲沙勞越王國之首府，近年來益形發展了。在其地叨擾了。與鈴木商店最有關係之日沙商會欲輸往臺灣之鳳梨種，自購買以及海運等事，一切託其代辦，到了原產地沙勞越之意外感想，即地方名曰 Batoe tiga 是馬來語，即三英里之意，細言之，馬來語之 Batoe 是石頭，即路程碑 Tiga 即三，其名之來因，不知是爲土人容易知曉而名，抑係自古而然，所謂三哩者，恰巧在離古晉城三哩之地，由此巴圖特雅（譯音）至巴圖按白圖（譯音）四哩之間，鳳梨園點綴其上，此鳳梨園係開闢大森林而成，全是平地，行於其上，即沿跡其間，土質之柔爛，有如日本北海道樺太等之泥灰地，非常肥沃，濕而鬆，苟掘排水溝，其地當低下一尺，可是這裏所出鳳梨十分上品，令人尋思，莫可言喻，可惜因時期稍遲，不及觀其結實正盛之狀況，主要成熟之期，爲五六七三個月，但是此時留下之一個，也有十來磅重，實在大而且美，聽說能產十五六磅者，一個人只可以挑五六個，味道亦好，沙勞越種，較之臺灣之斯姆士皆恩（均譯音）種，良好，得多，果肉之組織，渙然欲釋，同一婆羅洲，如到 Tawao 山打根等處所栽之沙勞越種，其味卽已大遜於此，以此觀之，可明其土質影響之大。原產之成績，如何優良直捷了當的說起來臺灣方面之鳳梨，普通所謂成績優等者，

其一株一株植物之形體，是個圓錐形，而沙勞越則成圓筒形，上面之葉與下面之葉，均斜出，此種生長法式，最爲良好，恰如蘭花菊花，迨開花之後，其葉猶完好一樣，苟栽培管理不週到，則花開時，下面葉已枯落，此處之鳳梨，想

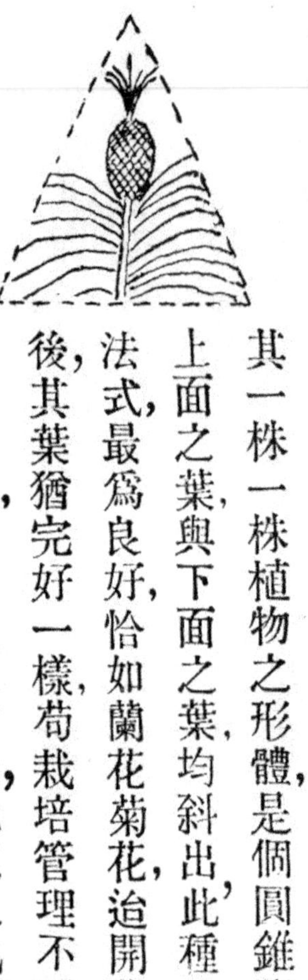

其得到特殊氣候土質雨水等之關係，一定與鳳梨十分適宜。所以收穫時候，其葉完全猶健在，於是其所生鳳梨極大，果梗之粗，有如我們手碗一樣大。

日本一青年設心在沙勞越鳳梨名區欲設立罐裝廠網羅奇利可云無孔不入

依我所見，將各處零星園地，截長補短，一般的算起來，沙勞越全體之鳳梨

栽培面積，約有二百英畝，大部份是售往新加坡，當出產時，非常狹窄之古晉街上，鳳梨山積，芳香撲鼻，誠令人有恨別難離之慨焉。一星期開船一次，開船前其價必大漲，至船開了，則其價忽大跌，其原因在於銷路不旺，故栽培面積不能擴張，所以我們要輸入此項鳳梨樹苗於臺灣，一時不能任意收到，只好分作二次寄回，在該地覺得最痛快之事，爲日本人名松木之一青年，以該地之鳳梨爲原料，將設一罐頭工廠，籌備著著進行，其試作品曾示於余，日本人在此地方經營鳳梨工廠，實出人意料之外，眞是大快予心。

南洋星羅棋布諸名島廿幾小時水程可任便來去

沙勞越之事，就此擱下，我之行程，到此恰過了一半，十月一日，由新加坡往蘇門答臘，由新加坡至棉蘭，不過一日一夜便到。所謂南洋，其大部份好似各地遠隔，其實不然。大部相鄰之地，實在覺得便利，所以不得不暗笑自己前此之淺見，不過一日一夜卽可由星洲至蘇門答臘之棉蘭，髣髴視同地角天涯一般，諒必來往不易，豈知實際上大不然，千聞不如一見，予此行之價值，可想見一斑了。

棉蘭市附近之橡乳王烟草王兩大農場必須去廣眼界

到了棉蘭之後，所得之參考材料，爲彼無論何人必往一觀之阿福羅斯（譯音）試驗場，及日里之烟草試驗場，其事與園藝並無多大關係，且由園藝家眼光所見聞之事，雖走進閑談歧路，不妨略一提及，阿福羅斯，Avros係畧寫，或可譯爲蘇門答臘東海岸橡皮栽培協會，該地通稱爲阿福羅斯，由東海岸地方之橡皮栽培業者，每畝（譯註每畝當一英畝四分之三），捐五角維持之。而關係於橡皮栽培之一切試驗，或契約工人之監督，工人之移住等事，概委其管理。

新發明之橡樹芽接法成功園林經濟界一大問題機會當前何可輕易錯過

予對於橡皮之栽培，及其試驗等事，本是門外漢，不過對於新近成爲一大問題之橡皮樹芽接法，前往阿福羅斯，作一度參觀，可謂巧極，此時果樹改良上之芽條選擇，亦成爲緊要之問題，我心裏想此橡皮樹之芽條選擇，不知怎樣一回事，或有可供吾人參考之地方，所以往協會見識見識，果樹之芽條選擇，簡單說來，就是同一園中，多數果樹之間，間有一二產果特佳之木，則取其枝條，以接他木，卽可得良果，由種苗所得多數橡皮樹之間，也有出汁多寡之殊，出汁卽均等。其汁又有生產橡皮比例高低之別，所以把各種特別之橡皮樹之皮部，作成各種試驗品，以顯微鏡觀之，可看出種種趣事。

斷面略圖

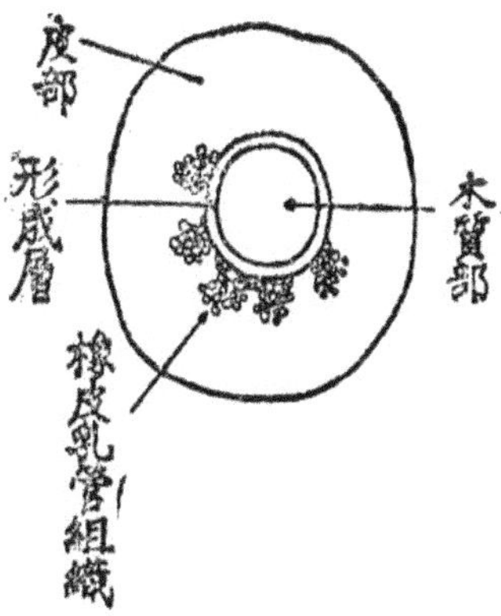

皮部
形成層
木質部
橡皮乳管組織

此是橡皮樹之斷面略圖，其木質部與皮部，中間之形成層，外緣附近，有一點點的乳管組織，非同一樹木，則在此組織內，乳管有疏密，有大小，所謂橡皮樹之良否，一繫乎此，所以取良好之芽，接於平常之苗上，則可不由性之生殖遺傳，而得增加多汁之良樹。

每磅代價自二三角至二三十元之日里烟草王掃除病菌害蟲等精細工作全出華僑

之手

我對於收量之遺傳，初略有懷疑，但如此作事實上之見識後，則橡皮樹之芽條選擇之意義，及其狀況，卽可明白暢曉，更無些微疑念，其次我想把世界著名之日里煙草栽培，略加說明，日里所出之煙草數量實在有限，較於全世界總額，僅約當其百分之五，可是此地專門以生產卷雪茄最外一層之上等原料爲目的，栽培頗不粗放，大家恐怕知道的，煙葉賤者，一磅也值二三角，貴者一磅或二十元三十元，凡栽過一回煙草之地，須休養七年，十分不經濟，其休養之間，栽培一種名彌冒薩之荳種植物，彌冒薩對於煙草大敵之枯死病，極有抵抗之力，如此七年之後，再種煙草，則煙草之枯死病，不會多發生云。此處害虫，有煙草蛾，及夜盜虫等，發生於煙葉，故須用藥水驅除，蔬菜栽培，亦差不多，凡如此精細之栽培，多由華僑擔任，想係用腦筋之栽培，較不便於南洋土人之故。要之工夫精密之農業，華僑，非土人所能追步，但受過農業教育之日本人，較華僑，更要優等些，這事須讓後面再說，今不備論。

砒酸鉛有掃除烟草蟲害之效能日本古河商進窺年需四百噸巨大之貿易

豫防或驅逐煙草之害蟲，多是用砒酸鉛，蘇門答臘，每年約銷砒酸鉛四百噸。全部德國貨，最近日本之古河所製之砒酸鉛，想欲大大的售往此地。曾見其派出古河理化學研究所技師前來，余曾與其同往煙草試驗場，據日里煙草試驗場之言，此日貨成品甚佳，較諸德貨無遜色，要商量者只有貨價問題云云。

用小孩子做掃除烟草蟲害之工作比用砒酸鉛合算足見爪哇人口之密度

此一位古河之技師，又往爪哇地方煙草試驗場作宣傳調查等工作，後於爪哇我再遇着他，據他說有一樁極有趣之事，即於蘇門答臘砒酸鉛極其好銷，一到爪哇就頗難行銷，問爪哇的技師，何乃如此，爪哇技師却謂曰：『汝剛來的路上，不是很多小孩子嗎，請這種小孩子去捉蟲，工價低廉，豈有用此高貴藥品之必要。』我想這段話，一方面可表明爪哇與蘇門答臘人口密度之懸殊。

蘇門答臘氣候佳柚木王栽培三四年卽成良材

蘇門答臘之煙草室，極其廣大，而材料全用柚木，初覺其太奢華，但觀其柚木之造林，也極其簡單，不過三四年卽成良材，概用以建築乾涼煙草之房室，可謂天惠優厚之國。

南洋各地患菜荒勿力士礁宜著名避暑地之蔬菜王補其缺陷

以後我又到蘇門答臘著名避暑地之勿力士礁宜，（華僑通稱馬達山）此地高五千尺，在此我發見南洋之蔬菜栽培，出余意外，這事我想也在此說說，以前我以爲南洋各處平地上均有相當之蔬菜生產，其實完全相反，南洋各都市，皆如患菜荒之地，蔬菜價錢非常昂貴，較之臺灣華南方面，痛覺其價錢大高，換言之，臺灣之蔬菜供給市價頗廉，且與華南，均爲優秀之蔬菜生產地，同時預料將來臺灣蔬菜之販路，大可擴張到南洋。

南洋各地蔬菜栽培所由欠缺之五種原因及其補救方法

南洋方面之平地，並非完全不產蔬菜，不過有其生產困難之理由，其理由簡單言之，即在臺灣方面，到了夏天，氣候熱，日光强，故栽培不容易，而南洋則終年如夏天，我想此即不能多產蔬菜的第一個理由，其次南洋土人，對於此種精細栽培，不甚高興，亦不失爲蔬菜栽培不振之一種原因，又因交通不便，鄉下與蔬菜消費之都市，不能連絡者多，故即栽培蔬菜，苦無法賣出，亦爲其一原因，還有一個原因，就是因爲氣溫，年中高而不降，所得之菜種，不十分結實，大形退化之象，發芽生育，成績均劣，每年須由溫帶地方，購其種子，有此種種原因，所以南洋平地，不容易生產蔬菜，而市價高昂。欲補救此種缺點，各地方擇其較高之山地，交通較便利之地方，利用栽培蔬菜，此爲人所共知者，每上百米突，氣溫就降下攝氏半度，所以到了五千米突之勿力士礁宜，其地在天晴時之氣溫，也不過六十度上下，較之平地風涼得多了，況且此處是設備非常完善之避暑地方，此處農作品大部分爲甘藍，馬鈴薯，葱白等，成績均良好。

荷屬棉蘭及英屬新加坡兩大市場都被馬達山蔬菜王所占領

勿力士礁宜高地區域內所得之主要蔬菜，概供給於棉蘭市場，有一部份供給於新加坡，所消費之蔬菜或水果之額量，雖不容易知道。其新加坡市中，及船上之消費的確浩大，馬來半島之所產，供不應求，所以由各處供給其菜蔬水果，由婆羅洲之古達，及古晉等地，亦有水果售往，又由爪哇蘇門答臘輸入馬鈴薯，由中國輸入白菜椪柑等物，將來成爲軍港之時，則菜蔬水果之需要益增，我想此勿力士礁宜高原，尚有廣大之地，如果作大規模之利用於栽培蔬菜果樹，及各種園藝，定有希望。

日里屬奇沙蘭橡乳園工廠之奇特完全得力科學化

其次又要講到橡皮之事了，我碰着個奇特之橡皮樹園工廠，所以說與大家聽，彼處有一地方名奇沙蘭，（日里屬）此地有一大名鼎鼎之士普來橡皮廠，我不揣門外俗眼，也進去參觀了，此公司名 United State Rubber Plantation 資本極厚，平常廠中工作，用鉛桶採集橡皮汁液，運回工廠，參入醋酸，使其凝結如豆腐，以及壓成板狀，或作成塊狀，此處却不然，把橡皮液送到高塔上，由此漸漸使其流滴下，有直徑一尺至一尺五寸之圓盤轆轤，橡皮液流到這裏，這絞盤一分間可轉三千回，所以其汁概變爲噴霧，由高塔落下，其下面則有乾燥空氣送來，由中途乾燥之，製成粉末沉下，觀其所沉下的，恰如洋糕一般，壓榨之後，包裝送往美國，比較他處壓片工作，有點特別，所以說出來給有心人參考。

秘魯原產之茄子王移植馬達山以後早在市場上博大衆褒讚

其次有一件事，我遲着說了，就是蘇門答臘，勿力士礁宜市上著名之果子，現略述如下，此水果名爲 Telong Batak 馬來語 Telong 是茄子，馬達 Batak 是其地附近土族之名，即英文之 Free Tamato 此處土名係 Telong Batak 其形恰如士林園藝試驗支所之喀立薩，大則二倍之，內藏種子甚多，熟則呈紫黃色，味如洋茄，爲一有趣之果樹，地方人多推賞之。幸而是亞熱帶果子，所以帶回不少，已播下園中，再一二年後，或可給大家嘗新了，此果確是秘魯之原產。

淡水湖畔無限富源開放著靜待高人施妙用

以後我乘汽車橫斷蘇門答臘，出棉蘭之後，經過有名之淡水湖畔，到了巴東，以距離言之八百三十六粁，約當五百二十哩，恰有往復臺灣基隆高雄間之路程，以汽車飛越此山地，痛快之至，目的在觀熱帶森林之實在情形，及土人如何利用其間之耕地，此橫斷旅行中，曾過漠漠大高原，及森森大林木，種種熱帶林相，不覺嘆其莊嚴，此種旅行，實可以作一篇高雅之紀行，恨秀筆無才，不能表其愉快壯觀之萬一，回想當時，此段旅行，猶戀戀不能忘也。

荷政府經營蘇島最得意之道路成績

我須講些不關緊要之事，此八百三十六粁之旅行中，專租一輛汽車而往，途中未曾破裂一次，以此可見其路政之如何完善，後來才聽說此是荷蘭政府最得意之大路，往古言蘇門答臘之山地，人皆以爲南洋最野蠻之地，今則到處都是芳村美景了。

在小巴東發現野生大鳳梨攝入賞鑒家影片中「從此大名留宇宙」

在游歷淡水湖時不料在中途看見意外之事，就是出了小村巴東四墩彭（譯音）不遠之地，發見野生狀態之大鳳梨園，初以爲蘇門答臘之鳳梨，無甚可觀，而今在此地得見如此良好成績，大吃一驚，馬上着手調查，攝入影片中。

在南洋各屬天惠之農業區域任何植物止消能生長繁茂不須經試驗場幾多手續都成傑作

到了爪哇之茂物後，訪問農務局之園藝專門之技師，得其解說如下：

『啊！是的，是的，這裏好幾年之前，由澳洲昆士蘭（譯音）購入士密斯皆恩（譯音）種，分配於荷屬各地試作的，而今成績不錯，竟入汝外國賞鑑家眼中云云。』言時該園藝主任技師，極其得意，凡南洋不論其英屬荷屬或菲律賓，其須相當年數始能栽成之果樹，皆如此鳳梨，並不經一試驗場之試驗，判明其成績之後，始分配於衆人之妥善法子，只要其能生長繁茂，就大大的蕃殖之，分配之。

日僑幸災樂禍在日文報紙上喧傳土人大革命荷當局不得了到底顯出他捕風射影

由巴東往爪哇，十一月十六日到巴達維亞，剛要到巴城之前，就有轟動一世之爪哇暴動，但我登岸之前，全不知有這回事，後見報章，才曉得在第一張大新聞紙上報着其事，一時以爲跑進不得了的地方來了，不能作視察工夫了，豈料登岸後，於此遊人到底何處有了暴動，都不曾覺到，極其平靜，觀每日之新聞報告，知悉此次亂事極有組織，極大規模，但總督並不爲其暗殺，日本之報紙誤傳之，大吹了一時。

具醉倒南洋一切人士魔力之果王榴蓮其異樣氣味滿占了巴城至茂物各汽車中

以後到了茂物，蒐集得種種關於園藝方面之調查資料，那著名之茂物植物園，亦曾前往見識，不得其詳，從略不講，又往觀各地之官辦園藝試驗場，那巴達維亞，與茂物之間，有彭塞爾岷（譯音）此彭塞爾岷地方，有良好水果出產售往各地者，爲數頗巨，園藝試驗場，亦設在此，由巴城到茂物之間，都是遲緩而上之陂坂，其附近之地大概也是如此，所以果作成績頗佳，我到彼時，剛是榴蓮之出產時期，所以巴城至茂物，汽車之中，全被榴蓮之臭味塡滿。

頃刻之間化惡臭爲異樣芳烈之氣味令人不忍離開大南洋榴蓮之魔力可稱人間少有

榴蓮之臭味於頭一次觸鼻的我，實在難過極了，但是我回想自己是果園爲業，不可不嗜榴蓮，所以對於此毫無意思之地方，出了不少之力以修養，對於榴蓮臭味之忍耐，那是由盤谷回星洲時，乘直達火車一等室內，三日間之事，三日間都把此榴蓮放在室內，那種難堪之臭氣，居然聞得慣了，反完全爲其芳香，及其複雜的美味魅惑了。榴蓮之香氣與味道，均極濃厚，據其嗜好者言其味道實含各種果味而成，日人亦有癖嗜之者，其魔力之大，令人不堪離掉南洋，我到各處試驗場，對於專門技師，問其榴蓮吃不吃？多數說「不吃，不吃」予爲新客吃得來，也算異事。

影塞爾岷園藝試驗場努力於果樹栽培法貢獻不少

以上是閒談，這彭塞爾岷園藝試驗場栽培最得力之果品是鳳梨，阿稜加圖，（果名譯音）拍密特紅毛丹藍叟姆芒果等，又栽很多之樹苗，注全力於果樹改良，苗床極其完善，在此處也買了沙勞越地亞比等珍果秧回來。

大谷光瑞氏農園裏栽培出幾多珍品名噪一時

看完萬隆之後，往牙律去，由此往看日本人間著聞的大谷光瑞之枸櫞香草園，及佐藤農場之馬鈴薯栽培地，在二千五百尺高，氣候涼爽，土壤亦佳，蔬菜成績甚良也。日本種之聖護院蘿蔔長蘿蔔及白菜均好，如果再向巴城接近一點，則大規模之果樹栽培，極有希望。

牙律地方兩個稀罕東西之柿乾香蕉乾也邀人青盼

在牙律地方我得到兩個希罕東西，卽柿乾與香蕉乾，柿乾恐怕是由華人所創，臺灣亦有，其乾製法，由蒂上下壓之，與日本製法不同，多是土人所栽者，華人收買製造，售往各地，出產不少。荷蘭政府，對於香蕉干，不甚致力，但不失爲此地之名產，其香蕉確與臺灣種類不同，成績不錯。

浜琪兒名產之鳳梨覇占了爪哇各市場

其次又到了爪哇著名之鳳梨產地，名叫浜琪兒，由牙律乘汽車三小時卽到，在鐵路之旁。鳳梨種名叫「那那斯保額兒」或叫「那那斯邦加兒，」此種果品，已經到過臺灣，名曰爪哇種，或新加坡種，據臺灣之品種，試驗結果，爲生食之第一佳品，唯形小稍有不滿人意之處，果肉陳黃金色，葉上有刺，或以爪哇種名之爲妥，新加坡並不多見栽培，鳳梨本不便久藏運輸，而本種爲其中比較最耐久藏之品，浜琪兒地方，將此項生果，由火車售往各地，浜琪兒之栽培狀況，與臺灣相差無幾，也是在傾斜之地，與其他植物共栽，其在平地栽培者，也是選其排水極良之砂質土壤。元來爪哇各地之鳳梨，收穫過早，有尙帶青色，卽行售出之嫌，獨此浜琪兒則採其完全成熟者，輸往各地，換句說，恰好把其耐於久藏之特別，利用得適當，或者因此其味，較其他各地所產者爲優。

瑪瓏柑橘試驗場盛作接木改良果品之宣傳

後往泗水，由泗水到瑪瓏，瑪瓏地方，在約一千五百尺之高地。氣候涼，好過活，有農業學校，予亦往彼見識一過。又經巴多 Batoe 地方，巴多（ Batoe ）譯卽石頭之意，聞此地多石，到了 Poenten 在海面三千尺之地，此一帶地方傾斜極緩，由瑪瓏（又名馬冷）漸漸高起來，此沿途卽爲果樹蔬菜之栽培地，同時花草亦有栽培，此 Poenten 地方有柑橘試驗場。係最近所設立的，規模極小，元來爪哇亦然，南洋之柑橘，不經接木之樹木爲多，而此試驗場，則大唱柑橘須加接木改良品種的簡單的實地宣傳。

瑪瓏菊花栽培區終年不斷之開放助園主人增進經濟上力量

由瑪瓏至Poenten一帶之高地，係作蔬菜果樹，此處荷蘭人栽培菊花；菊花剪枝入於大竹籠，大批運往泗水消售，最有趣者，爲此地終年氣候不變，據說每月插種菊花枝條，可年中開花不斷，似此與臺灣方面之氣候，已經有不同了。

喜旱惡濕之芒果王盛產於巴蘇魯安之高地

其次至檬果（又名芒果）試驗場之巴蘇魯安，大家知道，此地有遠近著名之糖業試驗所，在市街中央，檬果試驗場則在近郊，聚世界有名之檬果，而行比較試驗，此地有一奇事。就是人人公認印度孟買原產之阿綠方索種，爲世界第一等佳品，馬尼拉最優良之加拉波檬果，在此所產者，不見十分美味，仍係爪哇之阿立馬尼斯或馬那拉基等，爲其上品，但到馬尼拉，試問其品種試驗之成績，則又曰：爪哇種不好，孟買種不好，還是馬尼拉產爲最好，此是甚麼道理？我想這其中，一定有些自行吹牛，保全地方門面之語，不過風土異，則嗜賞之道，亦有不同，其他土質之影響，恐亦不能免掉，我想臺灣將來對於檬果之品種試驗，有益加充分努力之必要，我曾問政府，何故設檬果試驗場於巴蘇魯安？據說巴蘇魯安，自古爲普魯泡蘋果與檬果之產地，其故又何在呢？據試驗場中人說，此一帶地方，到了無雨乾燥期，比較最能乾爽，他們斷言檬果本不宜於濕地，而對於天旱則極其强壯，於是我才想到臺灣之實況，在臺灣南部之乾燥地方，怪不得會多出檬果，所以其「檬果對於天旱强壯」一言，深刻入腦中，雖悟之寿晚，谿然有所得，據此種理論，將來獎勵臺灣之檬果栽培時，卽係一種最好之參考材料。

馬尼拉芒果製罐廠儲藏得訣美味壓倒鳳梨王

歸臺途上，曾往觀馬尼拉附近之檬果罐頭工廠，嘗試其很好之檬果罐頭，似較鳳梨還要好些，以此知將來檬果之栽培，無論擴充至如何程度，都能加工製造，能成一個很好之產業，在此地也想買許多檬果苗回來，可是今年的苗木，已經分配光了，僅得最優品之兩種，阿綠馬尼斯，與馬那拉基二十幾株，寄還臺灣，我恰好與木苗同船，由泗水經望加錫，到了Tawao而離開此船，到此以前，還得照料照料，以後船在 Dauao 與香港間，逢著氣候風，碰了很大的風浪，苗木潮濕殆枯死了，剩下來的，現於嘉義農事試驗支所已氣息奄奄也，幸由新加坡寄回的成績都好，由爪哇所寄的，可謂完全歸於失敗。

溫帶上果樹移種熱帶高山都能如爪哇避暑高地四時不休之開花結果

其次到爪哇第一避暑地，高六千尺之Tosari由巴蘇魯安汽車四小時可達，到此地看看溫帶之果園及蔬菜之栽培，在此我最所驚駭者，是四季結實不停之桃樹，吾人以爲此桃樹正在開花，不知其隔鄰枝上，桃實將爛熟了。元來溫帶之果樹，移種於熱帶高山，就會如此，可以明其恆溫氣候影響之大，得了一種很好之參考。

爪哇高地產馬鈴薯異味可口令各地菜館「不遠千里搜羅忙」

參考這Tos ri所出的馬鈴薯，極其可口，巴達維亞泗水等菜館旅館，不遠千里到Tosari特購此馬鈴薯而歸，其形雖極小，品質則頗佳，其地所栽培之農產品，有馬鈴薯，可利花，人參，甘籃，阿士柏拉格斯，格林比斯（均譯音）等這種蔬菜，每日用載貨汽車由六千尺的高地，運往泗水等處，很不便當，所以市價高昂，觀此可見熱帶之蔬菜栽培，如何困難。

爪哇極東邊一小港中所產之香蕉王戰勝南洋各島香蕉每年輸出額值二三十萬金

其次遠往爪哇最東邊之 Bonjoewang 外南夢港，我到這裏的目的，係調查香蕉，因此地每年香蕉輸出，達二三十萬，而且係售往大洋洲，不消說，大洋洲土廣地大，有熱帶地，有亞熱帶地，有溫帶地，尤其昆士蘭，是香蕉之名產地方，富於香蕉出產的大洋洲，何必要到爪哇來買香蕉呢，因為此處所出之香蕉，售往西部大洋洲之佛利曼特勒，（譯音）之小港，苟運昆士蘭之香蕉到佛利曼特勒約須十二日，而由爪哇之外南夢至此，不過六日即到，所以即因運費之關係，香蕉豐富之國家，還是要買香蕉，此種貿易，可謂未得其妙，我試往觀其運輸狀況，所輸出者爲數無多，每月不過三百噸，往來兩回，其運輸法用長二尺五寸深闊各約一尺之木箱，密裝香蕉十四五托，而後封固香蕉種類，與臺灣所產者同，這香蕉如果放在艙內，則將爲其蒸熟，所以一概放於甲板上，極其簡單，我曾將臺灣香蕉業之狀況告訴他們，或把照片出示他們，他們非常喜歡經營此香蕉輸出者，係澳洲人，在泗水有支店。

日本人手中之久原橡樹園三菱椰子園在泗水附近樹立農產品中心之勢力

十二月九日，由泗水往 Tawao 其地以久原橡皮園，三菱椰子園等爲中心，日人非常發展，詳細情形，此處無暇敘述，且爲余專門以外之事，故從略之。總之，此處日人之發展非常順利，與臺灣有關係之人極多，我到此地時，剛是前臺灣海軍武官折田氏得外務省之補助，從事移民之時，在其地非常活動，我很希望其能成就甚大之功績。（閱者注意）

婆羅洲方面華僑經營之蜜柑在水果王裏面占了一席地

十一月廿四日到山打根，二十六日黃昏，接大正天皇已崩的消息，這裏在新加坡領事館管轄之下，在新加坡聽說二十五日下午已有公報，由此通知山打根之日本人會，始知其事。山打根雖有北婆羅洲政府之農事試驗場，內容不備，得臺灣總督府補助而經營之久原農事試驗場，成績較彼好得多了。此次眞可惜因船期關係，不能往婆羅洲，一到予最注意之水果產地庫他次（譯音）此庫他次係通南洋最有名之密柑產地。多爲華僑所經營，據余在山打根，及Tawos所嘗而得之推想，這庫他次柑好像是把不接之椪柑栽於山坡者，除此之外，還有朱欒，聽說大部份售往新加坡。

山打根至三寶顏航路間有一產果黃金島無緣遇專家之賞識可稱不幸

由山打根往非律濱，到棉蘭荖之三寶顏上岸，此航路間有名Jolo島者，初以爲是靠岸之地，其實不然，船却直接往三寶顏，遺憾良深，因爲Jolo蘇洛島在非律濱之中亦爲有數之水果產地，如倒捻子，榴蓮，鑑索納斯，（譯音）及其他種種出產不少，聽說此種出產，都是蠻人採集野生果實而得。

撈卯附近有數千日人盛栽馬尼拉麻果物視察家代策安全

由三寶顏往撈卯時，遇着由臺灣總督府調查課而來視察之戶田氏，得同道而往，此處果類方面，無十分可以觀察之物品，有數千日人盛行栽馬尼拉麻宛如日本市街，我在彼處，曾爲該地着想。除馬尼拉麻以外，宜採何種植物，方爲妥善，馬尼拉麻之市價多激變，特以此爲永遠之業，實有危險，如果馬尼拉麻市價低落，則日本人所受損失，定必不少，依余之經驗言之，馬尼拉麻以外可以栽培者，平地算是煙草，高地有茶，山坡傾斜地，可栽鳳梨。

美人罐頭公司在撈卯之傾斜地盛栽鳳梨新近向夏威夷購得名種十三萬株

撈卯附近三寶顏灣之 Makar 地方，有美人之罐頭公司，從事大規模之鳳梨栽培，所以我盡力去調查，此公司名加爾福尼亞罐頭公司，一年前購入夏威夷之士姆斯皆恩種，約十三萬株，既於 Makar 附近五六個地方試栽了，想不久將設大工廠，大發展其事業 Makar 土地很好，都是不高的傾斜地，極宜於鳳梨生育，扼要論之，民答那峨（譯音）於菲律賓羣島中，爲將來最有希望之地，農產豐富，如美國加爾福尼亞罐頭公司等，盡力經營，將來不知將成如何盛大的鳳梨事業，今後臺灣方面亦須大大留意於此項果品之栽培也。

小呂宋各島間不少園藝試驗機關驚人成績待後報

由撈卯直接往馬尼拉，在馬尼拉承蒙菲律賓農務局之招呼，往觀呂宋島各地之官辦園藝試驗機關，第一次往拉瑪亞農事試驗場，拉瑪是非常不便之去處，不大多人前往視察，唯農場之大，則爲菲島第一，平常由馬尼拉每星期開小輪一次，我因日程促迫，萬難等着小輪，僱一輛汽車，以六日爲期，乘了汽車，一天就到了，參觀以後，宿一晚就囘馬尼拉，剛費了兩天工夫，對於此試驗場，因無重要記載，姑從略不談。

馬尼拉之碧瑤高地蔬菜栽培盛盡爲日人所占有

其次到了碧瑤離馬尼拉一百五英里，爲菲島避暑第一勝地，且以供給蔬菜於一百五十英里外之馬尼拉著名，出海面四千尺，氣候涼爽，總督好像常常留此，蔬菜栽培非常隆盛，多爲日本人，有日人蔬菜栽培組合，頗爲活動。

碧瑤方面日人栽培組合之主要品甘藍在馬尼拉市場中頗占勢力

日人之栽培組合，所栽培者，以甘藍爲主，馬尼拉市價，甘藍之有相當重量者，每枚四角至八角，此地也有土人從事栽培，但日人於栽培方面，能精密，具熱心，遠勝土人，有一種蝴蝶之幼蟲，對於此種甘藍，成爲大害，但全無人想把砒霜藥驅除他，大家互感困難。

美國冷藏甘藍盛消馬尼拉大引起日本南進軍之酸情妬意

但我又在此碧瑤聽見一樁可怕之事，新近此甘藍，遠由美國盛銷於馬尼拉，此地栽培甘藍之日人，大受其影響，那種甘藍，形較普通者小些，耐於久藏，由美洲用冰冷藏着，源源而來運到馬尼拉，令人佩服。

臺灣士當歸及蔬菜先後進窺馬尼拉

臺灣將來，亦無不可供給蔬菜於菲島，在碧瑤所得之好參考，就是農務局經營之 Acelimatiyation Station 此個試驗塲，是將溫帶果樹，栽植於高山，研究何種何物合於此地，恰好我於士林農場所研究的，須如何才可把日本及外國優等之溫帶果樹，化爲合於臺灣風土的果樹之事相同，余所以爲困難，可謂同病相憐，此地也曾見其移日本之獨活（士當歸）來栽培，但不得其法，變爲龐大之作物，彼等問我此項獨活，須如何栽植？我說：恐怕要與阿士拍拉格斯（譯音）一樣栽培。

馬尼拉描東岸州名產柑橘衰微了十多年識者推究到與附近火山熄火起關係

其次往看描東岸州之Tanawan柑橘試驗場，曾經說過我那暹羅文旦之苗木，是從此地運往，此地試驗場，所以設立之原因，有一特點，不妨說說，此描東岸州，自古以來以出柑橘名，不知何故，其栽培漸漸衰微，此試驗場，以調查柑橘衰微之原因，欲恢復其生產而設立者，所以在此地悉心研究其恢復工作，據場長說，其衰微之原因，好像是在附近之達魯火山，此火山古來噴火，至一九一一年大噴火之後，忽然休熄，從前得其供給多量炭酸氣，描東岸州柑橘，忽因其火山休熄而感缺乏，所以生育不好，此殆不失爲其原因之一云。

助進柑橘產額之人工培養法斷然借重於綠肥

其言是否眞確，一時無從判斷，但其恢復栽培最出力之法子，還是綠肥之間作栽培，施綠肥於其間，以謀改良。

研究溫帶植物移植熱帶後之同化美國貝卡博士發揮名論

其次往 Las Banos 之農科大學，得聽其學長貝卡博士之種種有趣味之講義，我主問關於溫帶植物移植熱帶後之同化 Acclimatization 問題，多承其指教，所聽得之大概如下：

『在熱帶地方欲行溫帶植物之品種試驗，須竭力蒐集全世界之品種，由可能範圍內所得之多數品種中，檢驗其同化之適否，而後選擇其最優良者。且須於國內各地同時行此多數品種之同化試驗，否則恐仍徒勞無得。」

彼之法程確有美國洋洋大國之風，我頗佩服，曾爲菲律賓農務局所擱下之蔬荳類，聽說係用此方法，在此農場試驗了一百數十品種，結果得其宜於菲島者有三種，如果不用此法，十品種試作十年，仍不知成績如何，如此再換了品種，反覆十回，費了百年的工夫，結果如何，猶不可逆料，然而若把百種東西行十年工作，其成績立可分明，現在請舉熱帶果樹之例子，就是阿獲加圖，（譯者按洋名 Avocado 或 Avocado Pear 學名 Persea americana Mill, P drymifolia et Schlecht 係樟料植物結實如梨可食）在菲律賓成績可觀之果樹，法屬越南曾派技師到此，都採集回去，其中阿獲加圖之苗，亦曾帶回幾株，但其試驗結果，全無成績，所以就發表意見，謂法屬越南不宜於阿獲加圖之栽培，這位學長聽見大笑，又新加坡植物園，亦因阿獲加圖成績不佳，到這大學來問其所以然，據調查之結果，知道也是因爲所試驗之品種不多，所試驗之地方，只有一所，而且是很不好之地方所致，說明此理之後，聞已得良好結果了，這位學長又講到巴邦克之事，巴邦克這位先生並非有什麼學問，然而能做出如許大事，完全在於竭力蒐集多數品種，同時試驗，以得其機會罷了云云。

南洋羣島間獨一無二之香蕉品種試驗

其次在此農科大學參觀久仰其名之香蕉品種試驗地，所集各國各處之種類，實在繁多，令人驚羨不已。據云近來因預算關係，不甚整理，唯其品種試驗上之報告此大學甚得其威信，在香蕉之品種試驗方面，這個大學可推爲南洋第一。

臺灣方面之蔬菜及柑橘類不久將發動員令攻進南洋羣島各市場

視察告終，經由香港二月一日，高雄（打狗）登岸出臺灣後一百八十三日，恰作半年之旅行，我於此就要作一結論了，如果時間從容，對於各種珍果，及所見之栽培狀況也可詳細敍述，因時間的關係，止得略談視察經過，所談非常簡陋，我此次馬上看花似的行走各地，當然難調查得滿意之結果，貢獻於臺灣一般農作者之前。對於臺灣在園藝上之價値頗得到一種深刻之印象，臺灣有良好之蔬菜栽培地，柑橘類也頗多適宜之地，所以將來如果交通再爲發達，或者今後努力開發其交通，則可於南洋方面廣得蔬菜與柑橘之銷塲，其他園藝當然有益加發展之餘地，勢必如此進行，眞正熱帶植物，雖未能蒐齊而說所栽培者，因氣候影響，也有比不上南洋之產品，唯臺灣所產，可與南洋佳品相較無遜色者，有柑橘類，鳳梨，木瓜（蕃瓜）及香蕉等物。予敢大膽謂所以臺灣園藝之將來，定有希望也。我今天所講演者，不過略述南行後考察各地果品之大概，至此告終，深感諸位傾聽之勞。

附註　本篇所述，爲臺灣士林園藝試驗所支所長櫻井芳次郎氏之講演稿，原文中頗多可以令人注意之地方，至於關於地方名及果物名稱，除熟知者外，暫以音譯，留待日後之修正。

編者附誌

書後

我幼時是一個很喜歡栽樹木，而且是一個極愛吃菓子的人，當栽樹木時，眼見着牠發芽含苞開花結果是何等有趣味的事，又把那成熟的菓子吃在肚內，又是何等痛快的事。

西方有一個詩人，大約是哥德 Goethe，我不甚記得他的名字了，曾如此說過：『一個人每天只消吃一枚大蘋菓，把滿腔的穢濁氣都洗滌淨盡了。』這是何等痛快的事！

我從來常常在我自己所栽的樹木中間，領受鳥語花香，呼吸新鮮空氣，讀我自己歡喜讀的書，這是何等有趣的事——但是現在不能再去領略牠了。

現在我在劉士木先生處，很歡喜的讀到一本日本櫻井芳氏中華南部及南洋園藝視察談（林奄方先生譯）不由的引起了我的回憶，使我想到從來我自己栽植樹木與飽食菓子的快樂。

中國素稱地大物博，但是到了現在，不免陷於貧弱的原因，第一就是：『生產少而消費多』照經濟學的原理說起來，當然是歸於貧弱，如長此以往，恐不久是要天然淘汰，歸於滅亡的。

華僑在南洋一帶，所以能生存者，全恃他們的堅苦耐勞，但是他們對培養菓木及裝置罐頭，總覺缺少科學精確的研究，所以難與日本及歐美人爭勝，這種毛病，國內的菓業者犯的恐怕也不少。

中國想達到富强的境界，自然有不少的法門，但是振興實業，確是一件認爲切要的事，在「振興實業」的聲浪中，而注意改良栽培果木，尤算是一個切要的問題。

櫻井芳氏這本書，對於中國南部及南洋各地的園藝，曾作過詳細考察，文字是很有趣，逐處都在描寫日本與歐美人之有科學方法，中國人——華僑之無科學方法，在這些地方給我們的教訓實在不少，我們一定要努力起來研究「怎麼樣去改良園藝的方法？」那麼中國就快會富强起來了。

中國人普通的心裏，不高興做小事，而想做總司令總長的人則太多，這也是國家不富强的一大原因，我希望我們有志的同胞，以後力謀去改良園藝，多出些果王，中國前途自然就大有希望了。

中國自古是以農立國的國家，對於園藝是擅有天才而富於興趣的，只消再運用科學方法而時時圖改良，刻刻求進步，將來不難駕日本歐美人而上之。

讀者因看了這本書而發心研究園藝的興味，或是將已有的果木而再加以改良，使中國變貧弱而爲富强，那就不失譯者的本意了。

十八年八月十九日張明慈寫於暨大文化部

南洋叢書
第三種　荷屬東印度之實業教育
劉士木譯　尤惜陰先生序云『荷人因力圖農業知識之普及謀學校之增設慮教員之缺乏特設土人教員養成所此外如學校農場土人農業教育機關之設備特殊農業改良機關之廣布並設立土人獸醫學校以及對於家畜及獸肉檢查之特殊教育以次圖進舉辦高等農業中等農業學校更進一步推行商業教育土人職業教育各大部市中土人工業教育土人美術工藝學校而對於殖民地中歐人子弟生活常識特加注意如歐人工業學校初等中等工業學校一切重要教育事業莫不設備周至』譯筆暢達吾人得此一小册循環展讀無異目覩荷人統治東印度羣島全境之方法及其精神洵爲關心南洋農工商業教育者所不可不讀之書

發行者　上海眞茹國立暨南大學南洋美洲文化事業部
代售處　上海及各省商務書館
　　　　上海華通書局
　　　　南洋及日本各大書坊

中華民國十九年一月付印
中華民國十九年四月初版

（中華南部及南洋園藝視察談一冊）

中華南部及南洋園藝視察談

編譯者　林奄方
校訂者　尤惜陰　陳希文　張明慈　劉士木
發行者　上海真茹車站　國立暨南大學南洋美洲文化事業部
印刷者　上海牯嶺路一〇一號　大東書局印刷所
總發行者　上海真茹車站　國立暨南大學南洋美洲文化事業部

每冊實價大洋六角

園藝試驗場工作年報

實業總署園藝試驗場 編輯

民國三十一年

中華民國三十年度

園藝試驗場工作年報

王蔭泰

序

園藝一科，東西諸國，無不重視，且已佔農業生產中之重要地位，故各國均有國立園藝試驗場之創設，爲園藝試驗之最高機關。一縣一市中又各設園藝分場，從事研究試驗，每年用於園藝試驗經費，爲數何止千萬圓，是故園藝事業之發展，已達極點矣。

吾國自南至北，殆無不適園藝植物之栽培，優良品種之散布鄉村者，又比比皆是，而華北各省尤爲園藝之特產區域，舉凡天然要素，如氣溫，土質，雨量，日照等等，尤屬相宜，農民除栽種普通農作物外，園藝栽培實爲一大副業。惜數千年來，老農老圃，墨守成法，故步自封，不事改革，以致產量減退，品質劣化。且國內產量不足自給，故每年外貨輸入，爲數甚夥，而園藝加工品尤佔大宗，據海關統計，每年鮮果及加工品之輸入額，約在千萬元以上，其數之鉅，是可驚人，是則今後園藝事業之提倡及改革，自屬急不容緩矣。

本場自民國三十年一月改組爲園藝試驗場以來，即以改進華北園藝事業爲職責，對內對外無不積極進行，一年以來，粗具規模；惟改進工作，千頭萬緒，誠屬綦複，今後自當分期進行，以待完成。茲先將此一年來之場內各部工作，擇其大要，彙爲一册，非敢侈言成績，略備參考，用資研究，尚祈關者諸賢有以教正之。

孫雲蔚謹識

中華民國三十一年七月

實業總署園藝試驗場三十年度工作年報

—目次—

（頁數）

第三部 推廣股

(附錄)

實業總署園藝試驗場三十年度工作年報

本場自本年度改組為園藝試驗場以來卽以改進華北園藝事業為職責積極進行所有工作皆遵循三十年度工作計劃對內注重於事務之整理及技術之改進對外則發及各種基本之園藝調查事項一年以來總務股方面主要工作如辦公室暢觀樓動物園等建築物之修繕主要橋樑之翻造各項章則之修改及本場一覽之編著等技術股方面如果園菜園之整理庭園之佈置溫室之添築及翻修以及各種試驗工作調查工作等推廣股方面如宣傳指導以及推廣種子發給苗木編著淺說等均為重要事項之一茲將三十年度總務技術推廣三股之主要工作分別詳述於下

第一部　總務股

(一)修改章則

本場自改組後所有原定章則現已多不適用均經分別予以修訂計有辦事細則處務規則保管品處[illegible]規則管理練習生規則管理農夫規則管理夫役規則職員宿舍規則公役工人宿舍規則共九項

(二)各項統計

甲、統計遊覽人數

一年以來中外人士來場遊覽人數統計共十二萬一千六百七十七人其中以四月份遊人為最多計二萬二千二百二十一人十二月份最少計二千二百八十五人茲將各月遊覽人數列表如下

月份	人數	月份	人數
1	[illegible]	7	九八〇六
2	[illegible]	8	九六八二
3	[illegible]	9	九八五〇
4	[illegible]	10	一二九四七
5	二〇七九六	11	五四三三
6	九九九三	12	二三八五

乙、統計免費參觀處數及人數

本年請求免費參觀者計二百十二處共爲三萬五千四百八十五人茲將該項統計列表如下

月份	處數	人數	月份	處數	人數
1	三	七四一	7	四	三五〇
2	三	二三六	8	四	三一〇
3	一四	三〇一八	9	一五	二五二四
4	六七	一二二九八	10	四三	八四七八

5	三八	六三五一	11	九	一五四三
6	二	五八一	12	一	六五

丙、統計全年經費

三十年度全年經常費共計拾叁萬壹仟柒百陸拾元整茲列表於下

三十年度經常費收支表

實收數	拾叁萬壹仟柒佰陸拾元整
實支數	拾貳萬捌仟伍佰柒拾叁元玖角整
結餘數	叁仟壹佰捌拾陸元壹角整

又臨時設備費共叁萬陸仟伍佰元整

丁、統計全年收入

三十年度全年各項收入共計壹萬玖仟零伍拾元伍角整茲列表如下

月份	園產收入	門票收入	雜項收入	共計
1	三六、六〇	三二九、五〇	二九、〇〇	三九五、一〇

2	一、八三五、〇〇	三四〇、五五	二一、〇〇	二、一九七、二〇
3		九六〇、六五	三五、〇〇	九九五、六五
4		二、四九九、六五	四五二、五〇	二、九五二、一五
5		二、三四〇、二五	四六、〇〇	二、三八六、二五
6	三三七、六四	一、二四一、六〇	一三二、〇〇	一、六〇一、二四
7	二四、一五	一、一五七、九〇	四六、〇〇	一、二二八、〇五
8	六八六、七三	一、二〇七、四〇	一九一、〇〇	二、〇八五、一三
9	一九、〇五	一、一六七、六〇	三二、〇〇	一、二一八、六五
10	六三六、二一	二、〇三四、九五	二二、〇〇	二、六九三、一六
11	二八八、八二	六一六、七〇	三二、〇〇	九三七、五二
12	七九、七五	二四八、六五	三二、〇〇	三六〇、四〇

戊、統計全年收發文件

三十年度本場全年計收文二百二十三件發文二百十七件茲將各項文件數目分別列表如下

收文	
文別	件數
令	一
訓令	八五
指令	六五
公函	二九
便函	四〇
抄文	一
通知	二

發文	
文別	件數
令	七
呈文	一三九
佈告	三
公函	四九
便函	五一
證明文件	二
通函	六三
箋函	一

(三)修築工程

本場創自前清光緒三十二年迄今已歷三十餘載實爲我國設立最早之農事試驗機關場內面積之廣大亭榭樓閣建築之優美庭園池沼風景之幽靜實爲巨擘當年建造殊費經營一亭一橋無不具有匠心故中外人士慕其名而前來參觀者絡繹不惟各處房屋及橋梁道路圍牆等處年久失修多已倒塌損壞油飾均已剝落殘缺不僅有碍觀瞻且有發生意外之虞再条

場電線自設置以來未曾更換以致磨皮破落危險殊甚爰於本年三月呈准　華北政務委員會撥款十八萬二千元專爲木場修築之用兹工以來積極進行如各處橋樑觀賞温室爲觀樓辦公室釣子亭等等均已次第竣工兹再如新全場電線亦已開始更換至其他未完成者但有待三十一年度繼續進行之俾資全部工程得以早日完成也兹將本場本年內修築工程詳細列表如下

工程名稱	數量	設計者	承做者	工作現狀	開工期	竣工期	備考
新建温室	一棟	建設總署都市局營造科	新記木廠	全部完成	七月七日	十月三十日	
翻修舊温室		仝	仝	仝	仝	九月三十日	
新舊温室附加花架及玻璃窗扇等		仝	仝	仝			
改建甲種橋樑完橋遞橋	二座	仝	仝	仝	九月十五日	十一月十三日	
改建乙種橋樑者橋柳橋有秋橋及改南窗橋拆卸橋觀瀑木橋	五座	仝	中和木廠	仝	九月十六日	十一月十五日	
改建芝橋步瀛橋易橋觀魚橋	四座	仝	阜民公司	未完成	十一月		
修繕得觀樓		仝	仝	全部完成	十月十四日	十一月九日	
揭觀樓前甬路院牆花架子		仝	仝	仝			

修理日本式房	三所	仝	仝	未完成	十一月		
修建動物園內亭子	二座	仝	中和木廠	全部完成	十一月		
辦公室及兩廂群房		仝	阜民公司	仝	十月十二日	十一月廿五日	
辦公樓添裝衛生設備			中華汽爐行		十月二十四日	十一月十二日	
修搭南面閘欄		建設總署都市局營造科		全部完成			
更換全場電線				未完成			
印月橋				仝			
職員工人浴室				仝			
公共便所	二所			仝			

(註)：以上工程均由本場委託建設總署都市局代辦

(四)動物園管理

甲、整理獸舍

動物園之獸圈頗圮多處孔雀室遇雨滲漏對於飼養殊欠適宜本年內均已飭工修復

乙、交換及添置動物

本場動物因所有動物件數尚少本年為擴充種類藉增遊人興趣計將本場多餘動物與各處互相交換同時漸次添購新奇動物多種茲將一年來添置動物列表如下

名稱	數量	備考
日本猴	三	自日本購入
廣西猴	二	
狐	五	
大天鵝	一	
廣花鷄	二	
火鷄	七	自日本購入
文鵲鳥	八	
珍珠鳥	四	
虎皮鸚鵡	四	
鵪鶉	四	
椋鳥	四	

長尾鷄		四	自日本購入
黃鷄鳥		一〇	
黃眉鳥		七	

（五）本場一覽之編著

本年九月編著實業總署園藝試驗場一覽其內容計分本場概況果樹蔬菜花卉及庭園作物動物園推廣工作等七部發即分送各界藉使明瞭本場之概況

（六）本場氣象報告

氣象與農業關係至深氣象之變化無時不影響各種植物而園藝植物之生育更易為氣象所左右故對於氣象之觀察記載實吾人研究園藝所不可忽視之茲本工作本場有鑒於此特購備簡單儀器自本年五月間始氣溫濕度降水量之觀察茲將所得之紀錄列表說明於下

項別／月份	氣溫C° 十時（平均）	最高	最低	振幅（平均）	平均	濕度% 平均	最低	降水量 m.m.
五月	一九、五二	三五、〇〇	八、五〇	一四、一九	二〇、〇三	五四	四四	七、一
六月	二三、三三	三八、〇〇	一四、〇〇	一二、一五	二四、三〇	七四	四八	一〇四、八

七月	二七、一六	三八、〇〇	一八、〇〇	一二、〇五	二七、六六	八七	五四	二八、八
八月	二四、八九	三七、五〇	一四、〇〇	一二、九八	二三、五七	七五	二八	七五、四
九月	二一、六〇	三三、〇〇	一〇、〇〇	一三、二五	二一、七三	六四	三六	四八、五
十月	一三、三三	二七、〇〇	(一)二、〇〇	一三、二九	一二、二六	五三	二八	五、八
十一月	五、九三	一九、〇〇	(一)八、〇〇	一二、四三	六、〇二	六〇	二八	九、五
十二月	(一)四、五三	一〇、〇〇	(一)一五、〇〇	一三、三五	(一)三、六七			三、八

觀察期間——三十年五月一日至十二月三十一日

觀察時間——每日午前十時

本年初霜期十日十四日初雪期十二月十一日

三十年度降水量比較圖

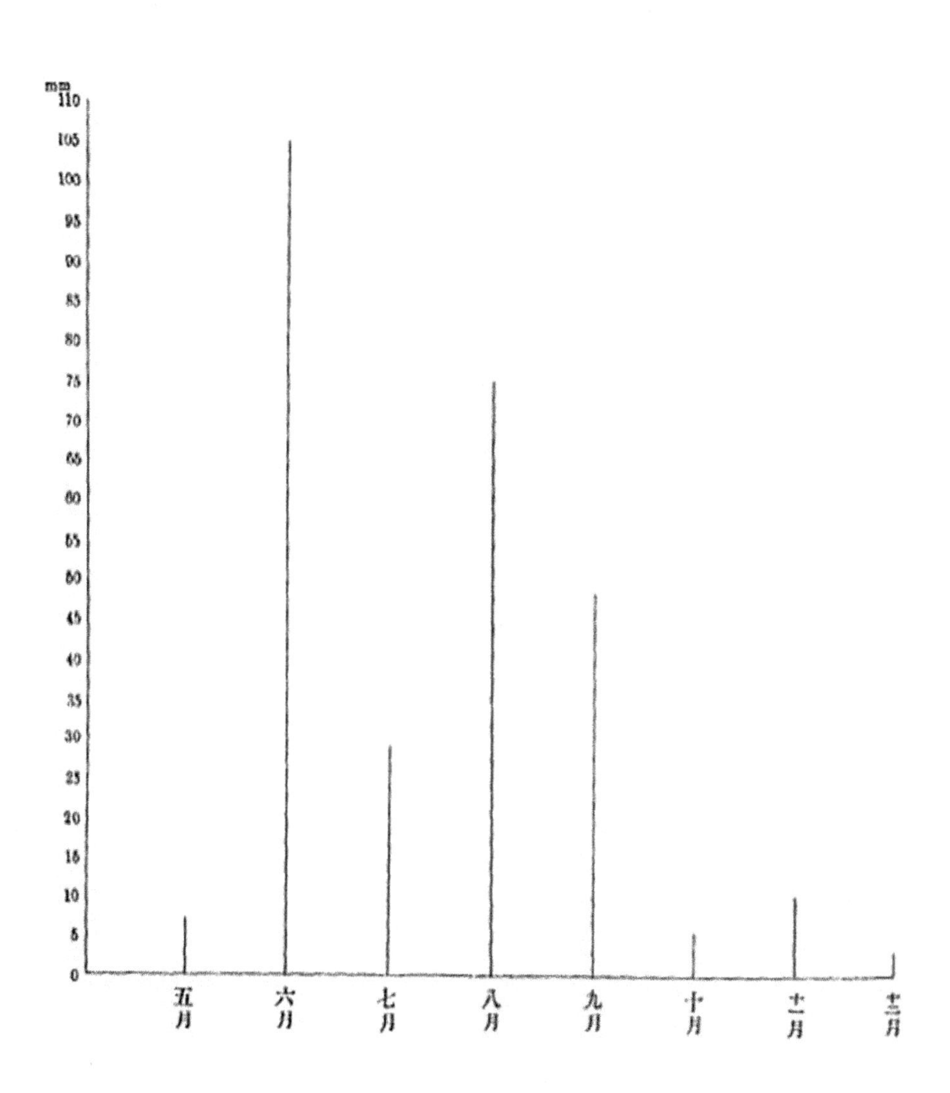

mm
110
105
100
95
90
85
80
75
70
65
60
55
50
45
40
35
30
25
20
15
10
5
0
五月
六月
七月
八月
九月
十月
十一月
十二月

三十年度氣溫比較圖

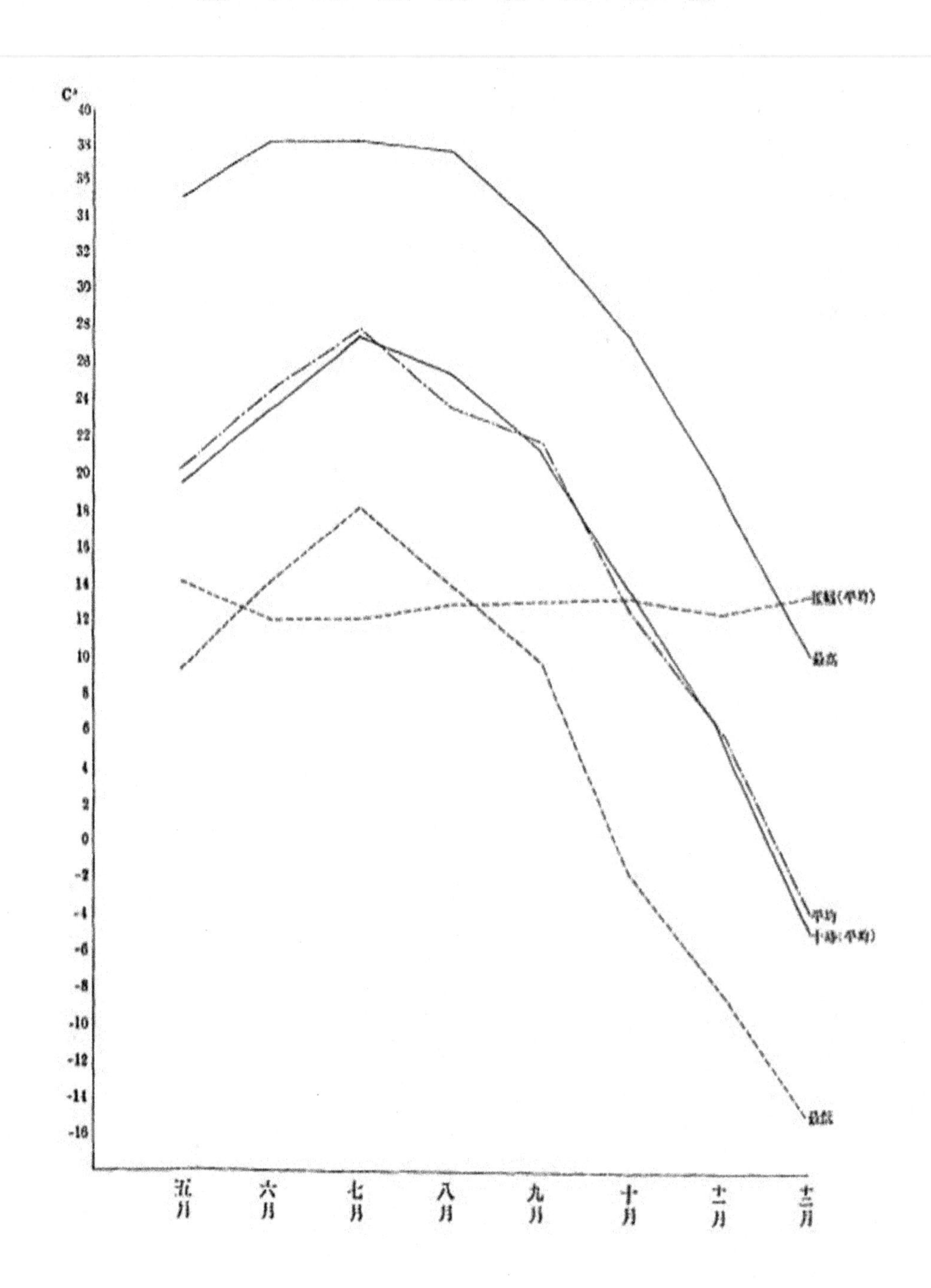

C°
40
38
36
34
32
30
28
26
24
22
20
18
16
14
12
10
8
6
4
2
0
-2
-4
-6
-8
-10
-12
-14
-16
最高
平均
最低
五月
六月
七月
八月
九月
十月
十一月
十二月

三十年度濕度比較圖

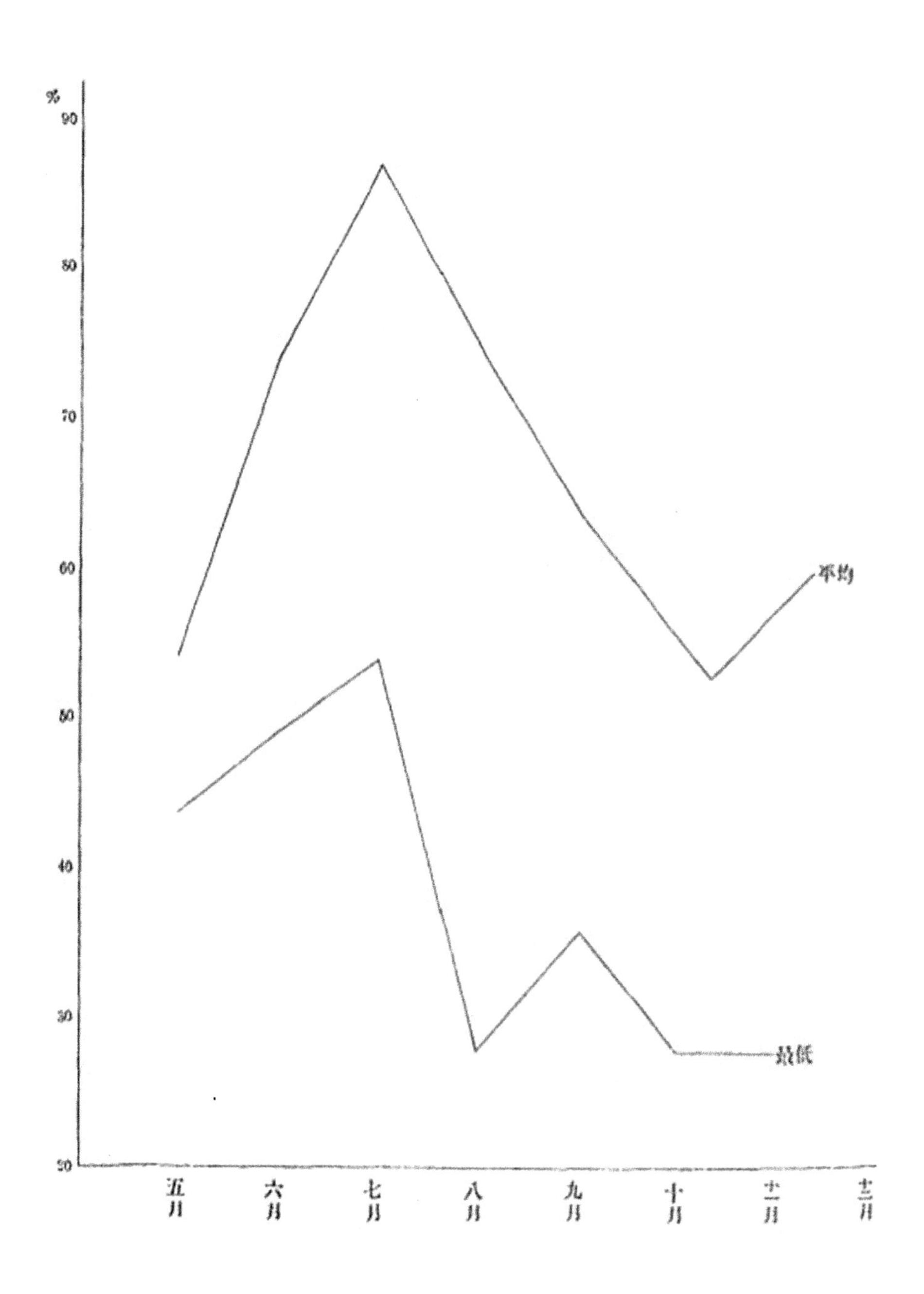

第二部　技術股

第一　果樹

果樹方面按照本場本年度工作計劃於可能範圍內分別進行栽培工作實績擇要分敘於後

(一)整理工作

(甲)整理場內果樹

場內各果園除棗山楂杏胡桃等外其他樹爲老衰或品種品類無存在價值之各部分皆分別加以整理其所留各園凡栽植距離過密者則行間伐栽培整理後概況列表如下

果園別	面積	株數	距離	備攷
山楂	四畝	一五六株	一五×二〇尺	
西洋胡桃	四	五四	二四×二四	本年新定植
棗	四	一〇四	一八×一八	
梨	八	一二九	二一×二一	尚待整理
桃	八	四四八	一二×一二	仝上

葡萄1	八	三三一	九×二四	明年擬全部更新
葡萄2	一三	三九六	九×二三	仝上
蘋果	一五	一八五	一八×一八	尚待整理
杏	三	一〇八	一五×二〇	
經濟林園	二、六	七〇	一五×一五	本年新定植
石榴	三	八〇	九×一三	尚待整理
華北優良品種標本園	二〇	四六	一八×一八	本年植二十二品種四十六株來年仍繼續搜集之

(乙)整理西山果園

西山果園舊有各種果樹原以距離太狹樹形不整故生育欠良樹勢衰弱本年內一部分加以適當間伐並加修剪以維生育其他部分則擬分年更新改植新苗至該園所有品種亦多混雜本年內均已加以鑑別其中優良者有望者均加以保留同時擬自明年起漸次繁殖之以供推廣之用茲將西山果園現有果樹列表如下

果園別	面積	株數	距離	備考
蘋果	二四畝	二四六株	二四×二四尺	本年新植者
	五〇	四六五	一八×一八	舊有

梨	五	九一	一八×一八
桃	四	一一〇	一五×一五
杏	二〇	三二〇	一八×一八
柿	八	七七	一八×一八

（二）調查及徵集工作

本年度之調查及徵集工作共分六項茲將各項工作成績分述如下

（甲）浸製果實標本

本年將徵集所得果實之一部分別浸製以爲將來實際調查研究之參考本年內所浸製之標本計如下表

種類	品種	產地	製作期	數量
杏	鈴水白	河北昌平	六月二十八日	一
	陀螺杏	北京西郊	六月二十日	一
	山白	河北昌平	六月二十四日	一
	油白	北京近郊	六月十九日	一
	鐵巴旦	河北昌平	六月二十日	一

油巴旦	北京近郊	六月十九日	一
梅巴旦	北京西郊	六月二十日	一
黃魁	木場西山果園	六月十九日	一
水晶	木場西山果園	六月十三日	三
麻鼠白	河北昌平	六月二十日	二
山黃	河北昌平	六月二十自	一
關爺臉	河北昌平	六月二十四日	二
白蜜香	北京西郊龍泉坞	六月三十日	一
蘋果白	北京西郊	六月二十八日	一
巴旦杏	北京西郊	六月十一日	一
海紅	河北昌平	六月三十日	二
平頂香	北京西郊	六月十一日	二
吊枝甘	河北昌平	六月二十九日	一

	鶴蛋黃	北京西郊	六月二十九日	一
	銀杏	北戴河	七月八日	一
	佛見喜	河北昌平	六月二十日	一
	鷹嘴	北京近郊	六月十九日	一
	扁杏	北戴河	七月十七日	一
	水白	河北昌平	六月二十四日	一
	白杏	河北昌平	六月十二日	一
	油黃	北京近郊	六月十九日	一
桃	圓桃	本場	七月十一日	一
	早生蟠桃	本場　河北昌平	六月二十五日	二
	大葉白	本場	七月十一日	一
	鷹嘴桃	北京近郊	六月三十日	二
	早生水蜜	河北保定	六月三十日	一

	魁桃	木場西山果園	八月二十一日	一
	青州蜜桃	北京西郊皁豎農園	九月十三日	一
	肥城桃	北京西郊皁豎農園	九月十三日	一
	汪家皤桃		九月九日	一
	秋蜜桃	北京西郊皁豎農園	九月三日	一
	早生水蜜桃	皁豎農園	七月二十一日	一
李	玉黃李	北京近郊	六月三十日	一
	馬牙李	北京近郊	七月二十二日	一
	平頂李	北京近郊	七月七日	一
	紅李	河北易州	六月三十日	一
葡萄	紅鷄心	皁豎農園	九月十三日	一
	龍眼	皁豎農園	九月十三日	一
	紫牛奶	山西	九月十九日	一

梨	酸梨	北京近郊	八月二十六日	一
	京白梨	北京近郊	八月二十六日	一
	鴨梨	北京近郊 本場園山梨園	八月二十六日 九月九日	三
	秦黃梨	河北	八月二十六日	一
	明明梨	青島	九月十二日	一
	秋白梨	青島	九月十二日	一
	錫山梨	錫山	九月十二日	一
沙果		北京近郊	八月二十六日	三
香果	嬌香果	北京近郊	八月二十六日	一
	脆香果	北京近郊	八月二十六日	一
檳子		河北昌平 北京近郊	八月二十六日	二
海棠		北京近郊	八月二十六日	二
棗	嚴不落	北京近郊 本場	八月二十六日 九月十一日	二

柘樹	本場	九月二十一日		四
尖棗	本場 北京近郊	九月十一日 八月二十六日		二
老虎眼	本場 北京近郊	九月十一日 八月二十六日		二

(乙)北京近郊果樹園之調查

吾國最近二十年來各地新設果園甚多而華北尤甚本場負改進華北園藝之責故對於華北各省現有果樹園自應詳加調查以資改進惟此項工作決非於短期內可能完成本年內首先調查北京西郊及北郊一帶計共調查之果園凡二十九處茲分別列表以明之如下

1.北京西郊北郊果園一覽表

果園名稱	地點	面積	資本	創辦時期	性質	主栽果樹
實業總署園藝試驗場本場	西直門外博物院路	一六六畝		大半自民國三十年起更新	標本園及試驗	山楂、杏、桃、棗、
實業總署園藝試驗場西山果場	西山火器營	一二〇		民國四年	經濟試驗	蘋果、梨、杏、柿、
北京大學廣湯橋農場果園區	廣湯橋	一六〇		民國二十九年	試驗	蘋、果、桃、梨
皁豐農園第一果樹	皁成門外	八〇	六〇、〇〇〇	民國二十三年	營利	葡萄蘋果梨苗木

阜豐農園第二果園	阜外孔王坟	一二〇	九〇、〇〇〇	民國二十三年	營利	桃及葡萄
劉漢果園	阜外洪茂溝	六二		民國二十六年	營利	桃、葡萄、蘋果、
上義中學本校果園	阜外馬尾溝	四三		民國元年	營利	葡萄(釀造用)
新民農園	南苑萬字地西塔英堂莊	四〇七	二一〇、〇〇〇	民國二十七年	營利栽培	蘋果、梨、葡萄、
上義中學分校果園	西山黑山扈	八〇		民國十六年	營利栽培	葡萄及桃
正明農場	京西瑱山村	二六二	五〇、〇〇〇	民國十九年	營利栽培	蘋果、桃、葡萄、
中法大學第一農場	西山北辛村	三〇		民國十五年	經濟栽培	蘋果、葡萄、
中法大學第二農場	玉泉山南鈎林	四〇		民國十五年	經濟栽培	葡萄
燕京作物改良場附屬果園	西郊燕京大學東鄰	六		民國十七年	經濟栽培	桃
東北義園	北郊德勝門	一〇〇		民國二十五年	營利栽培	桃
樂園	京西衛辛莊	二四		民國二十年	營利栽培	蘋果、桃、
假餘園	西郊黑山扈	八六	四五、〇〇〇	民國二十一年	營利栽培	葡萄
學園園第一果園	北清北大莊	一二〇		民國元年	營利栽培	梨、杏、

學園園第二果園	京西玻璃窯	一五〇		民國元年	營利栽培	桃、杏、
辛米農場	京西北辛安大從	一五〇		民國二十年	營利栽培	蘋果、梨、桃、葡萄、
李家桃園	京西白草窪	五〇		民國二十年	營利栽培	桃
高家果園	京西西北山大木坨	一五〇		民國十年	營利栽培	棗、杏、桃、
精農園	西郊北窪村	八六		民國二十七年	營利栽培	桃、蘋果、梨、李、葡萄、
孫家果園	燕京大學南部	二〇		民國二十年	營利栽培	葡萄
張家果園	西山臥佛寺婆峪村	四〇		民國二十年	營利栽培	桃、蘋果、葡萄、梨、
裕長果園	德勝門外貝紅廟	一三〇		民國二十六年	營利栽培	蘋果、葡萄、桃、
于家果園	西郊枝府南頂旱河	二〇		民國十二年	營利栽培	桃、梨、
周家果園	北郊蔡家府	四五		民國二十六年	營利栽培	葡萄、桃、
饒氏果園	西郊西壩村南李王坟	二四		民國十四年	營利栽培	葡萄、桃、
甄家果園	德勝門外蓄亭湖	五		民國二十七年	營利栽培	葡萄

(註)以上共計面積二千七百六十六畝此外西山一帶尚有小面積果園數處以及行將開設之果園均未列入

2. 北京西郊及北郊果樹栽培種類一覽表

全部面積——共二七六六畝

栽培種類品種及株樹樹齡等——

A.蘋果　總株數——共計一〇一九三株

樹齡——一——二十年生

品種——國光紅玉倭錦祝紅魁翁花香蕉新紅玉大丹頂金冠及中國蘋果等

栽距——一五×一五尺——二七×二七尺

B.梨　總株數——三三四七株

樹齡——二——二十年生

品種——白梨奶梨雅梨鴨梨沙果梨紅梨窝陽梨及香蕉梨二十世紀梨月田穗之青等

栽距——一〇×一〇尺——二五×二五尺

C.桃　總株數——一四〇七八株

樹齡——四——二十年生

品種——五月鮮六月白七月白秋蜜桃大築白桃天津水蜜蟠桃大蜜桃肥桃深州水蜜青州水蜜肥城桃伏香桃白蜜桃酸樹子柯子桃蘋果桃岡白桃上海水蜜及美國水蜜日本桃（岡山白桃傳十郎大久保離枝水蜜田中早生小林東嶽等二十餘種）

D.葡萄

栽　距＝一〇×一〇尺——一七×一七尺

總株數＝三四三八六株

樹　齡＝一——二十年生

品　種＝玫瑰香老虎眼黑罕牛奶瑪瑙珠青粒秋子紅白頂珠白蓮子中元馬奶早白晚白及美國紅法國紅二〇〇三釀酒葡萄等

E.杏

栽　距六×八尺——一二×二四尺

總株數＝一六三二株

樹　齡＝一〇——三〇年生

品　種＝白杏黃雞杏土黃杏雞嘴子山杏川船杏玉八杏等

F.李

栽　距＝一〇×一〇尺——二〇×二〇尺

總株數＝五三八株

樹　齡＝一——三十年生

品　種＝紅李鵝蛋李扁李黃魁李杏李義大利美國扁李可來曼

C.梨

栽　距＝一〇×一〇尺——一五×一五尺

總株數＝二一九〇株

樹　齡——五——二十年生

品　種——蒂北黃

栽　距——一〇×一〇尺——二〇×二〇尺

11. 胡桃　總株數——一四五株

樹　齡——十年生

品　種——中國胡桃

栽　距——一〇×一〇尺

1. 柿　總株數——七六株

樹　齡——十六年

品　種——火柿蓋柿高樁柿

栽　距——一五×一五尺

（丙）北京近郊果樹病蟲害之調查

果樹病蟲害之調查本年度先就北京近郊及本場爲主一年以來均加詳細調查記錄茲將本年調查所得者分別列表於下

1. 果樹主要害蟲表

主要害蟲名	發生時期	被害果樹及部分	被害程度	備考
十星大金花蟲	六—八月	葡萄之葉	重	以卵越冬
葡萄星毛蟲	六—八月	葡萄之葉	重	以幼蟲越冬
葡萄虎天牛	五—七月	葡萄之蔓葉	重	以幼蟲越冬
葡萄根蚜蟲	五—九月	葡萄之根葉	重	以卵越冬
蜂	五—九月	葡萄之果實	重	以成蟲越冬
梨星毛蟲	四五七八月	梨樹之葉	重	以幼蟲越冬
軍配蟲	六—九月	梨樹之葉	重	以成蟲越冬
梨椿象	五—九月	梨之梢端之葉	重	以幼蟲越冬
天幕毛蟲	三—五月	梨杏桃之芽葉	重	以卵塊越冬
桃蛀心食蟲	六—九月	桃之梢端及果實	重	以幼蟲越冬
桃葉潛蟲	四—八月	桃樹之葉	重	以成蟲越冬
桃赤蚜蟲	四—八月	桃樹之葉	重	以卵越冬

赤壁蝨	五—十月	桃樹之葉	重	以成蟲越冬
刺蛾	六—九月	桃杏蘋果之葉	重	以繭越冬
浮塵子類	五—九月	葡萄桃杏梨蘋果等之嫩葉	重	以卵越冬

2. 果樹主要病害表

主要病害名	病徵	被害果樹及部分	被害程度	備考
赤星病	初現橙黃之斑點然後多數集合而成大病斑其葉裏隆起而生灰色之毛狀物	梨蘋果之葉果	重	
穿孔病	葉片初現淡紫色之圓形細點後變褐色再後病部枯縮成孔終則葉片變黃而脫落	桃樹之葉	重	
樹脂病	於枝及幹生淡黃色透明之軟膠質樹勢衰弱終至枯死	桃之枝幹	重	
縮葉病	葉片初現紅色或帶黃淡綠色組織肥厚呈皺縮狀並現斑點其後全葉均膨而現凹凸捲縮枝梢乾枯落葉	桃之葉	重	
腐爛病	枝幹之皮部生水腫狀之小斑點漸次擴大終至腐爛而漏出汁液使至周圍則枯死	梨蘋果之枝幹	重	
粗皮病	枝幹之皮部生小形之瘤狀物後擴大而表皮枯死逐至異常粗糙	蘋果之枝幹	重	
白粉病	葉片之表面生極薄絲狀粉末於幼果則初生褐色斑點終至果皮破裂而點數成乾枯萎縮而下落	葡萄之葉果	重	
蔓枯病	於病蔓上生小黑點被害烈者發至皮部裂開枯死	葡萄之蔓	重	

落葉病	葉面初現暗色斑點後擴大呈多角狀病勢增進時由暗褐色變橙黃色或紅色而落葉	柿之葉	輕
黑斑病	葉片初生黑褐色之圓形或不正形之小點後即成穴果實則初生帶黑色之小斑點後現斑紋並生黑色之黴	梨之果葉	輕
露菌病	初於葉脈間現不正形之淡黃色斑點其面則生白黴後病斑擴大而成赤色終則乾枯下落果粒被害先現白色後果粒全部呈鏽輪狀	葡萄之葉果	輕
枝枯病	病處之皮始如滲油現暗褐色繼變赤褐色生無數細粒受病部以上之枝幹即行枯死	梨蘋果山楂之枝	重

（丁）徵集華北固有之優良品種

華北各地固有之優良果樹品種極夥本場擬每年逐漸徵集爾成立一優良品種標本園以資研究調查之用本年內徵集栽植者計有五種凡二十二品種共四十四株占地二畝五分茲列表於下

三十年度徵集品種一覽表

種類	品種	栽植株數	栽植距離	定植期	備考
梨	1.慈梨 2.思梨 3.鴨梨 4.白梨 5.尖把梨	每品種二株 共計一〇株	一八×一八尺	四月十二日	
桃	1.肥城桃 2.深州紅蜜桃 3.深州白蜜桃 4.秋蜜桃 5.大葉白桃 6.青州水蜜桃 7.五月鮮	十四株	一五×一五尺	四月十二日	
杏	1.水晶杏 2.黃蝎杏	四株	一六×一六尺	四月十二日	

李	1.鷄蛋李 2.香蕉李 3.杏黃李	六株	一五×一五尺	四月十二日
葡萄	1.牛奶 2.紅雞心 3.白牛奶 4.無子綠 5.老虎眼	十株	六×四〇尺	四月十二日

(戊)徵集固有之果樹砧木

本年內徵集砧木多種茲列表如左

種類	年齡	株數	備考
山桃	一年生	二五〇〇株	
君遷子	一年生	一五〇〇株	
海棠	二年生	二〇〇株	
杜梨	一年生	五〇〇株	
山楂	二年生	二五〇株	
山杏	一年生	五〇株	

(己)果樹生育調查

果樹之生育調查乃研究改良果樹栽培之最基本工作以前關於此種記載尚付缺如故本年度首就本場現有之各種果樹習性詳加調查今後擬繼續數載俾求正確然後再對近郊各地詳加調查並將本年內各種果樹習性調查表列於後

種類	品種名	發芽期	開花期 開始	開花期 盛	開花期 終	果實成熟期	落葉期 始	落葉期 盛	落葉期 終	備考
葡萄	玫瑰香	四月四日	五月二十二日	五月二十八日	六月四日	八月中旬	十月十五日	十月二十日	十月三十日	各項所種之日期爲本場域內山墾園之實況
	黑漢	四月四日	五月二十五日	五月二十八日	六月二日	八月中旬	十月十五日	十月二十日	十月三十日	
桃	短桃	四月五日	四月十五日	四月二十日	四月三十日	七月下旬	十月二十日	十月二十五日	十一月十日	
	毓曉桃	四月五日	四月十五日	四月十九日	四月二十五日	七月中旬	十月十八日	十月二十四日	十一月八日	
	錦桃	四月五日	四月十一日	四月十七日	四月二十日	八月中旬	十月十八日	十月二十四日	十一月六日	
	大葉白桃	四月五日	四月十七日	四月二十日	四月二十五日	八月中旬	十月十八日	十月二十四日	十一月六日	
杏	水晶杏	四月三日（葉芽）	三月二十七日	四月五日	四月十日	六月中旬	九月二十五日	十月十日	十月三十日	
	黃魁杏	四月一日	三月二十八日	四月四日	四月十日	六月中旬	九月二十八日	十月十五日	十月三十日	
	巴旦杏	四月四日	三月二十九日	四月五日	四月十一日	六月下旬	十月一日	十月二十日	十月三十日	
	桃杏	四月四日	三月二十七日	四月六日	四月十一日	六月中旬	九月三十日	十月十九日	十日三十日	
	梅杏	四月三日	三月二十七日	四月六日	四月十一日	六月中旬	九月三十日	十月二十日	十月三十日	

種類	品種								
	香杏	四月四日	三月二十八日	四月五日	四月十一日	六月中旬	九月三十日	十月二十日	十月三十日
	土杏	四月四日	三月二十八日	四月八日	四月十一日	六月中旬	九月三十日	十月二十日	十月三十日
梨	鴨梨	三月三十日	四月十日	四月十七日	四月二十日	八月下旬	十月二十日	十月三十日	十一月四日
	白梨	三月三十日	四月十日	四月十七日	四月二十日	八月下旬	十月二十日	十月三十日	十一月四日
棗	大白棗	四月十五日	五月二十九日	六月五日	六月二十日	九月中旬	九月二十五日	十月十日	十月二十日
	小白棗	四月十五日	五月二十九日	六月八日	六月二十日	九月中旬	九月二十五日	十月十日	十月三十日
	尖棗	四月十五日	五月二十九日	六月八日	六月二十日	九月中旬	九月二十五日	十月十日	十月三十日
山楂	大山楂	四月二日	五月一日	五月十日	五月十五日	九月下旬	十月十七日	十月二十五日	十一月五日
	小山楂	四月一日	四月三十日	五月十日	五月十二日	九月中旬	十月十七日	十月二十五日	十一月五日
	實生楂	四月一日	四月三十日	五月十二日	五月十八日	九月下旬	十月十七日	十月二十五日	十一月五日
柿	蓋柿	四月三日	五月十二日	五月十六日	五月十九日	十月中旬	十月六日	十月十四日	十月二十二日
	高莊柿	四月三日	五月十二日	五月十六日	五月十九日	十月中旬	十月六日	十月十四日	十月二十二日
	方柿	四月二日	五月十二日	五月十六日	五月十九日	十月中旬	十月六日	十月十四日	十月二十二日
石榴	甜石榴	四月十日	五月二十三日	五月二十九日	六月十日	九月中旬	十月十八日	十月二十六日	十月三十日

（庚）本場現有優良果樹品種之調查

品種								
酸石榴	四月十日	五月二十二日	五月二十八日	六月十日	九月中旬	十月十八日	十月二十六日	十月三十日
水晶石榴	四月十日	五月二十二日	五月二十九日	六月十日	九月中旬	十月十八日	十月二十六日	十月三十日
蘋果　國光	三月二十日	四月十一日	四月十三日	四月十八日	九月中旬	十一月十五日	十一月二十日	十一月二十五日
紅玉	三月二十日	四月十一日	四月十三日	四月十八日	九月中旬	十一月十五日	十一月二十日	十一月二十五日
翠玉	四月八日	四月十四日	四月十八日	四月二十二日	九月中旬	十一月十五日	十一月二十日	十一月二十五日
鳳凰卵	三月二十日	四月十日	四月十二日	四月十七日	九月中旬	十一月十五日	十一月二十日	十一月二十五日
倭錦	三月二十日	四月十日	四月十二日	四月十九日	九月中旬	十一月十五日	十一月二十日	十一月二十五日
甘棠	三月二十八日	四月九日	四月十四日	四月十八日	八月下旬	十一月十五日	十一月二十日	十一月二十五日
胡桃	四月五日	四月十九日	四月二十二日	四月二十九日	八月下旬	十月十八日	十一月二十三日	十一月二十七日
西洋胡桃	四月六日	五月六日	五月十一日	五月十六日	十月中旬	十月三十日	十一月三日	十一月八日
山核桃	三月十八日	三月二十五日	三月三十日	四月五日	八月上旬	十月二十日	十一月二十五日	十一月五日
杜梨	四月十五日	四月二十日	四月二十五日	五月二日	九月中旬	十月三十日	十一月五日	十一月二十日
海棠	三月二十五日	四月十日	四月十五日	四月二十六日	九月中旬	十月三十日	十一月五日	十一月二十日

本場舊有果樹種類繁多但品種一項殊已混雜本年度特詳細調查選拔俾作今後繁殖推廣之用茲將本場舊有各優良品種分別解說於下

(註)最近二年來所徵集之各新品種概未列入

1. 杏

水晶杏——本種樹性强健枝條稍開張果實中大略呈圓形長四，二糎幅四，四糎厚四，二糎每個重四七克（最大者有達五三克）縫合線顯著頂端無凹陷果皮薄地色黃白陽部略現微紅完熟後果面全部現半透明狀果肉淡黃白色汁液極多味甚甘美品質最上核長二，八糎幅，二，糎厚一，四糎背線三條黏核仁甜其仁可供食用六月上旬成熟豐產

本種品質優良爲杏中之冠宜生食有早種由將來擴大繁殖推廣之

『註』大面積栽培時採收時期不可失之過遲否則果皮易於破損而運輸販賣有礙點宜注意之

黃蜜杏——本種樹性强健枝條開張短果枝稍大結果率較少果實極大呈稍扁之圓形長四，九糎幅五，二糎厚四，九糎每個重七七克最大者有達八〇克如小形之桃然縫合線顯著果面大小殊甚頂部無凹陷果梗短而肥大果皮厚較地色橙黃陽部現鮮紅色果肉橙紅色肉質緻密完熟後汁液多味甘美而略有芳香品質最上核長三糎幅二，五糎厚一，五糎背線一條黏核仁苦六月中旬乃至下旬成熟

本種果形肥大且耐貯藏及輸運生食罐詰均宜故亦爲有望種也宜推廣之

2. 梨

鴨梨——本種樹性強健樹姿半圓形枝條開張樹幹皮部呈灰褐色結果枝群多果大呈圓錐形乃至長圓形長八糎直徑七，五糎重二〇〇克大者達三〇〇克以上果梗長五糎果梗基部多肉質梗周邊之一側往往凸起如鴨頭然鴨梨之名即由是來果皮完熟後全面呈淡黃色果梗部多淡褐色銹斑點淡褐色位於果梗部者大而疏漸至萼窪部則斑點漸小而密萼脫落萼窪廣而中淺果肉白色果心較小肉質緻密味甘多汁有芳香品質極上九月下旬成熟耐貯藏可貯至翌年五六月本種品質佳良樹性強健產量豐富故為最有望之優良種也目下冀北各地均有栽植尤以河北省之河間定縣曲陽南皮交河獻縣大城以及山東省之濟城齊河陽穀等縣栽培尤盛本種又名雅梨鴨兒梨鴨嘴梨鵝梨等

北京白梨——樹性強健枝條稍開張果小成扁圓形長五四直徑六糎重一〇〇克內外果皮呈淡黃色斑點褐色甚微細果梗細長五、五糎萼脫落萼窪中廣中淺果肉淡黃白色果心中大肉質柔軟易溶化頗如西洋梨然味甘汁稍多略有芳香品質上九月中旬成熟本種果實採收直後果質粗硬不堪供食須待數日後（後熟作用）始有良好風味而供食用故頗有西洋梨之性質然

西洋梨（Bartlett）——本種英國原產我國於山東之煙台青島二地栽培較多本場西山果園僅有數株樹性強健枝稍帶黃褐色有光澤葉較小形成濃綠色果大呈鈍形重約六七兩乃至九十兩果皮淡橙黃色而不滑往往有茶褐色之銹果肉白色質甚柔軟而富粘力味甘多汁且富芳香品質上等八月下旬乃至九月上旬成熟採收後經一星期內外始可供食本種豐產有望將來當可大量推廣之

3. 柿

蓋柿（又名大磨盤柿）——本種樹性强健枝條稍開張果甚大扁圓形高六糎直徑八、四糎重二五〇克大者達三二〇克以上蒂部上高三分之一處有一圈形環故全體如二重之磨盤然大磨盤之名即由是來果面橙黃乃至橙紅色十分完熟後呈鮮紅色果肉橙黃色味甘多汁品質上無核本種栽培者往往於九月下旬頃採收之（此時果皮呈橙黃色肉質硬）行脫澀後即行出售以圖早日出現市場而獲厚利亦有待至霜降節（八月下旬頃）始採收者（此時果皮呈鮮紅色果肉已柔軟多汁無澀故不必再行脫澀即可供食）耐貯藏有貯至翌年二三月者本種爲澀柿系統中之最優良者現今歐美及日本均有栽植

4. 桃

魁桃——本種原產河北深縣（深州）

（樹性）——樹形稍開張樹勢極强新梢疏密適中呈黃綠色多中果枝花芽單複發有葉中等大呈長梭形頂部稍向裏彎曲平均長一四糎寬三、三糎有小橢圓形密腺二——三個叢狀頂點

（果實）果甚大長圓形長八、二糎直徑六、九糎每個重一八〇克大者達二五〇克以上頂部突出縫合線甚深果面有大小棱往往橫面深果皮地色黃綠陽面密生細點呈桃紅色微有毛茸果肉淡黃白色近核處呈淡紅色質緻密而硬味甘完熟後汁較多品質上粘核八月中旬成熟耐貯藏及運輸因肉質較堅硬故可供製（桃脯）之用本種果大味甘外觀美麗且耐貯藏及運輸將來頗有研究改良之價值不可忽視之品種也

5. 葡萄

玫瑰香——本種原名 Muscat Hamburgh 現華北各地均有栽植樹性強健枝條淡赤褐色節間稍長果穗圓錐形穗肩不甚開張平均一穗重四〇〇克左右大者達一公斤果粒大一粒平均重九克着生稍疏果粒呈橢圓形果皮呈紫黑色有灰白色之果粉果肉緊脆多汁甘味強且有芳香品質最上九月上中旬成熟收量豐耐貯藏及運輸

Black Hamburgh（黑罕）——本種為德國原產樹性強健枝條呈淡白褐色節間甚短係溫室栽培種但在吾國北方一帶氣候乾燥之地可露地栽培（北京附近本種亦可種植成績甚佳）果穗大有岐肩平均重三五〇克大者達一公斤果粒圓形一粒平均重七克着生甚密果皮較薄成熟時呈濃紫黑色有白色果粉果肉緊多漿汁味甘且富芳香 品質上九月中下旬成熟收量多

6. 蘋果——本場西山果園所有蘋果因年久管理失當遂致樹勢衰弱病蟲蔓延且名稱混雜案源緒考本年中已鑑定確認者計有下列數種

品種名	果形狀	果大小	果皮色	果肉色	品質	成熟期（北京）	等	貯藏期	備註
Yellow Transparent（綠魁）	圓錐形	中之大	淡黃白色	淡黃白色	中	七月中下旬	同	不耐貯藏	
Red Astrachan（黃魁）	圓錐形	中之大	地色黃綠後全面鮮紅	白色	中	七月中下旬	同	不耐貯藏	

Early Strawberry（小町）	圓圓錐形	小	地色黃有深紅色條	淡黃色	中上	七月下旬	閉半開	約一個月	
Gravenstein（生娘）	圓扁圓形	中之大	地色黃鮮紅色條	黃白色	上	八月下旬	開	約二個月	
American Summer Pearmain（[illegible]）	長圓形	中	地色黃綠有紅色塊	黃白色	上	八月下旬	半開	約二個月	
Tolman's Sweet（[illegible]）	扁圓形	中	淡黃綠色	白色	上	九月下旬	半開	可貯至翌年一月	
Jonathan（紅玉）	圓卵形扁圓形	中	地色黃全面鮮紅色	黃白色	極上	九月下旬	閉	可貯至翌年六月	最有望
Smith Cider（[illegible]）	圓錐形	中	地色黃綠內部淡紅	白色	上	九月下旬	半開	可貯至翌年三月	
Yellow Bellflower（[illegible]）	長圓錐卵圓	甚大	橙黃色內部略有紅暈	黃白色	上	九月下旬	閉半開	可貯至翌年五月	
Ben Davis（[illegible]）	長圓錐	中大	地色黃綠內面鮮紅色	白色	中上	九月下旬十月上旬	閉半開	可貯至翌年五月	
Yellow Newtown pippin（[illegible]）	扁圓圓形	中	全面黃綠色	黃白淡黃色	極上	九月下旬十月上旬	閉半開	可貯至翌年五六月	最有望

Williams	倒卵圓	大	地色黄綠帶紅色條	淡黄色	中上	八月中旬	閉	約一個月	
Alexander（亞山王）	圓錐形	最大	地色黄有紅色斑條	白色	中上	九月中下旬	閉	約一個月	
White pearmain（白龍）	短圓錐	中	黄綠色陽面略有淡褐色	淡黄白	極上	十月上中旬	閉或半開	翌年三四月	最有望種

（辛）本年度新定植果樹生育調查

本年度新定植之各種果樹之生育狀況均經詳細調查記載以爲今後研究之參考茲列表於下

1. 蘋果生育調查（三月三十一日定植）

區別	品種	樹齡	生育概要 放葉	落葉	成長量 樹冠	樹幹	備考
第一區	紅星	二	四月十日	十一月二十日	八六（高）×三八、五（闊幅）	二、三（徑）	西山土壤乾燥故活着較遲以上皆爲全體平均數
	紅玉	二	四月十五日	十一月二十日	九〇、九×三七、九	一、八	
第二區	紅星	二	四月十日	十一月二十日	七四×三一、八	一、七	

區別	品種	樹齡	放葉	落葉	葉樹冠	樹幹	備考
	青香蕉	二	四月十二日	十一月二十日	五九×三一、三	一、五	
	金飾	二	四月八日	十一月二十日	八三、一×三六、六	一、六	
第三區	金飾	二	四月八日	十一月二十日	三三、九×三四、五	一、八	
	印度	二	四月六日	十一月二十日	三一×四七、八	三、二	

2.桑生育調查(四月十四日定植)

區別品種	樹齡	生育概要成長量 放葉	落葉	葉樹冠	樹幹	備考
上海水桑	三	四月十八日	十一月十日	六五、八×一七三、七	二、七	以上賞五十株平均數
玉露桑	三	四月二十日	十一月八日	一〇三、八×一八六、六	二、九	以上共十五株平均數

3.固有品種標本園生育調查(四月十四日定植)

區別	品種	樹齡	生育概要成長量 放葉	落葉	葉樹冠	樹幹	備考
桑	鷄桑	二	四月二十日	十一月五日	四八、五×三七、七	一、五	
	京白桑	二	四月二十二日	十一月一日	四七×三三、五	一、四	

檎	尖把梨	二	四月十八日	十一月五日	三一、五×一五、五	一、五
	肥城檎	二	四月十八日	十一月十日	一一五×一四一	二、七
	紅[illegible]實檎	二	四月十六日	十一月十一日	一三五×一四三	三
	白[illegible]實檎	二	四月十八日	十一月[illegible]日	六三×一三五	二、一
	大葉白檎	二	四月十八日	十一月十二日	一一九×二一八	三、三
	青州水蜜	二	四月十七日	十一月十三日	一三一×一一六	二、六
杏	水晶杏	二	四月十八日	十一月一日	九三、五×九四	二、一
	黃姑	二	四月二十日	十一月五日	一〇七×一〇〇	二、二
李	鶴蛋李	二	四月二十八日	十月二十日	八二×五七、五	一、六

第三　蔬菜

(一)普通栽培

本年度之蔬菜仍以經濟栽培為目的除期其增產外尤注意品質之優劣藉以選拔並作來年試驗之參考至於栽培用品種係由國外輸入及本地徵集者為數甚夥茲將本年露地栽培概況及露地用品種一覽表分錄於後

(甲)本年露地栽培概況

農業試驗場	播種期	移植期	定植期	株行距	面積	產量	每畝產量	收穫日期	備考
各	六月五日播	播四月五日	一月十五日	二、五尺、一、五尺	試千	斤一千五百	斤四百四十	十七日五月	
日	[illegible]月五日播	播五月四日	二月五日	一、[illegible]尺、一、五尺	試千	斤一千五百	斤二十 五十	二十七日月	
各	[illegible]月五日播	播四月十日	八月十五日	寸八、寸六	分	斤一千三百	斤 [illegible] 十 一百	二十六日月	
总	[illegible]月五日播	播四月八日	四月十五日	尺二、尺一	試	斤一千五百	斤 [illegible] 十 一百	七月二日	
纲	[illegible] 五播	播[illegible]十日	二月廿四日	尺二、尺一	試	斤一千五百	斤一千七百 八十	七月六日	
南	[illegible]月[illegible]日播	播		尺四、尺二	試	斤一千 六十	斤一千五百 五十	二十七日月	
各	[illegible]月[illegible]日播	播		二、五尺二、尺二	試	斤一千二百 六十	斤二千 四十 四十	十二十日月	秋季栽培
自	全十八日月播	播		二、五尺二、五尺四	試二	斤一千八十	斤一千七百 一十 一百	十四十日月	
自計	[illegible]九日播	播	二十一年十一月七日四日（改播）	尺四、尺二	試七分	斤一千八百	斤一千二百 五十	二十四十日月	
零	[illegible]九日月播	（高）播		二、五尺、一、五尺八	分	斤七百五十 六十	斤四百 四十 五十	七月十日	

備考
株行六月廿日發芽 [illegible] 一尺八寸五分 斤七百二十四十斤 斤一千五百十五斤五十斤 十一月十五日
株行五月七日發(芽) 十四日 十五日 [illegible] 二、五尺一、五尺一 斤一千五百六十斤 斤一千七百四十斤五十斤 十七月六日

(乙)本年試驗用品種一覽表

種類	品種名	來源	備考
蘿蔔	北京心裏美	北京	青皮紅肉宜生食
	北京象牙白	北京	潔白色
	北京紫芽青	北京	紅芽青皮青肉
	北京汴蘿蔔	北京	皮紫紅肉有紫紅暈
	北京紅蘿蔔	北京	皮紅肉白
	日本練馬大根	坂田商會	皮薄色白
	日本美濃早生大根	坂田商會	白色
	日本聖護院大根	坂田商會	上青下白肉白色
	日本時無大根	坂田商會	純白色

	日本太宮亶大根	坂田商會	地上部淡綠地下部白色
	日本丸尻宮亶大根	坂田商會	上青下白肉色白
胡蘿蔔	瀧ノ川人參	坂田商會	
	五寸人參	坂田商會	
	林紅人參	坂田商會	
石刁柏	Mary Washington	青島果產公司	
甘藍	晚生大球甘藍	坂田商會	結球堅實
	Succession	坂田商會	
	坂田甘藍	坂田商會	
	名譽甘藍	坂田商會	
	成功大球甘藍	坂田商會	
	極早熟甘藍	坂田商會	
	種蓮甘藍	坂田商會	

作物	品種	來源	備考
	丸型早生甘藍	坂田商會	
	縮水甘藍	坂田商會	
萵苣	日本結球萵苣	坂田商會	葉嫩味美
	美國結球萵苣	坂田商會	
	北京萵苣	北京	
白菜	北京白口白菜	北京	爲北京在來品種於本場今年栽培品種中尙無出其右者
	山東結球白菜	山東	
	包頭蓮白菜	坂田商會	
	燕白菜	坂田商會	
	芝罘白菜	山東	
胡瓜	北京早生胡瓜	北京	爲北京在來種豐收
	北京晚生胡瓜	北京	
茄子	北京五葉茄	北京	

	北京六葉茄	北京	
	北京七葉茄	北京	
	北京八葉茄	北京	
	北京九葉茄	北京	
	山東長白茄	山東	
	日本極早生蔓細子皮茄	坂田商會	早熟肉適北京風土
	日本中生東京山茄子	坂田商會	早熟
番茄	Pritchard	青島錦寶肥料公司	品質佳良豐收爲有望之品種
	坂田改良桃色	坂田商會	
	世界一	坂田商會	
	Golden Queen	坂田商會	
	Bonny Best	坂田商會	
	坂田巨大	坂田商會	
	American Beauty	坂田商會	

種類	品種	來源
	改良 Earliana	坂田商會
	Break O'day	坂田商會
	Marglobe	坂田商會
	June Pink	坂田商會
	Ponderosa	坂田商會
	坂田赤丸	坂田商會
番椒	美國甜柿椒	北京
	北京小青椒	北京
	牛角椒	北京
菜豆	美國長菜豆	坂田商會
	美國晚蔓菜豆	坂田商會
	日本尺五菜豆	坂田商會
	日本典農菜豆	坂田商會
	俄國紅花菜豆	坂田商會

北京長柴豆	北京
北京青扁豆	北京
廣東龍芽柴豆	北京
南瓜 撿次上等圓南瓜	北京
撿次上等長南瓜	北京
Custard 南瓜	坂田商會
極早生富津黑皮南瓜	坂田商會

(二)促成栽培

本年度促成栽培僅胡瓜及柴豆二種此二者均屬冬季珍貴之蔬菜京郊豐台一帶農民久有栽培極負盛名本場本年亦自建土溫室試植以研究之茲將本年栽培經過情形略述於下

(甲)胡瓜之促成栽培

1.培養土之調製——以人糞乾七份馬糞三份混合作勻打碎後加水少許攪拌之使水濕均勻而後裝入大瓦盆內上覆同等大之瓦盆盆口以泥土密封置於火炕上使其醱酵經十二日許即已腐熟於播種前以此腐熟物三份再與砂質壤土七份充

分混合以篩篩過其法淬即成培養土可供播種之用

2.供試用品種——北京大刺瓜長約一尺許色深綠表面多隆起有白色刺頭成熟早品質極上產量爲北京固有之優良品種

3.浸種——以溫水浸種將其下沉之飽滿者置於淺盤內以濕布包覆之置溫暖處促其發芽經四日即可播種

4.育苗——育苗用之淺瓦盆口徑一、二尺高四寸盆底之三排水孔以瓦片蓋之盛入培養土約距盆沿半寸許先分灑水然後取已發芽之種子幼芽向下每隔二寸播種二粒以細土覆之約厚三分許將盆置於向陽處經四日即可出土

5.移植——移植盆俗稱筒子盆口徑四寸高四寸底之小孔先以瓦片塞之然後盛入培養土半盆幼苗生有本葉一二枚時爲移植之適期移植時將幼苗小心取出勿使根旁之土脫落乃置於盆之中央每盆二株苗之周圍以土填之植畢即沿盆邊灑水少許待本葉生長三枚時即行二次移植

6.定植——本葉四五枚時即行定植定植盆俗名二缸子口徑九寸高八寸於盆底墊一層馬糞以作基肥再盛入培養土然後將苗移入苗之周圍填以糞土並灑水少許

7.管理

(A)插架及摘心——幼苗定植後以細葦桿插架每盆二根距離約五寸下部插於盆內上端紮於房頂樑上並綁橫杆二道以免動搖將瓜蔓縛於架上使其攀援而上生長至達架之頂端即行摘心抑制其生長俾發分蔓供結瓜部分之用

(B.)溫濕度之調節——胡瓜於生育期間若室內空氣過於乾燥或過於潮濕皆有礙其生長並易生病害故日夜注意溫濕

度之調節木場土溫室溫度平均爲七十五度左右濕度爲七十度左右

(C)調節啟閉時間——當前每晚於五時許必覆蓋蒲蓆以禦寒氣翌日早九時許即行打開使受日照如遇雪雨寒冷之日亦酌行啟閉以便調節室內氣溫

8.補肥——馬糞浸於水中使其發酵腐熟後施用之於生育中共施補肥三四次

9.病蟲害——栽培期間室內溫濕度調節適當故無病蟲害發生

10收穫——於二月五日開始採收至三月二十六日採收終了

(乙)菜豆之促成栽培

1.培養土——與胡瓜培養土相同

2.促成用品種——北京菜豆豐產一號促成栽培多用本種成熟甚早豐產性莢長三寸許品質上等纖維少產量豐富

3.種子之預備——選取飽滿之種子浸於溫水中經三日可發芽而播種

4.播種——菜豆係直播於二行盆內距離爲三寸每穴下種一粒覆土三分許待本葉二三枚時即行疏拔一次

5.管理——幼苗在生長期中灌水中耕施補肥特視溫濕度之高低酌行之於盆內設立蘆稈數根作支柱以免倒伏蔓長高於盆架時即行摘心使節制養分俾充實莢果

6.病蟲害——於十二月九日發現白粉病除將被害株拔去燒燬外並撒布四斗式等量石灰波耳多液二次蟲害尚未發生

7.收穫——於二月十日開始採收至三月九日採收終了

(三)試驗及調查

(甲)蕃茄品種特性調查

1.目的——蕃茄俗名西紅柿自歐西輸入我國栽培歷史為期尚淺唯其果實獨具風味尤富營養故已頗為一般人士所嗜愛今後需要日增用途日廣必為主要蔬菜之一然其品種甚多在本地風土之下究竟何者品質優良產量豐富堪予推廣栽培此乃急待研究者故本場特自日本購入十五品種本年度先作此蕃茄品種特性調查工作對各品種之生育習性詳細觀查以為將來作品種比較試驗之準備

2.供試品種——世界一、改良 Earliana, American Beauty 坂田巨大，Bonny Best 坂田改良桃色，Golden Queen, June Pink, Marglobe Tomato, Break O'day, Pritchard, Ponderosa, Sutton's Best of all, セルフプルーニング，ウインズオールドトガース，坂田赤丸、

3.栽培及管理方法

(A)育苗——三月九日於苗床播種播種前先於苗床內須多灌水使得充分浸潤待床面水涸後即行播種播後撒草木灰一薄層上覆肥土厚二分蓋防表土凝固有害發芽也

(B)間拔及移植——播種後十一日許即開始發芽此時將所覆之蓆除去使受陽光待幼苗生育佳良並注意其灌水病蟲害等工作過密之苗酌為間拔使保持適當距離幼苗生長至本葉二枚時行第一次移植距離為行株距各三寸待至幼苗發生本葉四五枚時即行第二次移植距離為行株距各五寸待本葉生至七八枚時即行定植

(C)定植及距離——定植期爲五月十一日先將定植之各區整理完備然後由移植床掘起幼苗連同根土一併植入以兩手壓緊土泥使苗穩定其距離畦幅二尺五寸株距一尺五寸

(D)施肥灌水中耕

基肥——在整地時施入之每小區計施堆肥九〇斤草木灰七〇斤大豆餅五斤過燐酸石灰六斤

追肥——苗定植兩週後行第一次追肥以腐熟人糞尿與水對摻每小區計施三十斤隔二十餘日又施第二次追肥肥料量與第一次同

灌水——施肥後與天旱時勤加灌水夏季每日一次

中耕——於施肥灌水後行之雜草隨時除去

(E)整枝及支柱——整枝法用單幹式定植後並於株旁設支柱以誘引主枝伸長而防倒伏

(F)摘芽摘心摘果——主枝之各葉腋發生之側枝待稍長時全部摘除之待主枝生長至四尺許即行摘心使勿再行伸長待結果後將其劣者摘去以促果實健全發育而發揮其特具之品質

(G)病蟲害——於七月二十日發生黑斑病侵害葉部及果實除將病株拔去燒燬外並撒布四斗式波爾多液及硫化加里液二次

4.試區規劃——田間排列係用逢機區集法重複二次每區二行區集間各留走道一尺五寸以便觀察及記載爲便利起見以英文字母代表各品種之名稱

(A) Pritchard, (B)坂田改良桃色，(C)世界一，(D) Golden Queen, (E)Bonny Best, (F)坂田巨大 (G) American Beauty, (H)改良 Earliana, (I)ルトガース, (J)セルフプルーニング, (K) Break O'day, (L)ウインズオール, (M) Marglobe Tomato, (N) June Pink, (O)Ponderosa,

田間佈置圖

A	B	C	D	E	F	G	H	I
J	K	L	M	N	O	A	B	C
D	E	I	H	J	K	L	M	N
O	F	G	A	B	C	D	E	J
H	N	M	K	O	L	I	G	F

5. 調查事項

A. 果實之調査 (1) 各品種之果實皆具其固有之特徵故於果實成熟時每一品種取果實十枚調其果形果色品質及不均重量以別其優劣

果實調査表

品種名	一果平均量 (grs)	果形	大小	裂發	果皮色	果肉色	品質	備考
幸平一	350	扁圓	中	無	桃色	鮮紅色	上	
改良 Earliana	150	扁圓	中	無	紅色	深紅色	上	
American Beauty	168	扁圓	大	無	桃紅	桃紅色	中下	
坂田巨大	300	扁圓不正	中下	無	桃紅	深桃紅色	中上	
Bonny Best.	325	圓	中	無	紅	淡紅色	中	
坂田改良桃色	262	扁	中	無	桃色	桃紅色	中上	
Golen Queen	338	扁圓	中大	無	紅黃色	黃	上	
June Pink	325	扁圓	中	微有	桃色	淡桃紅色	中	
Marglobe Tomato	342	扁圓	中	無	淡紅	紅色	上	
Break O'day	225	正圓	中	無	鮮紅	珠紅色	中上	
Pritchard	231	正圓	中	無	朱赤	鮮紅色	稍上	
Ponderosa	303	扁圓不正	大	多	粉紅	珠紅色	中下	

センシェーション グ	216	扁圓	中大	無	粉色淡紅色	中
ウインソメオーレ	358	扁圓不正	大	多	粉紅橙紅色	中
メナボーム	218	扁圓	中大	無	紅黃淡紅黃色	中

（B）生育調查——各品種之發芽期開花期及收穫期等均先早不同而枝幹高度樹性等亦各異均有調查之必要茲將各品種之生育狀況列表於下

生育觀察記載表（十株不均數）

品種名	播種期	發芽期	開花期	結實期	收穫期	枝幹高度	樹性	備考
壽第一	三月九日	三月十八日	六月一日	六月六日	七月十四日	154cm	弱	
改良 Earliana	三月九日	三月十三日	五月廿三日	六月二日	七月十日	132	強	
American Beauty	三月九日	三月十五日	五月二十五日	五月三十一日	七月十三日	145	強	
坂田巨大	三月九日	三月二十一日	六月四日	六月十三日	七月二十三日	165	強	
Bonny Best	三月九日	三月十四日	五月二十八日	六月二日	七月十三日	135	強	
坂田改良桃色	三月九日	三月十九日	六月二日	六月七日	七月十五日	148	弱	

Golden Queen	三月九日	三月十三日	五月二十七日	五月三十一日	七月十三日	169	強
June Pink	三月九日	三月十五日	五月二十九日	六月三日	七月十二日	128	弱
Margobe Tomato	三月九日	三月二十日	六月二日	六月六日	七月十五日	171	強
Break O'day	三月九日	三月十三日	五月二十八日	六月二日	七月十日	147	稍強
Pritchard	三月九日	三月十四日	五月二十八日	六月一日	七月十二日	151	稍強
Ponderosa	三月九日	三月二十日	六月三日	六月八日	七月十九日	176	強
ボネーブノボーウシグ	三月九日	三月十九日	六月二日	六月八日	七月十八日	105	弱
ウイシスボーホ	三月九日	三月二十三日	六月七日	六月十三日	七月二十四日	157	強
ボキボジス	三月九日	三月十八日	六月一日	六月七日	七月十七日	115	稍強

(C)產量——將各品種三小區之產量統計後再合成每畝之產量

產量統計表

品種名	三小區產量	每畝產量(單位市斤)	備考
辛辣	二二七.四	三六二三.八	

改良 Earliana	二五八、一	四三〇三、〇
American Beauty	一九七、六	三二九三、八
坂田巨大	一八九、三	三一五三、五
Bonny Best	二四二、三	四〇三七、一
坂田。改良桃色	一八四、五	三〇七六、三
Golen Queen	二〇一、四	三四五七、一
June Pink	一八七、七	三一二九、八
Marglobe Tomato	二六一、七	四三六二、三 最多
Break O'day	二五〇、八	四一八〇、〇
Pritchard	二三〇、一	三八三五、六
Ponderosa	一七二、七	二八七八、六五
セツフツアルーキング	二一一、七四	三五二四、五
ツインズオール	二五四、四	四二四一、五

トマトソース	一九七、八	三三九七、三	

6.結論——本試驗之結果品質方面以 Pritchard 改良 Earliana 世界一、Marglobe Tomato, Golden Queen, 爲最優良其他各品種雖有差異但不顯著產量方面以 Marglobe Tomato 改良 Earliana ウインズオール、Break O'day Bonny Best, 爲最優 Pritchard 世界一、セルフプルーニング Golden Queen 次之其他六種又次之總之據本年調查之結果以改良 Earliana, Marglobe Tomato 兩品種爲最優良其他各品種間之差異則不甚顯著僅以上乃第一年調查之結果尚難即行評定優劣尤有待此後繼續以確定也

(乙)蔬菜條播與撒播之比較試驗

1. 緒言

蔬菜之播種法常因栽培地之風土及蔬菜之生長習性播種之時期地點及耕作法等而有變更

華北一帶栽培蔬菜(只限於直播者)多喜用撒播法播種如在日本蘿蔔白菜菠菜茴香茼蒿及胡蘿蔔等常用條播而此等蔬菜在華北栽培時則用撒播者多究其某種播法爲有利則從無試驗之證明故本試驗爲解決此問題而開始也

2. 材料及方法

供試蔬菜計有大倭菠菜赤峰蘿蔔鐵把蘿蔔廿日蘿蔔 Scarlet globe 蘿蔔時無蘿蔔香河白菜茴蒿及茴香等九種播種前先選種調查各種子之特性

栽培面積以畦畔草依畦之排列方法務使平均除播種法不同外其他栽培法若施肥量灌水量覆土深度株距地勢地質等務使一致不受任何影響

播種法分撒播及條播二種條播者因行距不同又分五寸條播及八寸條播二種故本試驗共計區分三種播種法各種蔬菜每種播種法至少重複三次多則重複十八次者亦有以下所列之成績乃其平均數之比率也

3. 試驗結果之考察

(A)播種量

據試驗之結果撒播之播種量較條播者多而條播中凡行距愈近者其播種量愈多茲爲便利比較起見假使撒播者之播種量爲一〇〇則其與條播者之比較列爲第一表

第一表　條播與撒播播種量之比較表
(假定撒播者爲100)

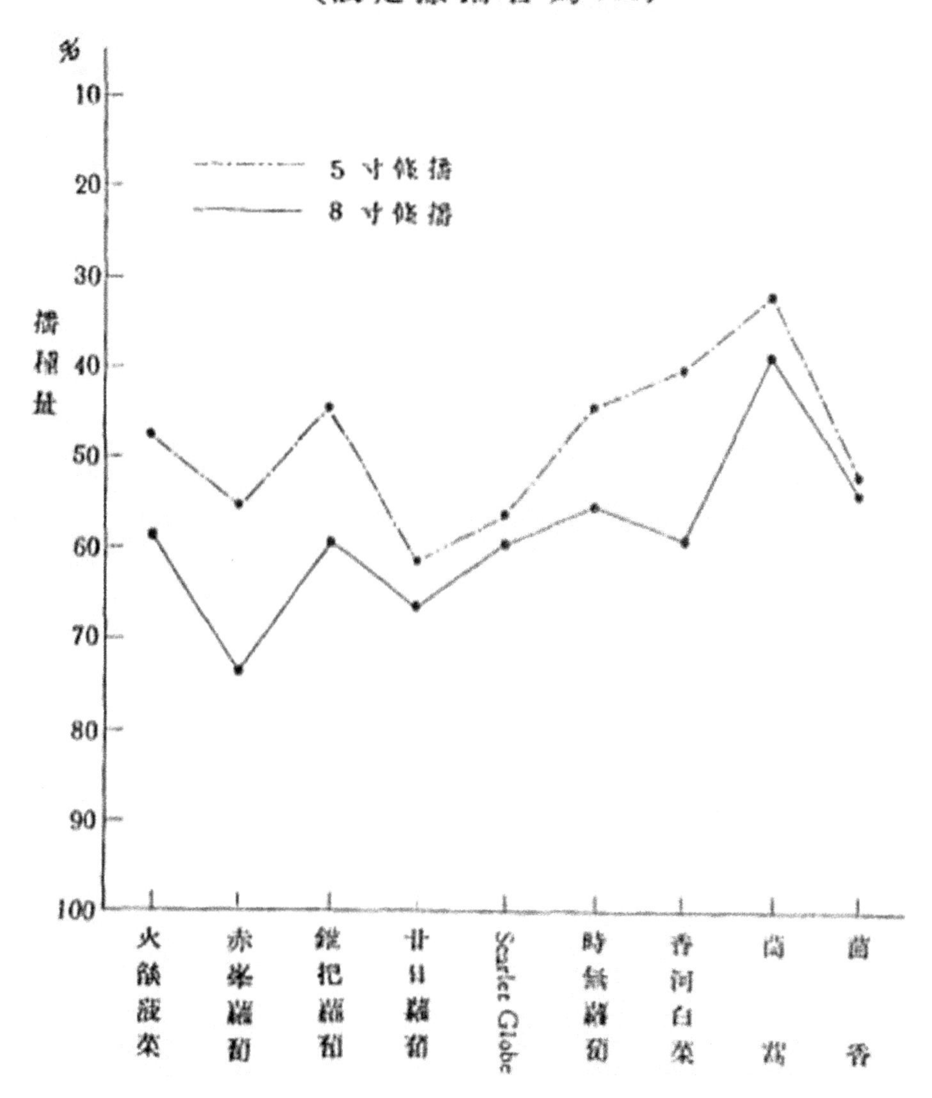

試觀上表雖由其菜種類不同其相差之程度亦異大概言之撒播者之播種量較條播多一倍有奇

(B)發芽率

發芽率受外界之影響其結果常不一致據試驗之結果開列如下

種類	撒播	一八寸條播	五寸條播
火焰菜	三七、六六	四七、〇四	四五、〇九
赤米蘿蔔	二二、九五	二六、八二	二四、三九
鐵杷蘿蔔	三三、三九	二五、五〇	二一、三五
廿日蘿蔔	三〇、八三	三五、六八	四二、五九
Scarlet globe	二六、四二	三七、九八	四二、九六
時菘蘿蔔	二五、四四	二六、六七	二五、二六
香河白菜	一九、七四	三五、四七	三〇、四六
萵苣	二二、五五	二三、四〇	二〇、九三
茴香	一三、四八	三〇、五九	二四、二二

發芽率除與播種法及菜蔬之種類有關係外常因覆土深淺鎮壓之程度灌水之適否及氣候之乾濕等而有變更然條上

表所述除鐵把蘿蔔及茴香外條播者較比撒播之發芽率高，而火焰菠菜赤茎蘿蔔時鋪蘿蔔香河白菜及茴香等其八寸條播者之發芽率較五寸條播者尚多，廿日蘿蔔及 Scarlet globe 蘿蔔則適與此相反

（C）幼苗數

幼苗數除與發芽率有關係外與播種量之多寡適成正比，茲將其比較開列如下

第二表　條播與撒播每畝幼苗數之比較表（六區之平均值）

種類	撒播	八寸條播	五寸條播
火焰菠菜	一七六、二八九株	九九、三五五株	一一六、八七八株
赤茎蘿蔔	一〇五、三六七	五六、三六四	六一、六四二
鐵把蘿蔔	一二七、八六七	四五、六五〇	五一、六四二
廿日蘿蔔	一三三、八六七	九七、〇三四	一二一、七六七
Scarlet globe	九八、四三三	七八、六六七	九四、五〇〇
時鋪蘿蔔	九二、三六七	七〇、八〇〇	八三、二〇〇
香河白菜	二六五、二五〇	一五〇、四〇〇	一八六、四〇〇
茴香	三三六、〇一七	一二六、五八四	一六三、六八三

410

茴香	二二四、六六七	一四〇、二一〇	一三三、三三三

上表除茴香外（因茴香八寸條播之發芽率多故其幼苗數多）其餘各種之幼苗數與播種量成正比

（D）間苗株數及重量

間苗後所殘餘之株數撒播者較條播者爲多如發芽率相等時撒播之間苗率較條播者爲多如發芽率不等時則發芽率高者其間苗率高概言之撒播者較條播之間苗率多至於間苗之重量與間苗數成正比茲將其比較表列下（假定撒播者之間苗數及間苗重量爲一〇〇其與條播者之比例列入三四二表）

三十年度工作紀錄

第三表　條播與撒播間苗株數之比較表

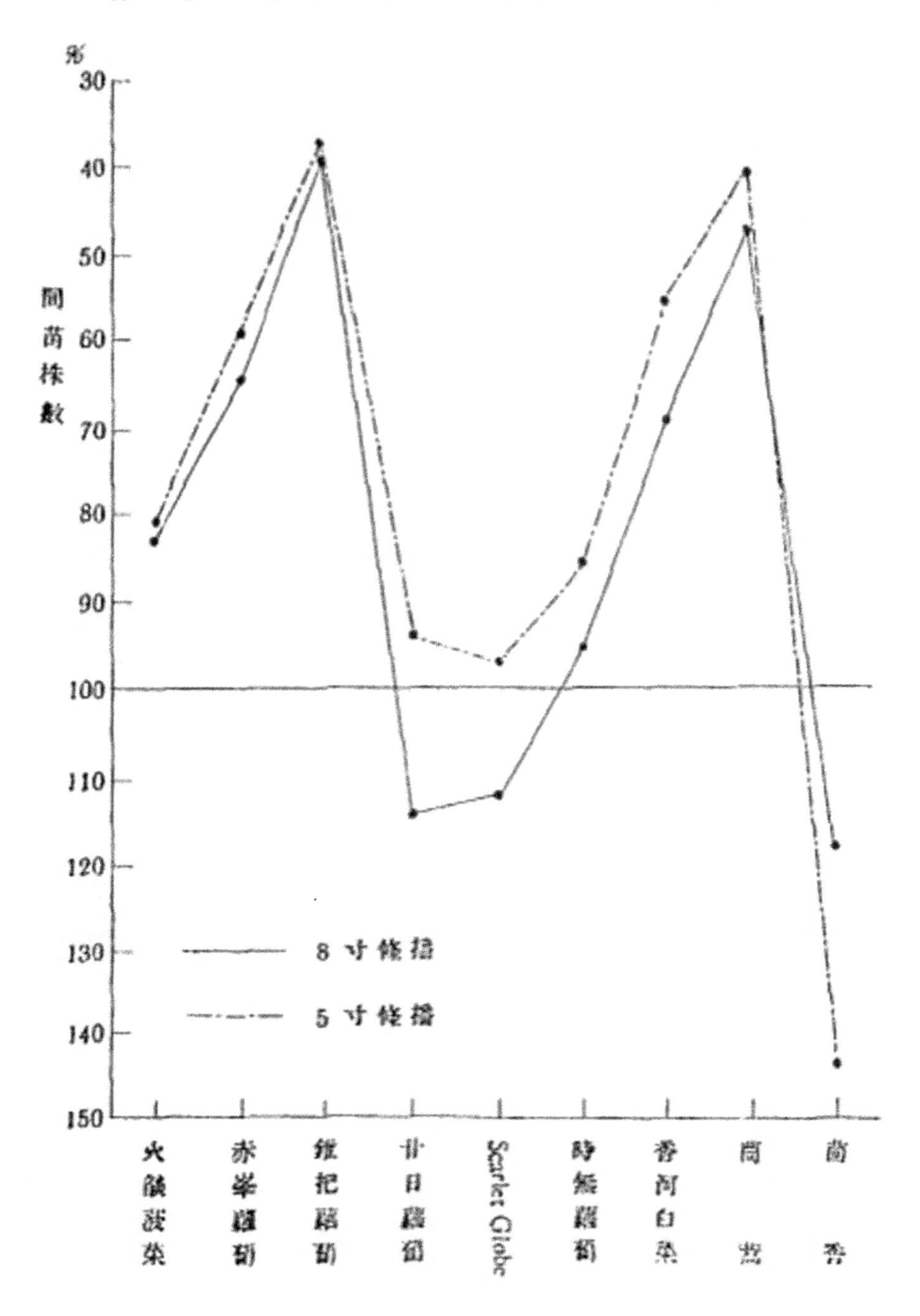

第四表　條播與撒播間苗全重之比較表

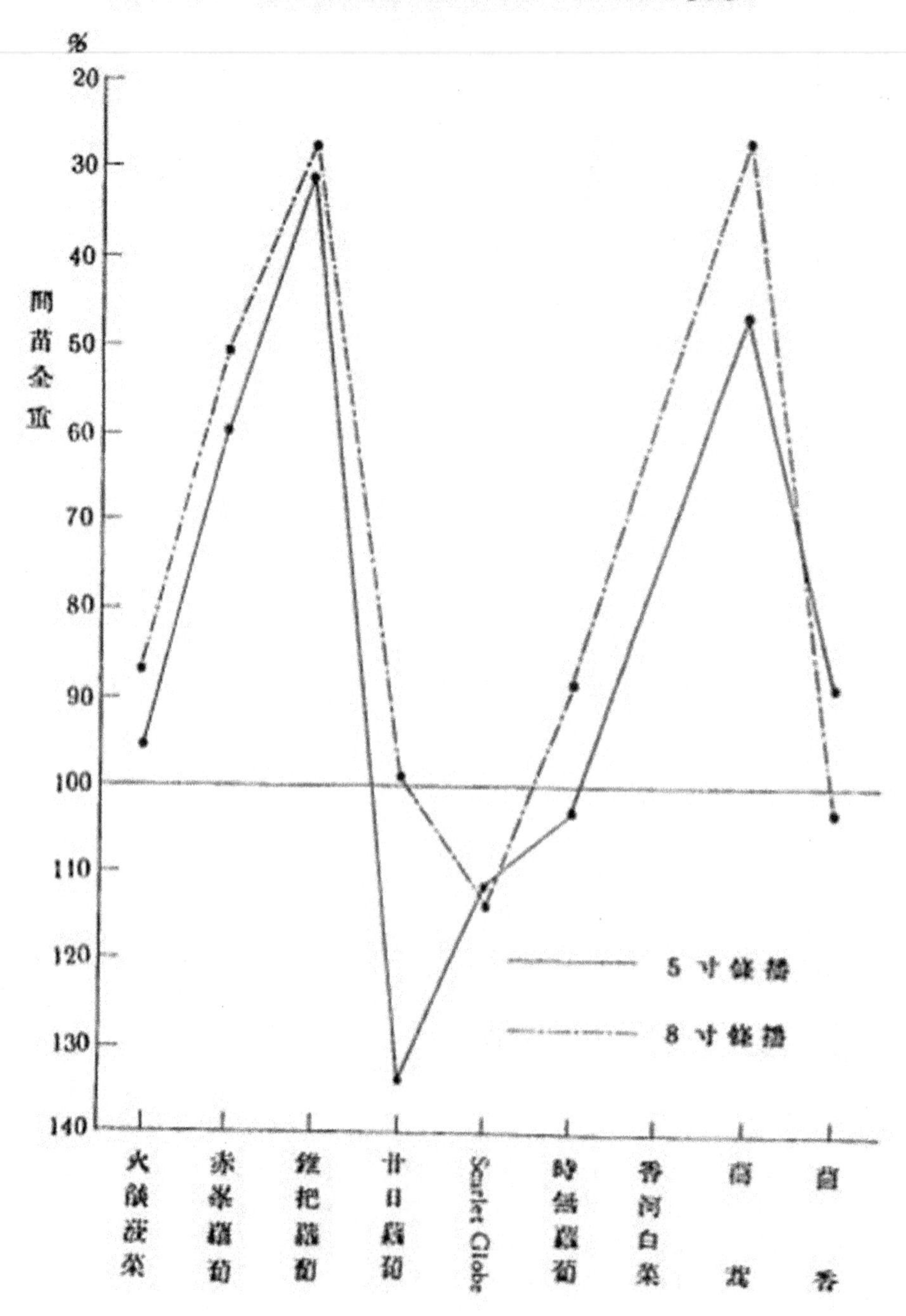

上列二表所列廿日蘿蔔 Scarlet globe 蘿蔔及茴香三種蔬菜之間苗株數及全量條播者較撒播者多此等概因條播者之發芽率較高反之如錢把蘿蔔及茼蒿等之撒播之發芽率較條播者高者其條播者之間苗重及株數均較低也

間苗數量多者則土壤被吸收之養分多其損失亦較多也

（E）收穫株數及重量

撒播者間苗後所留之苗較多（撒播與條播之株距雖完全相同而撒播者各株散在不若條播者須成一直線故在同一單位面積內撒播者之苗較條播者多也）故收穫株數較多收穫之重量與收穫株數成正比故撒播者亦較條播者多

數假定撒播者之收穫株重及重量為一〇〇其與條播者之比較則列如下表

第五表　條播與撒播收穫株數比較表

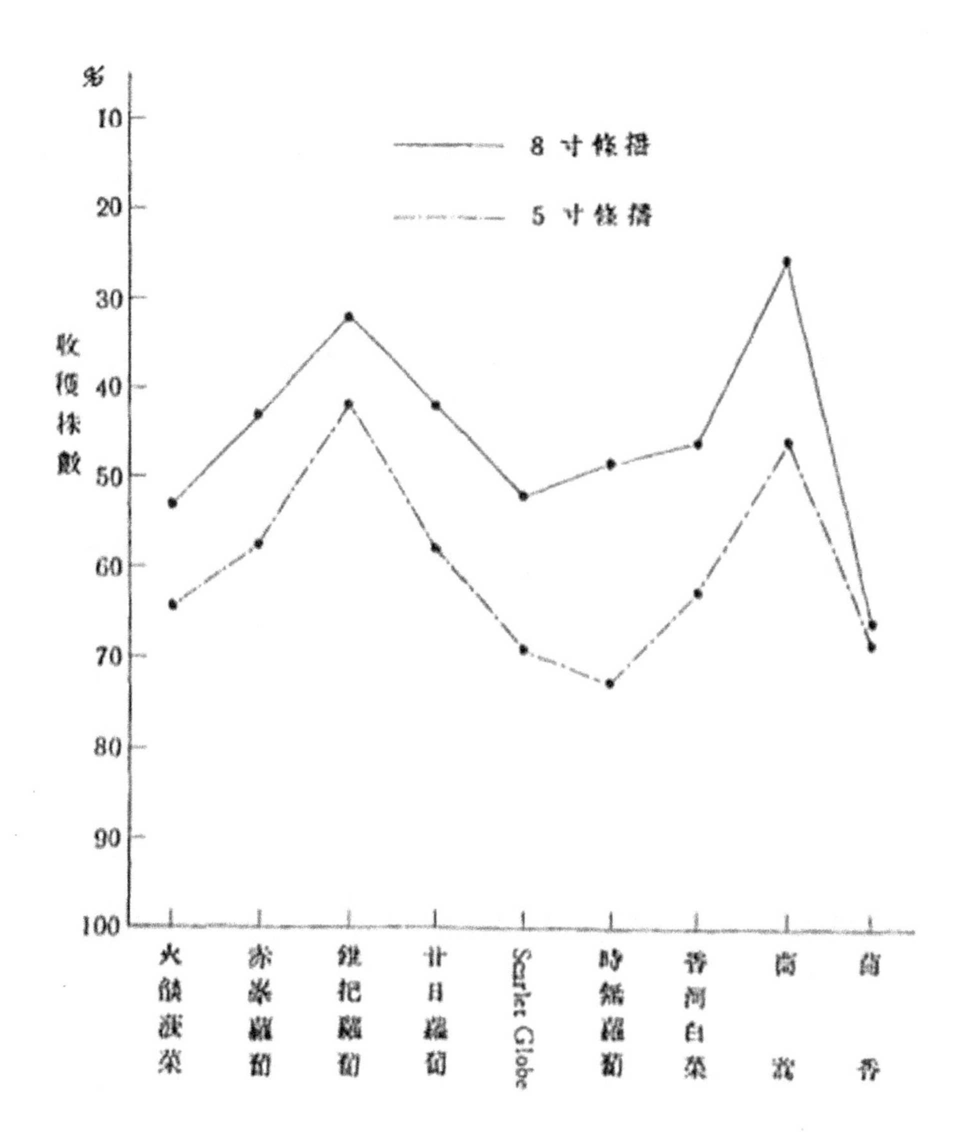

第六表　條播與撒播之收穫重量比較表

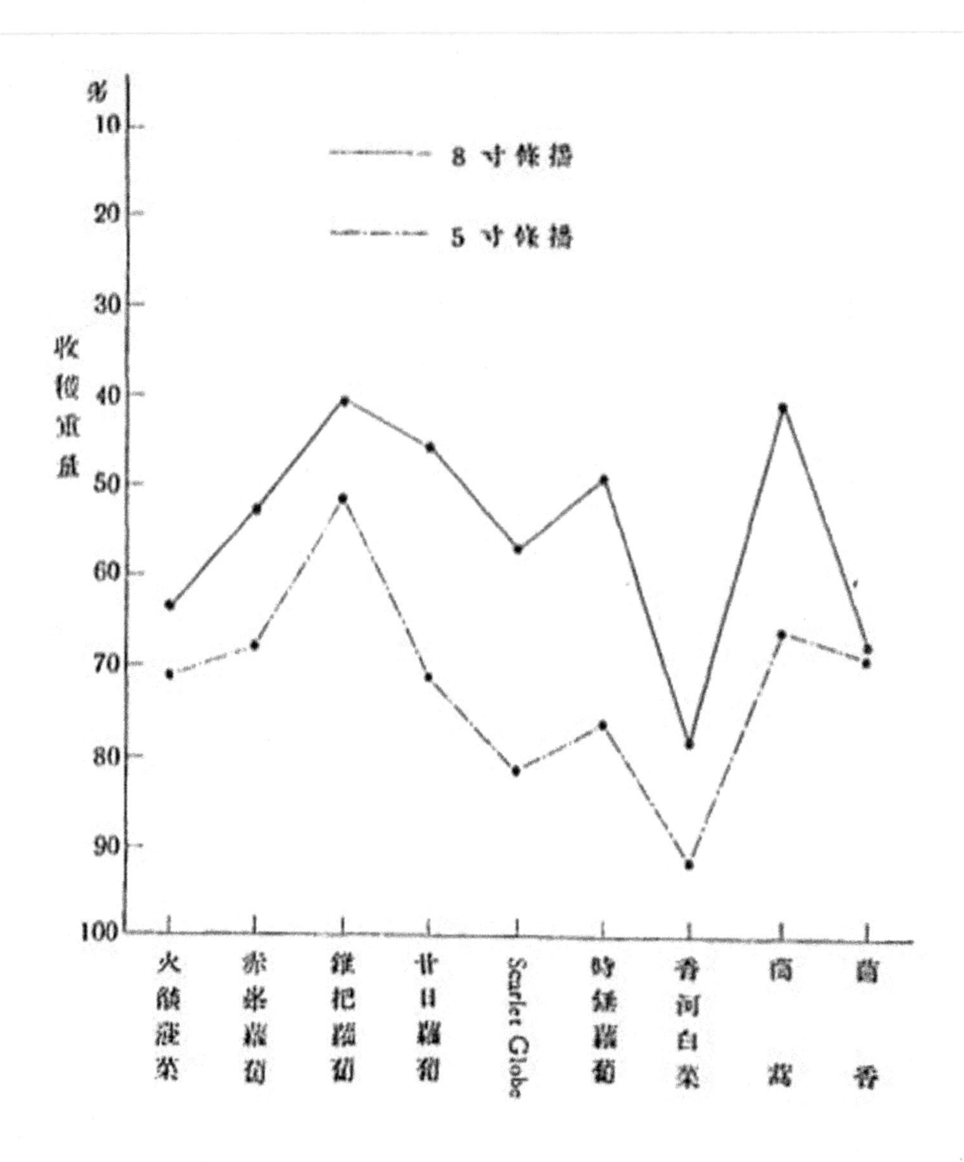

試觀上列二表收穫之株數及重量雖依蔬菜之種類不同其差別各不一致吾人栽培蔬菜並不以收穫株數爲目的乃以收穫重量爲最後目的譬例如五寸條播之雞把蘿蔔之收穫株數比例爲四一、六七待其收穫重量比例爲五一、二〇換言之即條播者之收量爲撒播者之一半此類蔬菜不宜用條播因其不但收穫株數少而重量亦少反之如香河白菜之五寸條播之收穫株數比例爲六三、二八而收穫重量比例却爲九一、五二故白菜之收穫株數雖少而重量相差不多因此一株重量增多故白菜不宜用撒播也其餘之蔬菜以此類推

（下）一株之重量及一株所佔之面積

收穫之數量據上邊之結果撒播者雖多而一株之重量撒播者却較條播者爲少此係因撒播者一株所佔面積較小故耳茲假定撒播者爲一〇〇其與條播者之關係如下

第七表　條播與撒播一株重量比較表

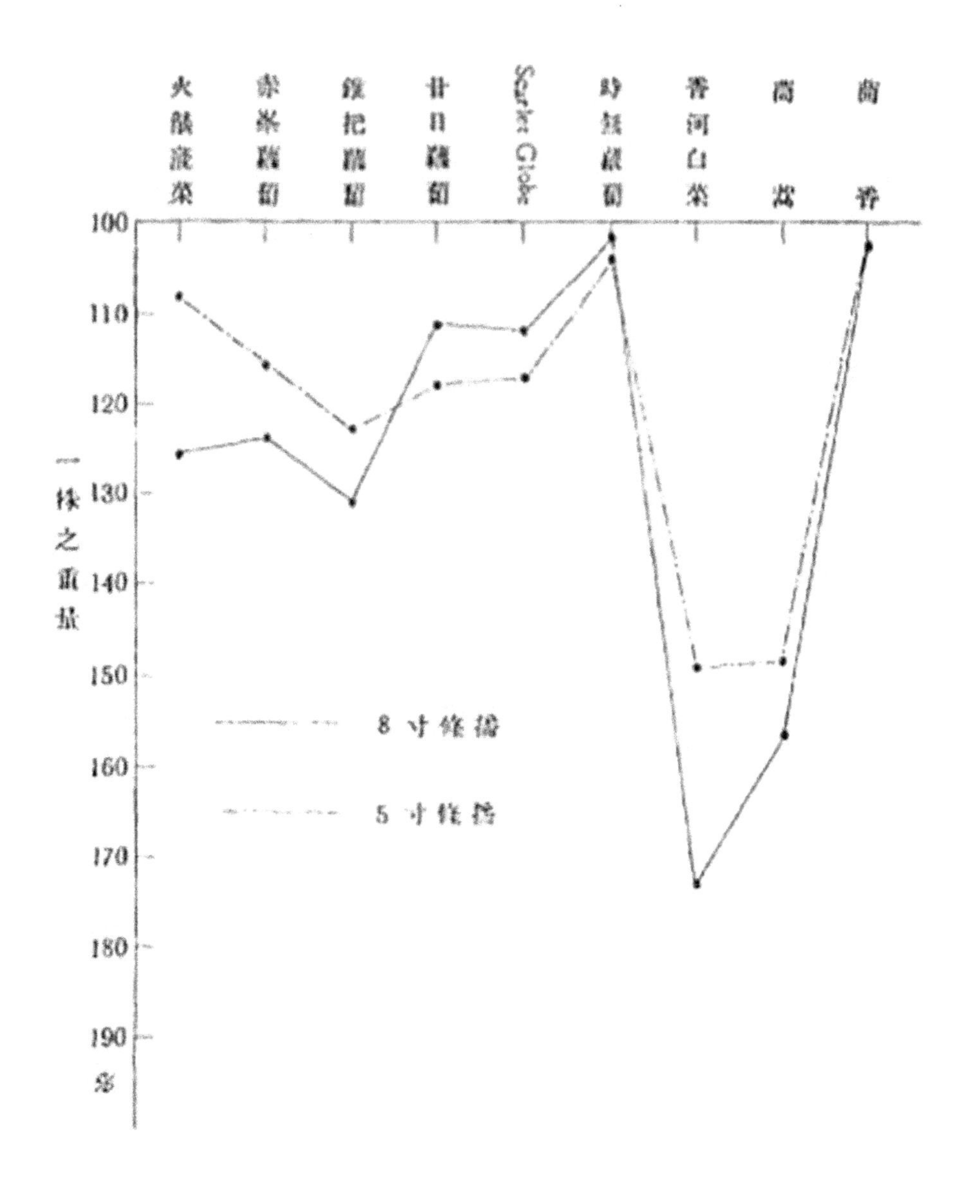

第八表　條播與撒播一株所佔面積比較表

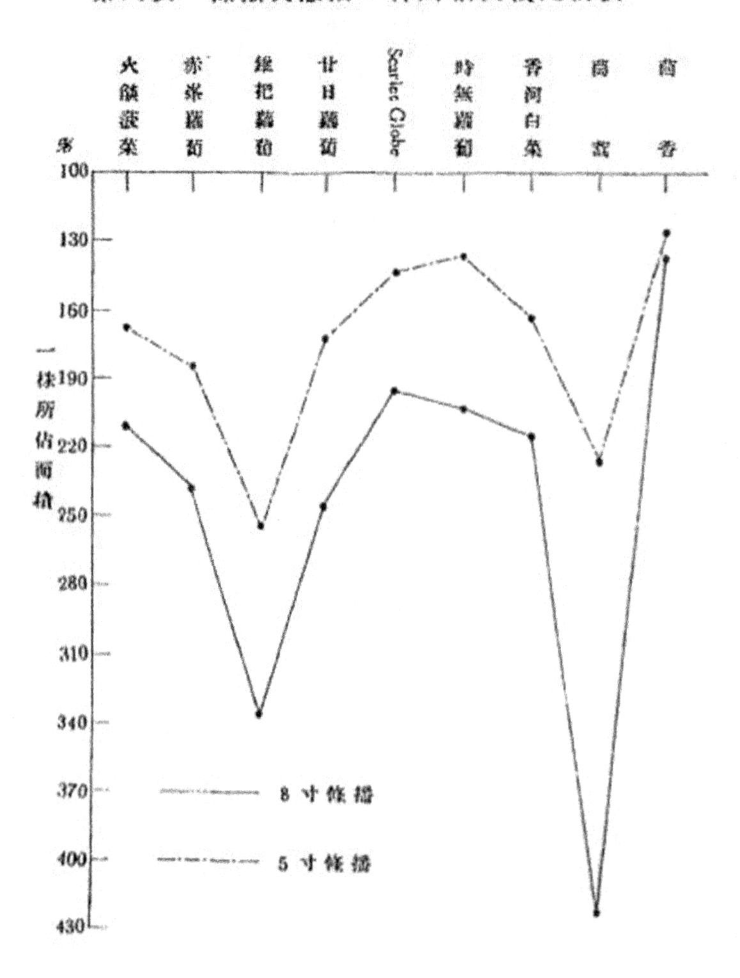

上表雖一株之重量與一株所佔之面積互成正比然蔬菜之生長度（生長度係遺傳因子所決定者）有定故其關係各有不同如香河白菜之一株重量與一株所佔之面積之關係最大即一株所佔之面積愈大則一株之重量愈增而日本蘿蔔則其關係甚小其八寸條播之一株重量反較五寸條播者輕此係其生長度甚小八寸條播之一株面積雖增加而其為生長度所限對其重量并不能併增也

（G）其他

華北一帶螻蛄之害甚烈如為撒播則被害只限於局部如用條播則螻蛄能沿根之所在直線進行蝕害故條播者較撒播者被害劇也

蔬菜之品質受播種法之影響不甚劇一般以白菜條播者品質佳育蘿以撒播者品質佳

蘿蔔類之一株重量凡愈重者其地下部分愈發達

4. 結論

綜上結果凡以收量着眼之根菜類採用撒播者為宜如以一株重量及品質着眼者則以條播者為宜茲將供試蔬菜決定其播種法如下

a. 宜用撒播者——火燄菠菜萵苣赤米蘿蔔茯紀蘿蔔

b. 宜用五寸條播者——廿日蘿蔔 Scarlet globe 時無蘿蔔

c. 宜用條播者——香河白菜

d. 修撥指定用者——茴香

（丙）蔬菜主要病蟲害調查

本埠蔬菜之病蟲害本年發見者有多種其為害最著者病害有露菌病軟腐病苗腐病萎枯病等蟲害有猿葉蟲夜盜蟲蚜蟲菜潛蠅蟲等茲將主要病蟲害列表於下：

1. 蔬菜主要病害表

主要病名	病徵	被害蔬菜及部份	被害程度	備考
露菌病	葉裏生有白黴其次病葉漸次黃變而枯死	冬瓜白菜南瓜西瓜胡瓜甘藍等之葉部	白菜西瓜胡瓜較重餘均輕	
軟腐病	生於葉及葉柄者初為水浸狀後軟化腐敗生於根及塊根者根冠初汚白色其後由中心軟腐而成空洞	白菜葉及葉柄發生蘿蔔根及芹菜之葉柄甘藷之塊根	蘿蔔較重白菜次之甘藷芹菜較輕	
黑斑病	病斑淡褐色作同心圓紋周邊透明	白菜之葉部發生	重	
綿疫病	病斑初褐色圓形其後次第凹入而生白色之綿毛	茄之果實發生	重	
黑色炭疽病	病斑初呈水浸狀之小斑其後變褐色而凹入漸次擴大作同心圓紋斑上密生黑色小粒	番椒之果實發生	重	
萎枯病	病斑黃色或白色呈紡錘形其上密生黑色小粒	石刁柏莖部發生	輕	
捲葉病	葉沿主脈向裏捲縮葉表色澤濃淡不均而成柳葉狀其後黃枯	蕃茄葉部發生	輕	
瘡痂病	病斑初呈褐色之小斑漸次擴大中央凹入呈瘡痂狀	馬鈴薯塊莖發生	輕	

實腐病	病斑褐色或黑褐色圓形稍陷入周緣水浸狀作同心輪紋密生黑色小粒而軟腐	番茄之果實發生	重	
葉枯病	病斑暗褐色多角形其上密生暗褐色之小粒病葉遂乾燥枯死	萵苣葉部發生	輕	
角斑病	葉初黃褐色生多角形病斑後漸變黃初生黃褐色斑點界限不明	菜豆葉及莢發生	輕	
葉燒病	病斑初呈水浸狀擴大成褐色不正形周緣黃色質脆易破	菜豆葉發生	輕	

2. 蔬菜主要害蟲表

主要害蟲名	發生時期	被害蔬菜及部份	被害程度	備考
猿葉蟲	七—十月	食害白菜蘿蔔芥菜春不老雪裏蕻之葉部	重	以成蟲越冬
蚜蟲	五—十月	吸食甘藍白菜蘿蔔番茄西瓜等葉及嫩莖	輕	以卵越冬
紋白蝶	五—十月	幼蟲食害甘藍白菜蘿蔔之葉部	重	以蛹越冬
夜盜蟲	五月上旬及九月下旬	為害甘藍萵苣茄子菜豆白菜等之葉部	輕	以蛹越冬
黃條跳蟲	六、七、九月	為害蘿蔔甘藍白菜芥菜雪裏蕻之葉及根部	輕	以成蟲越冬
瓜守	四—五月	為害西瓜白菜蘿蔔胡瓜之葉部	輕	以成蟲越冬
螻蛄	四、五及十一月	為害西瓜南瓜等之幼根莖幼芽子葉等部	輕	以成蟲越冬

螻蛄	四月	爲害西瓜胡瓜蔥類之根	重	以幼蟲越冬
瓢蟲	五月	爲害馬鈴薯番茄茄子之葉部	輕	以成蟲越冬
菜潛蠅	四月	爲害甘藍蘿蔔之葉	輕	以蛹越冬
蕪菁蜂	六—九月	爲害蘿蔔白菜之葉部	輕	以幼蟲越冬

第三　花卉

本年度花卉方面按照本場三十年度工作計劃積極進行如繁殖試驗觀察諸項工作以外並有花卉名稱之釐訂對於本場現有花卉名稱逐得以調整茲將各項工作分述於下

(一)栽培及繁殖

栽培及繁殖二項爲本年度最主要之工作計栽培各種露地草花及球根花卉共十畝零五分各種盆栽花卉多達一萬三千餘盆繁殖一項則注重於草花之採種以供推廣之用本年中計採草花種子凡六十二種共三七·八九三公斤此外又繁殖宿根草花二六四五株木本花卉一三三二一株溫室花卉四三七九株茲分別列表於下

(甲)草花及球根花卉露地栽培面積表

種類	面積	備考
西洋草花	五·〇畝	共有一百六十餘種

大麗花	一·五	共有四十餘品種
唐菖蒲	一·〇	共有十餘品種
美人蕉	一·〇	共有十餘品種
晚香玉	一·五	共有二品種
鬱金香	〇·五	共有十餘品種（秋植）
總計	一〇·五	

（乙）盆栽花卉數量表

種類	數量（盆）	備考
各種草花	二〇〇〇	係春夏季所栽植者
木本花卉	三〇〇〇	
溫室植物	五六〇〇	
球根花卉	四八〇	夏季栽植之荷花睡蓮亦包括在內
菊花	二五〇〇	
總計	一三五八〇	

(丙)本年度木本花卉繁殖數量表

名稱	繁殖數量	名稱	繁殖數量
蘇鐵	一株	梅花	一〇〇株
龍柏	五〇	碧桃	五〇
翠柏	一〇	木香	二〇
劍花渠	三五	紫荊	一〇
天竺	一〇	象牙紅	一五
石榴	九五	迎春	二〇
月季	一一〇	夾竹桃	五〇
山桃	五〇〇	刺桂	一〇
木瓜	一〇	白夾竹桃	一二
紫丁香	六	七變花	一五〇
寶馨	三〇	緘爽	一五
正木	一〇	合計	一三三一

(丁)本年度溫室花卉繁殖數量表

名稱	繁殖數量	名稱	繁殖數量
橡皮樹	五〇株	一品紅	二〇〇株
條子花	五	鷄心草	五
花邊條子花	二	大花犀角	二
鳳尾蘭	一〇	牛角	五
金邊鳳尾蘭	四	燈籠海棠	三〇〇
假葉樹	五〇	仙人柱類	三〇
斑葉錦柔	五	仙人球類	五〇
時計草	一〇	仙人片類	五〇
金雞木	五	仙人爪類	二〇
萬營菊	二一〇	普通仙人掌	五〇
蝦衣花	五〇	銀星秋海棠	一三〇
楊葉秋海棠	四五	竹節蓼	九

品名	數量	品名	數量
蟆葉秋海棠	一五	君子蘭	二〇
竹節秋海棠	二五	龍舌蘭	一五
四季秋海棠	一七五	青龍舌蘭	七
天竺葵(洋錦葵)	三〇〇	一葉蘭	五〇
天竺葵(錦球葵)	三八	喉竹草	一〇
天竺葵(蝴蝶葵)	五二	天門冬	一二〇
香石竹	四〇	沿階草	三八
松葉菊	一二〇	蕨萊	五〇
小松葉菊	六〇	吊蘭	四〇
萱草	一七	米得拉斯	四五〇
錦繡竹草	八〇	西哨拉斯	八五
松穗草	二〇	各種稷草	八〇〇
美人蕉	七〇	麥冬	六〇
仙客來	二〇	吉祥草	二〇

名稱	繁殖數量	名稱	繁殖數量
白頭翁	二五	馬蹄蓮	一五〇
瓜葉菊	四五〇	合計	四三七九

(戊)本年度宿根草花繁殖數量表

名稱	繁殖數量	名稱	繁殖數量
菊花	二一〇〇株	金光菊	五〇株
白花除蟲菊	六〇	香華菜	六〇
德國菊	一二〇	蜀葵	二〇
虎耳草	二〇	玉簪	三〇
石竹	一五〇	紫玉簪	三五

(己)本年度露地草花採種數量

本年內共採草花種子凡六十餘種共七十五市斤爰即分別精選妥爲貯藏以備明春推廣之用

(註)詳細數量已列入推廣股報告內故從略

(三)增添花卉

本年度增添之花卉爲數不多茲將增添之種類列表如下

名稱	數量	來歷	名稱	數量	來歷
僊子花	六株	橫濱植木株式會社購入	白斑芋	二株	橫濱植木株式會社購入
斑葉錦染	一	,,	千年木	一六	,,
紋棕竹	二	,,	花葉橡皮樹	一	,,
白脊草	二	,,	印度菩提樹	二	,,
安斯留姆	四	,,	紅花銀樺	一	,,
蝦衣花	六	,,	花葉毯蘭	二	,,
三角花	五	,,	紅爪鳳梨	二	,,
斑葉葡萄	二	,,	三色紋葉蕉	二	,,
澤米木	四	,,	紅苞瓜谷花	二	,,
變葉木	六	,,	一品粉	二	,,
花葵草	二	,,	觀音竹	二	,,
紋葵草	二	,,	中國擬羽姿木	二	,,

斑葉鳳梨	一	,,	花旗	四	,,
斑葉露兜樹	一	,,	山茶	七	,,
果物時計草	一	,,	茶梅	三	,,
金縷木	二	,,	金邊瑞香	一	,,
臺天南星	一	,,	八重梔子	三	,,
紫萬年青	二	,,	紅碧桃	一	購自本埠
西洋杜鵑	九	,,	珠櫻草	二	,,
棕櫚竹	二	,,	繡球花	一	,,
古紅梅	二	購自本埠	麻葉繡球	二〇	青島農林事務所贈
花碧桃	一	,,	日本繡線菊	二〇	,,
紫紅洋蝴蝶	二	,,	笑靨花	一〇	,,
紅洋蝴蝶	二	,,	淡紅珊瑚花	一	,,
茉莉	一	,,	玻璃秋海棠	一	,,
冷杉	二	,,	仙人球	一	本埠李宅贈

萬年青	二	青島農林事務所附
銀邊萬年青	二	,,
紫萬年青	一	,,
月月紅	二	,,
鬱金香	八〇〇球	橫濱植木株式會社購入
美人蕉	三〇球	青島農林事務所附
月下香	二〇〇球	橫濱植木株式會社購入
晨潤花	二〇球	,,
唐菖蒲	二〇〇球	,,
大麗花	一〇〇球	,,
菊　芽	一六〇株	日本京都府立植物園贈
菊　芽	五〇芽	本地李宅附

(三)試驗工作

本年度之花卉試驗工作按照計劃實行惟因試驗材料不敷故內容略有變更計已得相當結果者有草花種子發芽率試驗及花卉扦插發根促進法試驗二種至於春播草花播種期試驗本年未能完成尚待今後繼續試驗之茲特上述兩試驗報告分錄於下

(甲)草花種子發芽率試驗

1. 試驗目的：明瞭採收已經一年二年及三年之草花種子之發芽率
2. 供試花卉：1.萬壽菊2.鳳仙花3.大波斯菊4.川穀5.雁來紅6.天人菊7.見月草8.風船葛9.紅黃草10大蔦蘿11小蔦蘿12草茉莉13花向日葵14桔梗菊15鷄冠16牽牛花17翠菊18罌粟19三色堇20掃帚草21矢車菊22觀叶莧(

以上均三年完全者）23紅蓼24美人蕉25桔梗26松叶牡丹27老槍穀28波斯菊29五色椒30金銀茄31蜀葵32金鷄草33江南豆34花菱草35福祿考36虞美人37金魚草38小蜀葵39鳳眼豆40石竹41金盞（以上只有二年者）42金蓮花43百日草44鳳蝶草45藿香薊46七里黄47含羞草48紫露草49除蟲菊50香茉茶（以上只有一年之種子）

3. 供試花卉種子共五十種每種各一〇〇粒用穀及金蓮花祇四〇粒

試驗日期：試驗日期共分六次播種

七月十一日

七月十六日

七月二十五日

八月七日

八月二十一日

九月五日

種子置發芽箱內計十五日發芽日數需稍多之種子置發芽箱內二十日

4. 試驗期內溫濕度之記載：溫度用攝氏度數於每日上午十時記載一次濕度亦於每日上午十時記載一次

5. 試驗方法：將各種草花種子各一百粒（用穀金蓮花種子祇四十粒）分別播種於發芽箱內逐日檢查其發芽粒數記載之至十五日或二十日後統計其發芽粒數並分別計算其發芽率

6. 試驗結果：此次試驗之草花種子有五十種但三年完全者祇二十二種兩年者計十九種祇一年者有九種茲將試驗結果分別列表於下

第一表　各種草花種子發芽率之比較

花卉名稱	發芽率			花卉名稱	發芽率		
	一年	二年	三年		一年	二年	三年
萬壽菊	83.3	71.3	5.3	松叶牡丹	98	95	—
鳳仙花	89	96	37	老苔穀	99	97	—
大波斯菊	93	80	35	波斯菊	100	95	—
川穀	87.5	72.5	27.5	五色椒	79	50	—
雁來紅	88	70	80	金鈕茄	50	39	—
天人菊	93	54	15	鷄冠	62	26	—
月見草	42	37	51	金鷄草	83	77	—
鳳蝶草	51	23	22	江南豆	83	76	—
紅蜀草	90	20	17	花菱草	92	84	—

大萬壽	99	100	28	福祿考	95	75	—
小萬壽	88	80	83	虞美人	72	28	—
草茉莉	38	19	16	金魚草	70	16	—
花向日葵	96	86	30	小蜀葵	24	29	—
秋櫻菊	92	78	21	鵲[illegible]豆	—	54	69
鷄冠	100	95	86	中國石竹	93	83	—
牽牛花	98	97	95	金盞	83	—	28
翠菊	91	86	56	金蓮花	—	—	42.5
罌粟	93	83	25	百日草	94	—	—
三色堇	49	29	12	鳳仙草	—	81	—
待宵草	91	83	27	雀香蘭	—	24	
矢車菊	82	94	66	七里黃	—	60	—
觀叶莧	69	79	35	含羞草	48	—	—
紅蓼	96	87	—	紫露草	—	—	75

美人蕉	—	26	25	除蟲菊	—	39	—
桔梗	52	—	42	香豌豆	—	70	—

附註：1.供試花卉中除月見草鳳仙花草茉莉三色堇美人蕉桔梗金銀茄小雞冠金蓮花香豌豆含羞草除蟲菊數種發芽率較差外餘均發芽良好此數種恐係種子之貯藏不良或種子之成熟度不齊或種皮厚而發芽較遲等之影響故此次試驗尚未敢指定其發芽率之優劣

第二表　各種草花種子發芽所需之日數比較及發芽期中之溫濕度記載

供試花卉	種子發芽所需之日數			發芽期中之平均溫濕度		供試花卉	種子發芽所需之日數			發芽期中之平均溫濕度	
	一年	二年	三年	溫度	濕度		一年	二年	三年	溫度	濕度
萬壽菊	3日	4日	8日	33.5°c	83.13%	松叶牡丹	3	3	—	32.23°c	88.7%
鳳仙花	4	4	4	33.5°c	83.13%	老芥殼	3	3	—	〃	〃
大波斯菊	6	6	6	33.5°c	83.13%	波斯	3	3	—	〃	〃
貝殼	7	7	8	34.25°c	87.3%	五色椒	7	8	—	〃	〃
雁來紅	4	4	4	33.5°c	85.87%	金銀茄	6	6	—	〃	〃

天人菊	6	6	6	‥	‥
月見草	6	6	6	‥	‥
風船蔓	5	11	11	34°c	92.87%
紅黄草	4	4	5	‥	‥
大茼蒿	3	3	3	‥	‥
小茼蒿	3	3	3	‥	‥
草茉莉	10	10	10	31.875°c	86.45%
花向日葵	3	3	3	32.23°c	88.7%
秋櫻菊	6	5	6	‥	‥
鶏冠	3	3	3	‥	‥
牽牛花	4	4	4	29.8°c	74.6%
梨菊	4	4	4	‥	‥
[illegible]菜	5	5	5	‥	‥
三色菫	12	12	12	‥	‥
蜀葵	8	8	—	‥	‥
金鶏草	5	5	—	29.8°c	74.6%
江南豆	6	6	—	‥	‥
花菱草	4	4	—	‥	‥
[illegible]	5	5	—	‥	‥
虞美人	4	4	—	‥	‥
金魚草	5	5	—	28.07°c	67.1%
小蜀葵	9	9	—	‥	‥
[illegible]豆	—	6	6	‥	‥
中國石竹	6	5	—	‥	‥
金盞	4	4	—	‥	‥
金蓮花	—	—	13	34.25°c	87.3%
百日草	5	—	—	33.5°c	85.87%
風蝶草	—	4	—	31.2°c	92.87%

掃帚草	7	7	7	28.07°c	67.1%	霍香薊	—	6	—	,,	,,
矢車菊	5	5	5	,,	,,	七里黃	—	4	—	,,	,,
觀葉莧	4	4	5	,,	,,	含羞草	6	—	—	32.23°c	88.1%
紅莧	6	6		33.5°c.	85.87%	紫露草	—	—	4	69.8°c	74.6%
美人蕉	—	16	16	31.875°c	86.45%	除蟲菊	—	11	—	28.07°c	67.1%
桔梗	7	1	8	32.23°c	88.7%	香雪球	—	6	—	,,	,,

備註：由試驗結果普通草花發芽所需之日數自三日至六日為最多發芽率之高峰以發芽之第一天或第二天為最旺以後發芽之種子漸漸減少

7. 結論

a　由試驗之結果可知種子之發芽率與保存之年數成反比即保存之年數愈多則其發芽率愈低

b　一部份種子保存在三年以內其發芽率減低甚微者如雁來紅月見草小葉雞冠牽牛花掃帚草矢車菊

c　一部份種子保存一年而發芽率甚高第二年則其發芽率即有顯著之減低如天人菊風鈴草紅黃草三色堇蜀葵虞美人金魚草

d　一部份種子其保存在二年以內者其發芽率仍甚良好或略減低而至第三年則有顯著之減低情形如萬壽菊

鳳仙花大波斯菊川穀[illegible]花向日葵秋櫻菊紫菊罌粟觀叶莧

(乙)花卉扦插發根促進法試驗

1. 試驗目的　試驗各種濃度之藥品是否可以促進花卉插穗之發根並判斷何種藥品為最有效

2. 供試材料

1. 花卉　連翹(黃丹) Forsythia Suspensa Vahl.之休眠枝銀星秋海棠 Begonia argenteo-guttata. Lemoine 之綠枝

2. 藥品　過錳酸鉀（$KMnO_4$）

硼　酸（H_3BO_3）

砂　糖（$C_{12}H_{22}O_{11}$）

3. 試驗方法

1. 藥液濃度

0.0001（即0.01%）0.001（0.1%）0.002（0.2%）0.005（0.5%）0.01（1%）0.02（2%）0.05（5%）0.1（10%）

2. 方法　即將上述花卉插穗之下部分別浸於上述各種藥品各濃度之溶液中每一濃度之藥液中各浸插穗二十株各經過十二小時及二十四小時後乃取出扦插於砂土中施以相同之管理其後各區

發根之情形及結果如下

4. 試驗結果

A 藥液對於蓮翹插穗成活數之比較表

插穗浸入藥液時期　四月二日下午八時

插穗扦插時期　四月三日上午八時及下午八時

檢查插穗成活數日期　六月二十日

每區扦插株數　二十株

藥液種類／浸漬時間／成活株數／藥液濃度	過錳酸鉀		硝酸		砂糖	
	十二小時區	二十四小時區	十二小時區	二十四小時區	十二小時區	二十四小時區
0.0001	9	9	11	13	11	13
0.001	11	11	10	12	10	12
0.002	10	12	9	12	12	13
0.005	11	13	10	10	12	14
0.01	12	15	10	9	12	13

0.02	14	15	8	10	13	15
0.05	15	18	9	10	15	16
0.10	12	11	9	9	16	17
無藥液處理	9					

B 藥液對於鐵基秋海棠插穗成活數之比較表

插穗浸入藥液時期　九月五日下午八時

插穗扦插時期　九月六日上午八時及下午八時

檢查插穗成活數日期　十月十六日

每區扦插株數　二十株

藥品種類 / 浸漬時間 / 成活株數 / 藥液濃度	過錳酸鉀		醋酸		砂糖	
	十二小時區	二十四小時區	十二小時區	二十四小時區	十二小時區	二十四小時區
0.0001	12	12	14	15	13	13
0.001	12	14	14	13	13	14
0.002	14	15	13	14	14	16

0.005	16	17	12	13	14	14
0.01	17	18	12	12	14	17
0.02	16	19	11	11	16	18
0.05	16	18	12	12	17	19
0.10	15	14	11	12	18	19
實驗對照	12					

5. 結論

a 由第一表可知過錳酸鉀5%溶液及硼酸0.01%及砂糖10%溶液對於[illegible]插穗之發根最有效

b 由第二表可知過錳酸鉀2%溶液及硼酸0.01%溶液及砂糖10%溶液對於銀星秋海棠插穗之發根最有效

c 過錳酸鉀及砂糖溶液對於以上二種花卉之發根促進效力大而硼酸則效力微小

d 某濃度之藥液對於促進插穗發根之效力因植物種類之不同而異即某濃度之藥液對於甲植物之插穗發根促進上有最大效力而若對於乙植物則未必盡然而其效力或較他種濃度爲差然有時同濃度同種之藥液對於數種植物之插穗發根促進上均有最大效力者亦有之

c 揷穗浸漬於藥液內之時間以二十四小時左右為宜否則其效力比較不顯著

(四)調査工作

本年度除上述數項工作外又將本年度草花採種栽培之生育情形加以調査並計算其每畝種子產量以供今後採種栽培之參考他如木本花卉之病蟲害發生狀況亦加詳細調査茲將各項調査說明如下

(甲)草木花卉採種栽培生育調査

本年度所栽培之各種草木花卉之生育情形皆詳加調査並將各種種子之產量按畝加以計算借供今後採種栽培之參考茲附草木花卉採種栽培生育記載表於下

名稱	播種期	發芽期	移植期	定植期	行距	株距	開花期 始	開花期 盛	開花期 終	花色	株高	採種期	枯死期	每畝採種量	過冬情形	備註
大麗花	月日 2.15	月日 2.25	月日 3.20	月日 4.20	市尺 2.5	市尺 2.5	月日 7.15	月日 9.5	月日 10.23	各種	市尺 4.5	月日 10.28—30	月日 10.28	—	球根掘出貯藏	床播
金鷄	4.17	4.26		5.25	0.8	0.6	6.5	6.25	10.12	黃深黃	1.3	7.8—10.15	11.5	Kg 30.50	一年生	
矢車菊	4.18	4.25		5.21	1.5	1.0	6.24	7.30	8.20	各種	2.0	7.12—8.30	9.13	47.00	,,	
花向日葵	4.18	4.30		5.21	3.0	2.5	6.25	7.5	8.2[illegible]	黃褐	6.5	8.7—9.25	9.30	50.00	,,	
天人菊	4.18	5.6		6.5	1.5	1.2	6.15	7.25	0.13	紅黃紫紅	1.5	7.20—10.30	10.30	34.00	,,	

矢車天人菊	4.18	5.4		6.5	1.5	1.2	6.15	7.25	10.13	紅黃玫紅	1.5	7.20—10.30	10.30	34.00	,,	
百日草	4.18	4.28		6.14	1.5	1.2	6.23	7.20	10.13	各種	2.5	8.5 —10.20	10.15	40.00	,,	
萬壽菊	4.18	5.6		6.5	1.5	1.2	7.4	8.10	10.15	黃桔黃	3.2	8.10—10.25	10.25	38.00	,,	
小金雞菊	4.18	5.5		6.10	1.5	1.0	7.8	7.20	8.10	黃中褐	2.0	7.15— 8.20	8.20	—	,,	
麥稈菊	4.18	5.1		6.10	1.0	0.8	7.20	7.26	8.25	各種	2.0	8.10—10.20	10.25	21.	,,	
早生大波斯菊	4.18	4.23		5.26	3.0	2.0	7.1	7.26	9.30	各種	5.5	8.15—10.15	10.17	34.75	,,	
晚生大波斯菊	4.18	4.23		5.26	3.0	2.0	9.30	10.15	10.25	各種	5.5	10.25—10.30	10.30	10.00	,,	
黃花大波斯菊	4.18	4.29		5.26	3.0	2.0	7.1	8.5	10.14	桔黃	5.0	8.20—10.15	10.14	37.00	,,	
翠菊	4.18	5.10		6.8	1.5	1.0	8.3	8.20	10.5	各種	2.4	9.15—10.20	10.20	21.25	,,	
波斯菊	4.18	4.30		6.8	1.0	0.8	7.1	7.30	10.10	黃褐	3.0	8.1 —10.20	10.20	15.00	,,	
絨纓菊	4.18	5.7		6.8	1.5	1.2	6.25	7.18	10.5	紅黃	2.0	7.15—10.10	10.13	18.00	,,	
紅黃草	4.18	5.7		6.8	1.0	0.8	6.15	7.30	10.20	橙	0.9	7.20—10.20	10.25	36.50	,,	
蛇目菊	4.18	5.7		6.8	1.5	1.0	6.30	7.18	9.15	黃	1.7	7.20—10.5	10.17	19.00	,,	
藿香薊	4.18	5.9		6.8	2.0	1.5	7.19	8.5	9.25	淡藍紫	2.2	8.20—10.20	10.25	29.00	,,	

輪鋒菊	4.18	5.9		6.8	1.5	1.0	7.1	8.15	9.10	各種	1.5	8.10—10.20	10.25	17.50	..	
金魚草	4.18	5.11		6.10	1.2	0.8	6.25	8.12	10.17	各種	1.2	8.7 —10.25	10.25	25.00	宿根性	
[illegible]	4.18	5.10		6.10	1.0	0.8	6.20	8.8	9.20	紫白等	2.5	8.7 —9.30	9.30	20.00	一年生	
曼陀羅花	4.18	4.29		5.10	3.0	2.5	7.15	8.15	9.12	白	6.0	8.25—10.15	10.17	15.00	..	
[illegible]	4.18	5.4		6.10	1.0	0.8	7.25	8.1	8.25	淡藍	1.6	10.10—10.30	10.25	40.00	..	
撒爾維亞	4.18	5.4		6.10	1.5	1.0	7.25	8.10	10.5	紅	1.6	8.5 —10.20	10.17	—	..	
美女櫻	4.18	5.8		6.10	1.5	1.0	7.8	8.25	10.15	各種	0.8	8.21—10.25	11.20	10.70	宿根	
福祿考	4.18	5.3		6.10	1.0	0.6	6.25	6.30	8.15	各種	0.8	7.20— 8.25	8.30	—	一年生	
大蔦蘿	4.18	5.4		5.27	3.0	2.0	6.23	8.20	10.10	紅	蔓性	8.20—10.20	10.23	29.50	..	
小蔦蘿	4.18	5.4		5.27	3.0	2.0	6.30	8.20	10.10	紅	..	..	..	20.00	..	
槭葉蔦蘿	4.18	5.4		5.27	3.0	2.0	7.10	8.25	10.10	紅	..	..	..	31.00	..	
蜀葵	4.18	5.1		5.27	1.5	1.2	須明年開花				1.2	—	11.20	—	宿根	
小蜀葵	4.18	4.23		5.27	1.5	1.0	6.20	7.12	8.20	紅中紫	3.5	7.8 — 9.15	9.20	22.00	一年生	
鳳仙	4.18	5.1		6.10	2.0	1.5	7.2	8.15	9.8	各種	1.4	8.20— 9.15	9.20	37.50	..	

翡翠草	4.18	4.27		5.28	2.0	1.5	8.15	8.22	9.10	黄白	3.0	9.20—10.25	10.17	41.00	,,	觀葉草花
含羞草	4.18	4.27		6.8	1.0	0.8	8.5	5.15	9.30	淡紅	0.8	10.10—10.30	10.30	——	,,	,,
江南豆	4.18	4.28		6.8	1.5	1.0	7.10	8.15	8.30	黄	2.0	8.25— 9.10	9.30	30.00	,,	
傘狀羽扁豆	4.18	4.28		—	1.5	1.0	6.14	6.23	7.8	各種	1.5	7.25— 8.10	8.15	——	一年生	直播
康特他夫提	4.18	4.29		6.6	1.0	0.8	6.8	6.10	7.15	白	0.7	7.20— 8.5	8.5	12.00	,,	
花鈴草	4.18	4.30		—	1.5	1.0	6.15	7.15	10.15	黄	0.7	7.30—10.20	11.20	10.00	宿根	
銀邊翠	4.18	5.3		5.28	2.0	2.0	8.15	8.20	9.15	白	3.6	9.20—10.25	10.17	48.49	一年生	觀葉草花
松葉牡丹	4.18	5.7		6.6	1.0	0.8	6.15	8.15	10.1	各種	0.5	7.11—10.10	10.13	10.00	,,	
觀葉莧	4.18	5.1		6.6	2.0	1.5	7.10	7.30	8.20	淡紅	4.0	8.25—10.10	10.13	300.00	,,	
千日紅	4.18	5.5		6.6	1.5	1.0	7.1	7.25	8.30	紅	1.6	8.5 — 9.30	9.30	42.80	,,	
千日白	4.18	5.5		6.6	1.5	1.0	7.1	7.25	8.30	白	1.6	8.5 — 9.30	9.30	42.00	,,	
千日粉	4.18	5.5		6.6	1.5	1.0	7.1	7.25	8.30	淡紅	1.6	8.5 — 9.30	9.30	42.00	,,	
青葙	4.18	4.30		6.6	1.5	1.0	7.5	8.15	10.1	各種	4.0	8.20—10.13	10.17	28.67	,,	
鷄冠	4.18	4.30		6.6	1.5	1.0	7.15	8.15	10.10	紅黄	1.2	8.20—10.13	10.17	42.00	,,	

[illegible]鷄冠	4.18	4.30		6.6	1.5	1.0	7.15	8.20	10.10	紅黃	3.5	9.5 —10.10	10.17	28.00	..	
老槍穀	4.18	4.30		6.6	2.0	1.5	7.1	7.15	8.30	紫紅	6.0	8.30—10.13	10.17	137.50	..	
雁來紅	4.18	4.29		6.6	1.5	1.0	7.20	8.10	9.15	淡紅	3.4	9.5 —10.5	10.5	187.50	..	
[illegible]　莧	4.18	4.30		6.6	3.0	2.0	7.10	8.[illegible]	9.15	淡紅	7.0	9.5 —10.5	10.17	502.50	..	
柳葉鷄冠	4.18	4.30		5.27	1.5	1.0	7.10	8.10	9.15	淡紅	4.0	9.1 —10.5	10.5	——	..	
掃帚草	4.18	4.25		5.27	3.0	2.0	8.10	8.25	9.15	淡綠	2.5	10.5 —10.30	10.30	102.50	..	
紅　蓼	4.18	5.3		5.27	4.0	3.0	7.10	8.15	9.25	淡紅	7.5	9.5 —10.10	10.17	150.50	..	
川　穀	4.18	5.3		5.27	1.5	1.0	7.5	8.1	8.25	白	3.4	9.10—10.10	10.20	200.00	..	
風船葛	4.18	5.2		5.27	3.0	2.0	7.1	7.20	8.20	白	蔓性	8.25—10.15	10.13	187.50	..	
風蝶草	4.18	5.1		5.27	1.5	1.0	6.25	7.20	8.20	淡紅	1.5	7.30— 9.10	9.20	36.67	..	
花輪菊	4.18	5.1		6.10	1.5	1.0	6.12	7.12	8.20	黃	1.8	7.30— 8.30	9.10	20.00	..	
霞　草	4.18	4.30		5.27	1.5	1.0	6.10	6.21	7.15	白	1.5	6.30— 7.30	7.30	20.00	..	
草茉莉	4.18	5.3		5.27	3.0	2.0	7.7	8.15	10.1	各種	2.6	7.30—10.10	10.13	184.00	..	
黑種草	4.18	5.3		6.12	1.5	1.0	7.2	7.20	8.5	淡藍	1.2	7.30— 8.20	8.31	30.00	..	

雜款秀	4.18	5.5	6.12	2.0	1.5	8.18	8.25	9.5	黃	3.2	9.10—10.15	10.23	133.00	..	
老鼠芳	4.18	5.5	6.12	1.5	1.0	6.30	7.7	7.30	黃	1.0	7.15—8.15	8.15	——	..	
瓜葉菜	4.18	5.1	6.12	2.0	1.5	7.1	7.21	9.15	黃	3.2	7.31—9.30	9.30	55.00	..	
雛耳菊	4.18	5.5	6.12	1.5	1.0	7.1	7.7	8.15	白中淡黃	1.6	7.15—8.25	8.30	20.00	..	
旱荷金蓮	4.18	5.4	6.12	1.5	1.0	7.2	7.11	7.30	黃	0.8	7.15—8.15	8.20	27.00	..	

(乙)花卉主要病蟲害之調查

病蟲害於花卉栽培影響至大吾人爲研究預防或驅除病蟲害之對策起見首先從事於病蟲害之調查本年度特以本場爲主詳爲調查記載茲列花卉主要病蟲害調查表於下

(一)花卉主要害蟲調查表

主要害蟲	發生時期	被害花卉及部份	被害程度	備考
蚜蟲	春　秋	爲害各種花卉之嫩葉及莖	輕	以幼蟲或卵越冬
青蟲	五—十月	爲害草花類之芽葉等	輕	於幼蟲時爲害以蛹越冬
鋸蜂	四—十月	爲害薔薇類及其他花卉之葉片	輕	冬季幼蟲於土中越冬

地蠶	五—十月	為害草花類之根部及幼苗	輕	
金龜子	四—七月	為害草花類及大麗花之根部及幼苗	小	幼蟲時為害
介殼蟲類	全年	旨害仙人掌類柑桔類及各種溫室植物之葉枝等	重	包括有殼介殼蟲類[illegible]介殼蟲類粉介殼蟲類
螻蛄	五—八月	為害各種花卉之根及幼苗	輕	幼蟲成蟲均棲於土中為害
天幕毛蟲	三—八月	為害海棠桃花等觀賞樹木之樹葉	小	以卵越冬
二星綠色浮塵子	四—十月	梅樹之枝條	小	產卵於樹枝表皮下越冬

(2)花卉主要病害調查表

病害名稱	病徵	被害花卉及部份	被害程度	備考
腐敗病	初球根莖部現黑色後全部腐敗	風信子鬱金香等之球根	中	
露菌病	初葉面生白色不整之白斑後被害葉乾燥面枯死	香堇之葉部	輕	
黑斑病	菊下部之葉生小黑色斑點漸多而合成不規則斑點葉早期枯死	菊花下部之葉	輕	本病於秋季較多
葉斑病	葉面生紫褐色橢圓形斑點漸次擴大為暗褐色而早期枯死	牡丹及芍藥之葉枝	中	
角斑病	葉生徑一糎之變形褐色病斑漸次增大成不規則四角形致葉早期枯死	百日草之葉部	中	

斑點病	葉上生褐色小病斑其輪廓不明	觀音竹棕櫚竹之葉面	中	此病若日光不足則易發生
頸腐病	初爲暗褐色及黑褐色之小病斑至根際柔軟表面很快腐死亡	唐菖蒲之葉葉柄及球莖	中	
斑葉病	葉生褐色斑點後中央褐色致生長不良或枯死	仙客來之葉部	輕	
穿孔病	被害部始爲淡紫色之小斑點漸次擴大成爲圓形褐色致乾燥後脫落而成圓孔	碧桃及梅花之葉部	中	本病七八月發生後期
翠菊葉斑病	初爲褐色或黑褐色病斑後擴大而成灰褐色被害部枯死	翠菊之嫩葉	輕	

五　編著花卉名錄

本場現有草本花卉木本花卉球根花卉以及溫室花卉等種類品種爲數頗多惟詳盡之記載迄今尚未完成於調查研究罕成不僅本年有暇於此故特編著本場花卉名錄凡本場現有之花木盡行列入多達三百四十餘種每種均書明中名學名科名以便隨時參考之用

第四　庭園

庭園部分本年初創故大部工作着重於整理方面茲將一年來工作情形擇要分述於下

(一)整理工作

甲、整理土山

本場土山頗多雜樹距離太狹且多枯萎至礙觀瞻故本年度春夏秋三季將各土山之枯死樹枝及密植之雜樹等陸續如

以清理以整園容

乙、整理荷池

本場設置用之荷池面積甚廣夏季花期風緻優美惜多年未經整理雜草叢生致荷藕生育欠佳花朵小形蓮實不良本年特先督工將池內雜草勤加刈除以免侵奪養分而利生育故雖逢秋旱本場荷花生育並未受何影響且花葉發育均較他處爲良

丙、清理荒草

本場河沿迂迴曲折極具幽靜惜多年欠修致荒草叢生荒蕪不堪本年特傭工循環刈除之

丁、除草

春夏兩季河沿道旁以及園庭各處雜草蔓生極礙觀瞻影響園容亟宜鏟除故自春暮以迄秋凉逐日傭工清除之

(二)增設工作

甲、增設花壇

本年度計增設花壇十餘中間栽植唐菖蒲美人蕉以及西洋草花等四周植以繡墩草等園景因得小增點綴

乙、增設草花苗圃

花壇需用草花苗甚多故特闢隙地一處將購入之葉綠考一串紅萬壽菊等種子自行播種育苗分植於花壇中秋季復行自家採種計得百日草二斤萬壽菊一斤鳳仙花四兩

（三）調查工作

庭園觀賞樹木種類繁多本年內為明瞭各種樹木之生育情形計特加詳細調查記載以資研究茲列本場本年觀賞樹木生育調查表於下

種類	發芽期	開花期 始	開花期 盛	開花期 終	花色	種實成熟期	落葉期 始	落葉期 盛	落葉期 終	越冬情形（露地或室內）	備註
枸	三月十九日	四月七日	四月十日	四月十八日	白黃色	五月廿日	十月十四日	十月三十日	十一月十九日	露地	
棗枸	三月十九日	四月八日	四月十一日	四月廿日	白黃色	五月廿日	十月十四日	十月三十日	十一月十九日	露地	
鼠爪枸	三月十九日	四月八日	四月十一日	四月二十日	白黃色	五月二十日	十月十四日	十月三十日	十一月十九日	露地	
法國梧桐	四月十一日	—	—	—	—	—	十月十九日	十月三十日	十一月十日	露地	樹齡尚幼尚未開花
南天	—	五月十七日	五月廿八日	六月十三日	白色	十一月三十日	—	—	—	盆栽入室越冬	
榅枸	四月一日	五月九日	—	八月七日	淡紅	—	十月廿五日	十月三十日	十一月廿日	露地	本花本年開花三次
日本繡線菊	四月三日	五月廿日	五月三十日	六月八日	淡紅	—	十月廿日	十月廿五日	十一月十五日	露地	
笑靨花	四月三日	五月四日	五月十二日	五月二十日	白色	—	十月廿日	十月廿五日	十一月十五日	露地	
蓬[illegible]	四月一日	五月廿五日	六月一日	六月十一日	白色	—	十月十五日	十月廿五日	十一月廿五日	露地	

珍珠梅	三月十七日	六月十日	六月廿日	九月三十日	白色	八月十日	十月十五日	十月廿四日	十一月七日	露地
西府海棠	三月十九日	四月廿五日	四月廿八日	五月一日	淡紅	八月廿八日	十月十四日	十月廿四日	十一月七日	露地
花海棠	三月十八日	四月十六日	四月廿一日	四月廿七日	粉紅	八月廿八日	十月十四日	十月廿四日	十一月七日	露地
垂絲海棠	三月十九日	四月廿五日	四月廿七日	五月一日	淡紅	—	十月十四日	十月廿四日	十一月五日	盆栽入室過冬
榆葉梅	三月十八日	四月三日	四月八日	四月十六日	粉紅	六月三十日	十月十五日	十月廿五日	十一月五日	露地
雙瓣榆葉梅	三月十八日	四月五日	四月十二日	四月廿四日	粉紅	六月三十日	十月十五日	十月廿五日	十一月五日	露地
山桃	三月十九日	三月廿二日	三月廿七日	四月二日	粉紅	七月廿五日	十月十日	十月廿四日	十一月五日	露地
白山桃	三月十九日	三月廿一日	三月廿七日	四月三日	白色	七月廿五日	十月十日	十月廿四日	十一月五日	露地
山豆子	三月廿九日	四月八日	四月十二日	四月十七日	淡粉紅	六月十日	十月十日	十月廿四日	十一月五日	露地
黃刺玫	三月十八日	四月廿八日	五月四日	五月十二日	黃色	—	十月十三日	十月廿四日	十一月十三日	露地
桃	四月十日	四月十日	四月廿四日	四月三十日	粉紅	—	十月十日	十月廿四日	十一月十五日	露地
麻葉繡球	三月廿八日	五月八日	五月十五日	五月二十日	白色	—	十月十日	十月廿四日	十一月十九日	露地
紫荊	四月八日	四月十九日	四月廿五日	四月三十日	紫紅	—	十月十日	十月廿日	十一月三日	露地
合歡	四月十日	六月八日	七月四日	八月五日	淡紅	九月五日	十月九日	十月廿四日	十一月五日	露地

龍爪槐	四月二日	六月八日	六月十五日	六月廿九日	白帶	—	十月十日	十月廿四日	十一月五日	露地	
紫藤	四月五日	四月廿六日	五月六日	五月廿日	淡紫	十月五日	十月十四日	十月廿四日	十一月五日	露地	
錦鷄兒	三月十六日	四月七日	四月十八日	五月八日	紅黃	七月十二日	十月十四日	十月廿四日	十一月八日	露地	
紫薇	四月廿日	七月八日	七月十五日	九月廿三日	粉紅、白色	—	十月八日	十月二十日	十一月三日	盆栽入室過冬	
石榴	四月廿四日	五月十日	六月一日	七月十五日	白、粉紅、深紅色	九月廿日	十月十三日	十月三十日	十一月十五日	盆栽入室過冬	
龍爪榆	四月一日	三月廿一日	三月廿四日	四月一日	白色	五月五日	十月十四日	十月廿五日	十一月十五日	露地	
木芙蓉	四月五日	十月六日	十月廿五日	十一月五日	淡紅	—	十月十四日	十一月八日	十一月廿五日	入室過冬	入溫室開花
文官果	四月一日	四月廿六日	五月一日	五月九日	白色、紫紅	六月廿五日	十月十四日	十月廿五日	十一月五日	露地	
梧桐	四月一日	五月廿五日	六月八日	六月廿五日	黃色	七月廿日	十月十四日	十月廿五日	十一月八日	露地	
山櫻	三月廿七日	四月十八日	四月廿日	四月廿八日	粉紅	—	十月十四日	十月廿四日	十一月八日	露地	
龍爪棗	四月廿八日	五月廿八日	六月十八日	六月三十日	白綠色	九月五日	九月廿日	十月五日	十月廿日	露地	
桂花	常綠	九月十日	九月廿日	十月一日	黃、白、橙色	—	常綠			室內	
枇杷	常綠	十月十九日	十二月十日	十二月十八日	白色	—	常綠			室內	
白丁香	三月十五日	四月十六日	四月廿六日	五月四日	白色	—	十月十四日	十月廿四日	十一月五日	露地	

紫丁香	三月十五日	四月四日	四月十八日	四月廿七日	淡紫色	—	十月十四日	十月廿四日	十一月五日	露地	
小丁香	三月廿日	四月十四日	四月二十日	五月十日	紫色	—	十月十四日	十月廿四日	十一月五日	栽[illegible]	
連翹	四月一日	三月三十日	四月八日	四月廿五日	黃色	—	十月八日	十月廿四日	十一月五日	露地	
夾竹桃	常綠	五月三十日	—	七月三十日	淡玫紅	十月五日	常綠			室內	每年開花二三回
黃花夾竹桃	常綠	五月三十日	—	九月十五日	黃色	十月十日	常綠			室內	自夏至秋陸續開花
凌霄	四月十日	六月廿五日	七月八日	七月廿日	黃[illegible]紅	—	十月八日	十月廿四日	十一月五日	栽[illegible]	
黃金樹	四月廿日	五月十八日	五月廿六日	六月五日	白色	十月一日	十月八日	十月廿四日	十一月廿日	露地	
楸	四月五日	四月廿九日	五月三日	五月十日	白色紅紋	九月五日	十月十四日	十月廿四日	十一月八日	露地	
探春（野梧桐）	三月廿八日	四月八日	四月十二日	四月廿五日	白色	—	十月十四日	十月廿四日	十一月五日	露地	本花北京俗名探春
牡丹	三月十五日	四月十五日	五月三日	五月十二日	紅白 粉紅	—	十月十日	十月十八日	十月三十日	露地 枝幹用稻草包裹根部培土	
棕櫚	—	五月廿日	[illegible]月廿五日	五月廿五日	白黃色	十月三十日	常綠			移栽室內過冬	
芍藥	三月廿一日	五月六日	五月十七日	五月廿三日	紫色	九月三十日	十月六日	十月十五日	十月廿八日	露地	覆土防寒
複葉槭	四月四日	三月三十日	四月十日	四月十四日	黃綠	十月八日	九月三十日	十月十九日	十一月三日	露地	

錯榆	四月一日	三月廿一日	三月廿四日	四月一日	白色	五月五日	十月十四日	十月廿五日	十一月十五日	露地
楓	四月四日	四月十日	四月十八日	四月廿五日	白色	九月廿七日	十月十日	十月廿六日	十一月四日	露地

第五　農作物

本年度改組爲園藝試驗場以來農作物方面專着重於普通之經濟栽培本年計栽培作物共有八種又試種菜麥一小區以資研究茲將各作物栽培情形分述於下

(一)普通作物經濟栽培

1. 水稻

水稻品種計有天津大白芒北京紫金箍浙江縉雲縣姉珠中生銀坊一號多摩錦等種四月十五日秧田播種五月二十日本田插秧九月十日收穫生育間於八月十四日曾發見稻熱病爲害尚輕當即飭工撒布砂糖波耳多液以防除之本年栽培面積共計六十畝

2. 小麥

於二十九年十月上旬播種品種爲山東歷城白小麥播種前爲預防蟲害計曾加信石少許於種子內發芽後生育尚佳於本年六月二十日收穫栽培面積共十八畝

3. 玉蜀黍

玉蜀黍品種本場計有美國銀王玉蜀黍意國白玉蜀黍美國黃鳳格玉蜀黍美國非立王玉蜀黍美國砂糖玉蜀黍等五品種皆生長佳良植株高大穗粒亦多其產量品質均遠勝華北固有品種本年限於旱地之不足分配故栽植面積僅十二畝

4. 高粱

高粱品種爲山東黃縮黃高粱其株稈強壯而產量亦多栽植面積共約十畝

5. 黑豆

黑豆即華北原有品種種皮爲黑有光澤其生長旺盛高達二尺餘分枝強韌本年栽培面積共計九畝

6. 茼蒿

茼蒿一名青蒿本年於五月十日播種待苗高四五寸時即行疏拔一次使株距相隔三寸許本年中生育佳良於八月上旬收穫本年栽培面積計三畝

7. 茄子

五月上旬作畦育苗待苗高達四五寸許即定植本田內本年栽植面積一畝

8. 甘藷

甘藷品種係華北固有種於三月十五日溫室育苗五月十日定植栽培面積計六畝

茲再將本年各種作物之栽培經過情形撮要列表於下

各種作物普通栽培表

種類	播種期	每畝播種量	中耕次數	施肥期	每畝施肥量	株距	行距	收穫期	備考
小麥	廿九年十月九日	七升	三	基肥廿九年十月一日追肥四月廿七日	堆肥一千斤過燐五十斤人糞九百五十斤追肥豆餅五十斤		一尺五	六月廿七日	
玉蜀黍	四月九日	七升	三	基肥三月十日追肥五月廿九日	堆肥七百二十斤草木灰八十五斤追肥人糞乾九百五十斤	二尺	二尺五	九月五日	
高粱	四月十一日	三升	三	基肥三月二十日追肥六月四日	堆肥八百五十斤人糞七百二十斤草木灰七十五斤追肥豆餅五十斤	一尺五	二尺	九月四日	
黑豆	四月十二日	六升	二	基肥三月十二日	堆肥八百斤人糞九百斤草木灰九十五斤		三尺	九月廿九日	
蘇子	五月五日	育苗二升	三	基肥四月二十日	堆肥七百斤人糞九百五十斤草木灰八十五斤	一尺五	二尺	十月十五日	
水稻	四月十五日播種五月二十日插秧	七升	二	基肥三月二十日追肥六月二十六日	堆肥九百斤過燐五十斤草木灰八十五斤人糞八百斤追肥豆餅四十斤	一尺	一尺	九月十五日	
蓖麻	五月十日	三升	二	三月十四日	堆肥七百五十斤草木灰三百斤人糞八百五十斤		一尺五	八月十八日	
甘藷	三月十五日育苗五月十日扦插	育苗二千株	三	四月六日	堆肥九百五十斤人糞七百五十斤草木灰八百五十斤	一尺	二尺	九月廿九日	

(二)萊麥生育之觀察

萊麥係新輸入種本年度在本場試種生育佳良無倒伏性且抗旱及抗病蟲害力均强惟成熟期較晚產量以每畝計約可產一石四斗較本場現有小麥約多產二三斗惟係試植一年尚難定其優劣此後擬仍繼續觀察之茲將本年萊麥栽培及生育觀察記載列表於下

萊麥栽培及生育觀察記載表

播種期	栽培面積	栽植距離	播種量	發芽期	出穗期	分蘗之生育狀況	桿高度	中耕次數	施肥期 基肥	施肥期 追肥	施肥量 基肥	施肥量 追肥	收穫期	收穫量	病蟲害	備考
二十九年十一月四日	〇・九三畝	二尺條播	一市斤	二十九年十一月十二日	三十年五月十九日	分蘗多而生育很良	四・二尺	三	九月二十三日	四月十一日	堆肥六十斤人糞尿十五斤草木灰三斤	豆餅五斤	六月二十一日	二十斤	無	

第三部 推廣股

本股一年來所有主要工作均按照計劃依序推進其因種種人事等原因未能實行者當於明年設法進行之茲將本年內各項工作大要分別詳述於下

(一)推廣草花種子

本場爲提倡園藝趣味起見於去年秋季採辦各項優良草花種子爰於本年三月春假公佈贈送爲時未久已悉數贈發後來者均抱向隅之嘆今秋已委託本場技術股儘量多加採種以供本市愛好園藝者之需求茲將本年度贈送種子數量統計於下

類別	戶數	贈送種子數	備考
機關及團體	一三	三四七袋	

學校	一五	七六四袋
個人	一六〇	一〇六七袋

(二)介紹優良種苗

今春各界來函詢問或請求購買種苗者絡繹不絕本場因係草創各項工作均在開始進行中以致無法應付而國內外種苗商信用卓著者固多但魚目混珠者亦在在皆是本股務盡指導栽培起見除一一詳爲解答外復將希望者分別介紹於國內外素負盛譽之種苗商使問津者有所參照俟將來本場大批種苗育成後當可分發農民栽種藉資推廣而利生產

(三)召開村長會議

本場西山果園附近各村保甲素少聯絡本場自改組後爲使該區農民明瞭本場任務起見爰於三月三十日在西山果園召開該園附近一帶村保長談話會並指導宣傳關於園藝上之一切事宜是日計到村保長一十九名彼此交換意見頗爲歡暢對於該處園藝事業將來發展上頗堪期待最後每人各贈送草花種子十袋始盡歡而散

(四)印著園藝栽培表格

本年度已印就者計有『華北主要蔬菜栽培概要一覽表』及『華北主要果樹栽培概要一覽表』二種提付印後分發農民以爲倡導

(五)調查果蔬市價

調查統計工作對於園藝改進亦至關重要本年先就本市市場之果蔬價格實地詳爲調查現將一年來調查所得列表於後

(甲)三十年度北京市果實類市價按月統計調查表

品名	單位	一月	二月	三月	四月	五月	六月	七月	八月	九月	十月	十一月	十二月
紅玉蘋果	每斤	.四八	.六四							.九六	.七三	.六八	.七四
國光蘋果	每斤	.四八	.六四	.七八	.六四	.五一	.八〇	一.二〇		.九六			
倭錦蘋果	每斤	.九六	.八〇										
新倭錦蘋果	每斤	.九六	.六四	.六四	.六四	.六二					.七三	.七二	.七三
香蕉蘋果	每斤	.九六	一.〇八							.九六	.八〇		
北山蘋果	每斤	.九六	一.二八						.七二	.八八	.八〇		
西山蘋果	每斤	.八八	一.二〇					.八〇	.六四	.九六	.九五	.八五	
烟台蘋果	每斤		.九六		.八〇				.七二	.八〇			
昌平檳子	每斤									.四四	.九六	.五六	.九六

昌平沙果	每斤							一.三					
大紅海棠	每斤	.四〇	.四四				.四八	.三六					
大白海棠	每斤	.四〇	.四八						.四〇	.一六		.三六	.四八
河間秋梨	每斤	.三二	.三二	.四八				.三二					
日本慈梨	每斤	.六八	.四八										
沙果梨	每斤									.三六			
河間鴨梨	每斤	.四〇	.四〇	大.六四 小.四八	.六四					.四〇	.六〇		
昌平鴨梨	每斤	.三六	.三六									.五六	.七二
北京白梨	每斤	.四〇	.四四	.七二						.三六		.五二	.六四
固安鴨廣	每斤	.三六	.四〇							.三六	.四八	.四六	.五六
晚三吉梨	每斤		.六四										
秋白梨	每斤		.四〇					.三八					
蔭梨	每斤				.四四	.四八	.四八	.六八					
薊州白梨	每斤				.六四	.七二	.七二				.三六		

品名	单位												
北山鸭梨	每斤					.九四	.九六						
北山秋梨	每斤					.四八	.四八						
二十世纪梨	每斤										一.三		
西洋巴梨	每斤									.八○			
宣化紫葡萄	每斤									.六四			
玫瑰香葡萄	每斤								.三六	.八○			
宣化白牛奶葡萄	每斤								.六四	.五六	.六四	.七三	.七三
沙营葡萄	每斤	.六八	.八○	一.三六							红 .五三 白 .八八	红 .五六 白 .九○	红 .七三 白 一.九三
白杏	每斤					.七三	.五六	.六四					
黄杏	每斤					.六四							
北山红杏	每斤						.三八						
京西白桃	每斤							.五六	.五三				
石家庄蜜桃	每斤							.七三	.六四				
京西扁桃	每斤							.四六					

品名	單位												
美國蜜桃	每斤							一.三二					
蟠桃	每斤							.五六					
五月鮮桃	每斤						.六四	.五六	一.二〇				
黃李子	每斤							.六〇	.四〇				
紅李子	每斤							.八〇	.四八				
京郊紅石榴	每斤									.五六			
河南石榴	每斤	.五六	.二四							.六四		.六四	.六四
大磨盤柿	每個	.二六	.六							.〇五	.一〇	.一〇	.一〇
十三陵櫻桃	每斤					.八							
河南山豆子	每斤					.二〇							
烟台大櫻桃	每斤					.九六	一.六〇						
北山櫻桃	每斤					.九四							
上海白枇杷	每斤					三.四〇							
塘棲枇杷	每斤					二.二八	二.四四						

品名	單位												
錢江紅枇杷	每斤					二.五四							
崑山枇杷	每斤					二.二〇							
崇明枇杷	每斤					一.〇〇							
北山山橘	每斤	.三五	.四〇		.四八	.四八	.四八			.三八	.四〇		.四〇
河南紅橘	每斤										.七四		
三寶蜜柑	每斤					.八〇							
日本蜜柑	每斤					一.八〇					.九〇	.九六	一.〇〇
台灣青橘	每斤		.五六										
日本橙子	每斤	.八〇				一.三〇	一.二八	.四〇					.九六
台灣紅橘	每斤	.七										.九六	
日本黃橘	每籃	四元											
日本黃橘	每斤	.六八	.七四										
日本柚子	每個	二.六〇	二.六八	二.六〇	二.四三					二.八〇	一.四〇	.八〇	
福建金桔	每斤	.九六	.八〇										
台灣蜜柑	每斤	.八〇	.八〇	.九〇	.九六	一.七							

品名	單位	一月	二月	三月	四月	五月	六月	七月	八月	九月	十月	十一月	十二月
美國檸檬	每個					一•〇〇							
日本檸檬	每個				一•三〇		一•〇〇	一•二〇			一•〇〇	一•一〇	一•二〇
台灣香蕉	每斤	•八〇	•八八	•八〇	•七二	•八八	•四八	•七二	•四八	•八四	•九二	•六五	•八八
台灣菠蘿	每個	一•四〇	一•六〇	一•八〇		一•五〇	二•四〇	二•二〇	二•〇〇				
檳香青菓	每個	•〇五	•〇八	•〇八	•一〇	•一〇							

(乙)三十年度北京市菜蔬類市價按月統計調查表

品名	單位	一月	二月	三月	四月	五月	六月	七月	八月	九月	十月	十一月	十二月
韭黃	每斤	一•〇〇	一•〇〇						•七五	•八〇	一•三〇	一•六〇	一•八〇
青韭	每斤	•七〇	•七六	•五〇						•四八	•四〇	•五六	•四四
菠菜	每斤	•二〇	•二四	•一六	•〇四	•〇五	•〇六	•〇六	•二〇	•一〇	•一〇	•一二	•一六
白菜	每斤	•〇五	•〇四	•〇六	•〇七	•〇八	•一四	•一四	•〇九	•一〇	•〇八	•〇四	•〇五
芥菜	每斤	•一六	•四四	•一五	•一五	•一四	•一四		•一六	•一四	•一四	•四〇	•一六
青菜	每斤	•一四	•二四	•三〇	•二〇	•〇九	•三	•一〇	•一六	•〇五	•一〇	•〇六	•二六

品名	單位												
甘藍	每斤	·一六	·一〇	·一三	·四〇	·四九	·一三	·一三	·一六	·三三	·一三	·一三	·一五
甕兒菜	每斤	·一四	·一八	·二四	·二六						·三一	·三一	·三三
生菜	每斤	·二〇	·一八	·三三	·三三	·四〇	·二六	·二八	·二八	·一〇	·一四	·一四	·一三
芫荽	每斤	·〇五	·一三	·二〇	·一四	·一〇	·一六	·一八	·一八	·一七	·一三	·一〇	·一三
芹菜	每斤	·一四	·一三	·二〇	·一三	·二〇	·二〇	·一七	·一〇	·一〇	·二三	·二〇	·一五
茴香	每斤	·一四	·一四	·一四	·四〇	·一三	·〇六	·〇八	·〇七	·〇八	·一六	·一六	·一六
大葱	每斤	·〇六	·〇八	·〇九	·〇二	·〇八	[illegible]	·〇八	·〇七	·〇七	[illegible]	·〇七	·一四
蒜苗	每斤	·八四	·一〇	·一八	·一七	·三三	·一四	·三八	·五〇	·五六	·五六	·五六	·五八
蒜黃	每斤	·六八	·八〇	[illegible]									
小葱	每斤	·〇八	·〇六	·〇八	·〇九								
茼蒿	每斤	·〇四	·四九	·三四	·〇八	·一四	·〇九	·一四	·三〇	[illegible]	·三〇	·一六	·二三
雪裡紅	每斤	·二八											
萵筍	每條	·〇七	·〇九	·一〇	·一四	·一〇	·〇六	·〇四	·〇六	·〇八	·〇七	·〇五	·〇八
羊角葱	每斤		·〇八	·〇八									

品名	單位	1	2	3	4	5	6	7	8	9	10	11	12
脊根嫩韭	每斤				.二五	.二二	.一〇						
莧菜	每把					.〇五	.〇四	.〇五	.〇四				
小白菜	每斤						.〇三	.〇三	.〇三	.〇五			
河南百合	每斤	.八六	一.二三		.六〇								一.二六
山東百合	每斤	.七〇	一.〇〇										
藕（白花）	每斤					[illegible]	一.[illegible]	.八八	.四〇				
蓆菜	每捆					.一六	.一六	.一六	.二〇				
茭白	每支					.〇七	.〇七	.〇六	.一三	.〇三	.〇四	.〇四	.〇五
油菜台	每斤				.二五	.二四	.二四	.二五	.三三				
[illegible]菁	每斤	.〇六	.〇六	.一六	.一六	.一六	.一六	南菁 [illegible]	.二四	.〇三	.二三	.二三	.二〇
龍鬚菜	每斤				.一三								
竹筍	每斤			.一七	.二〇	.二〇	.八〇	.九〇	.九				
窩掤冬筍	每斤	一.一六	一.二〇	.一一	.二六						二.四五	二.四〇	二.二六
球狀甘藍	每個	.一三	.一一	.一六	.四	[illegible]	[illegible]	[illegible]	.一〇	.〇七	.一六	.一〇	.一六

鮮薑	每斤	•二六	•一〇	•二〇	•一四	•一二	•一四	•二〇	•二四	•二六	•二〇	•二四	•三四
紫菜台	每斤	•二六	•二二	•二四	•〇四	•二四	•二六	•二六	•三〇	•二〇	•三六	•二六	•三四
葱頭	每斤	•一〇	•二六	•一〇	•一六	•二二	•一四	•一三	•一三	•一四	•二四	•二二	•一四
青菜	每斤	•二六	•二六	•〇四	•一二	•一四	•一四	•一四	•二四	•二〇	•四〇	•二六	•四四
馬鈴薯	每斤	•二〇	•一六	•二六	•一四	•一六	•一四	•二〇	•一三	•一四	•一四	•一四	•一四
芋	每斤	•一六	•一六	•一二	•一〇	•一四	•二二	•二二	•二二	•一六	•二二	•二二	•三四
慈菇	每斤	•二二	•二二	•二六	•二六	•二六	•二六	•二二	•二二	•二二	•一六	•二二	•一六
藕（紅花）	每斤	•一四	•一六	•一六	•一四	•二六	•四四	•四四	•四三	•一六	•一六	•一六	•一六
山藥	每斤	•二二	•〇六	•二六	•二六	•四四	•四〇	•三二	•四四	•二六	•二二	•二二	•二六
胡蘿蔔	每斤	•〇二	•〇六	•〇八	•〇八	•一〇	•一四	•〇六	•〇六	•〇六	•〇六	•〇六	•一〇
白蘿蔔	每斤	•〇六	•〇八	•〇六	•〇六	•一一	•一〇	•〇六	•〇八	•〇六	•一〇	•〇八	•一一
青蘿蔔	每斤	•一一	•一一	•一二	•一〇	•一〇	•一〇	•一〇	•一〇	•一二	•一一	•一〇	•一三
竹筍	每斤	•一一	•二六	•二一					•〇九	•〇六	•〇九	•〇九	•一三
西洋紫蘿蔔	每斤	•一四	•一六	•一二	•一〇	•一〇	•一三	•一〇	•一三	•一三	•一四	•一三	•一四

品名	單位												
牛蒡	每斤	.三〇	.三五	.三五	[illegible]	.三〇	[illegible]	[illegible]	.三〇	.三〇	[illegible]	[illegible]	[illegible]
小紅蘿蔔	每把	.〇四	.〇六	.〇六	[illegible]	.〇三	.〇三	.〇三	[illegible]	[illegible]	[illegible]	[illegible]	.〇四
京西西瓜	每個							[illegible]	.八〇				
德州西瓜	每個							四.〇〇					
八里莊西瓜	每個							[illegible]					
保定西瓜	每個							二.〇〇					
紅柿子椒	每斤								[illegible]	[illegible]	[illegible]	[illegible]	[illegible]
青扁豆	每斤								[illegible]				
白扁豆	每斤							.二〇	[illegible]				
絲瓜	每把							[illegible]	[illegible]				
茼蒿	每棵					[illegible]	[illegible]	[illegible]	[illegible]				
鮮大豆	每斤					[illegible]	[illegible]	[illegible]	[illegible]				
茄子	每個					[illegible]	[illegible]	[illegible]	[illegible]	[illegible]	[illegible]	[illegible]	[illegible]
番椒	每斤					[illegible]	[illegible]	[illegible]	[illegible]	[illegible]	[illegible]	[illegible]	[illegible]

西葫、皮	每斤						.六	.四〇	.四〇	.四四			
番茄	每斤	一				三.三〇	一.〇〇	.五〇	.四〇	.二	.三〇	.三〇	.五〇
荳豆角	每斤	一.〇〇			五.三〇	.四〇	.三三	.四四	.三〇	.四〇	一.五〇	.八〇	一.四〇
胡瓜	每條	三角平 六角	.廿	.三〇	.八〇	.五〇	.四〇	.四〇	.四〇	.〇〇	.六	.三〇	
上海番椒	每斤	一.〇〇	一.八〇	六.三〇	三.八〇	一.四〇							
冬瓜	每斤	.六	.三五	.八	.七	.〇〇							
廣東茄子	每斤	.二〇	一.〇〇	.八〇	一.三〇	一.三〇	每個 字.三〇						
金花菜	每斤	.五五	.四	.九	.四	.三	.六	.三六	.五	.三〇	.六	.六	.六
花椰菜	每顆	三角平 六角	〇.三	.三〇	.六	.三〇	.五六	.八〇	.九〇	.三〇	.二〇	.二〇	.三〇
蓬	每把								.二〇				
鮮茭	每斤								一.六八	一.三〇			
草莓	每斤						.五						
玉蜀黍	每斤					.三六	.三〇	.六	.四				
鮮藕	每斤				.八〇	.九	一.三〇	.九〇	.三〇	.四	.四	.八	.九

豌豆苗	每斤	·二八	·三六	·二八	·二四	·三〇	·一八	·二四	·三六	·三〇	·二八	·二八	·二八
促成香椿	每兩	·三〇	·二〇	·三二	·二六	·三五	·三二			·二五	·三〇	·三〇	·一五
促成花椒	每把	·二〇	·三	·三	·二〇	·一五	·三五				—		·二〇
促成扁豆	每百	一·三〇	一·四〇	一·三〇	一·四〇	每斤·六四	每斤·二二	每斤·三五			每百一·二〇	每百·八〇	每百一·八〇
促成胡瓜	每條										·六〇	·六〇	·六八

（六）關於各項蔬菜以及花卉採種事項

各項蔬菜以及花卉採種方面暫皆由技術股担任茲將本年度所採種類數量擬行推廣者列表於下

（甲）三十年度蔬菜採種數量表

種名	品種名	採種數量	備考
番茄	世界一	二合	
	Earliana	三合	
	American Beauty	三合	
	Ranny Best	三合	

	坂田巨大	二合	
	坂田改良桃色	二合	
	Golden Queen	二合	
	北京番茄	二合	
	Marglobe	二合	
	Break O'day	二合	
	Pritchard	二合	
	Ponderosa	二合	
	Sutton's Best of all	二合	
番椒	坂田赤丸	二合	
	北京小青椒	一、五合	
	美國甜柿椒	一、五合	
茄	北京五葉茄	二合	
	北京六葉茄	二合	

	北京七葉茄	二合	
	北京八葉茄	二合	
	北京九葉茄	二合	
	山東長白茄	二合	
	日本極早生蔓細千成茄	二合	
	日本中生東京山茄	二合	
胡瓜	北京早生胡瓜	二、五合	
	北京大刺瓜	二、五合	
萵苣	日本結球萵苣	三合	
冬瓜	北京冬瓜	五合	
南瓜	日本極早生富津黑皮南瓜	五合	
	榆次上等元南瓜	五合	
	榆次上等長南瓜	五合	
菜豆	北京大青扁菜豆	五合	

	日本與良菜豆	五合
	德國紅花菜豆	五合
	廣東龍牙菜豆	五合
	日本尺五菜豆	五合
	美國長菜豆	五合
	美國靴莢菜豆	五合
扁豆	北京扁豆	五合
[illegible]豌豆	[illegible]豌豆	八合

(乙)三十年度露地草花採種數量表

花卉名稱	種子數量	花卉名稱	種子數量	備考
金盞	六一〇克	矢車菊	四七〇克	
花向日葵	二〇〇〇	天人菊	八五〇	
百日草	四〇〇〇	萬壽菊	三八〇	
花輪菊	二〇	麥桿菊	三二〇	

大波斯菊	四一七〇	翠菊	一七〇〇
波斯菊	一五〇	紅黃草	七三〇
秋櫻菊	九〇	蛇目菊	九五
霍香薊	一四五	輪鋒菊	三五
金魚草	五〇	鐵衣牽牛	二〇
曼陀羅花	六〇	金銀茄	四〇〇
大萬壽	五九〇	小萬壽	四〇
闊葉萬壽	三一〇	小鷄冠	二三〇
鳳仙花	一五〇〇	雛翠草	四一〇
銀邊翠	三四〇	江南豆	三〇〇
康特伯夾提	二四	香雪球	一〇
虞美人	四〇〇	花錦翠	四五〇
花鈴草	二〇	黑種草	三〇
高草	二〇	松葉牡丹	五〇

(七)果樹苗圃工作

品名	數量	品名	數量
殷紫莧	一五〇〇	千日紅	四二〇
鷄冠	二一〇	青葙	四三〇
老鎗穀	五五〇	雁來紅	三〇〇
莎莧	二〇一〇	掃帚草	四一〇
蔵麥	一二〇〇	川穀	二〇〇〇
飄飴草	七五〇	風蝶草	一一〇
草茉莉	三六八〇	大麗花	八〇〇
大金鷄菊	五〇	黄金葉	一五〇
白毛蕊花	二〇〇	美女櫻	一〇七
蜀葵	二五	中國石竹	一二〇〇
美國石竹	一八〇	香草	三一〇
洋秋葵	四〇〇	瓜葉葵	五五
熊耳菊	二〇	非洲金盞	二七

(甲)繁殖事項

果樹種苗之繁殖為本股重要工作之一，本年舉行者播種方面計有果樹砧木類以及實生種播種，內春播者九種，秋播者三種；接木者計枝接者十八種，芽接者二十二種，扦插者計十九種，茲分別列表於下

(一)果樹砧木類以及實生種播種記載表

(A)春播者

種類╲項目	面積	播種期	播種量	播種法	預措	出苗期
山楂	六市分	三月二十八日	每厘一〇〇粒	點播	地下貯藏發芽時播種	四月十八日
君遷子	四市分	四月三日	每厘一、五合	條播		五月二十日
杜梨	二市分	四月三日	每厘〇、三合	條播	沙中貯藏發芽前播種	四月二十五日
棠子	二市厘	四月八日	每厘六〇粒	點播	馬糞中貯藏發芽前播種	五月十日
中國胡桃	二市厘	四月八日	每厘五〇粒	點播	馬糞中貯藏發芽前播種	六月二十八日
黑胡桃	一市厘	四月二十八日	每厘五〇粒	點播	浸水三日後播種	七月二日
[illegible]胡桃	二市厘	四月二十八日	每厘五〇粒	點播	浸水三日後播種	六月六日
[illegible]	二市厘	四月十八日	每厘五〇粒	點播		八月十日
海棠	一市分	四月三日	每厘〇、三三合	條播		四月二十五日

(B)秋播者

種目/項目	面積	播種期	播種量	播種法	預措	出苗期
胡桃	一市分	十一月十八日	每株八〇粒	點播		
山桃	二市分	十一月十九日	每株一〇〇粒	點播		
山桃	二市厘	十一月二十日	每厘五合	條播		

(2)果樹扦插記載表

種類	品種名	扦插數	扦插期	成活數	成活%	備考
葡萄	Chasselas	五	四月三日	五	一〇〇	五月十日出芽
	Palestinien	五	四月三日	四	八〇	
	Datterde beyrouth	五	四月三日	四	八〇	
	Seibel No.6468	五	四月三日	四	八〇	
	Carignan	五	四月三日	三	六〇	
	Gascat	五	四月三日	四	八〇	
	Mascat	五	四月三日	四	八〇	

Dodrelabi	五	四月三日	四	八〇	
Seibel No. 1000	五	四月三日	四	八〇	
Seibel No. 2003	五	四月三日	四	八〇	
l'ot d'or	五	四月三日	三	六〇	
Hemb Turko	五	四月三日	四	八〇	
四二〇A	一〇	四月六日	九	九〇	
三三〇九	一〇	四月六日	七	七〇	
三三〇六	一〇	四月六日	六	六〇	
黑漢	一七〇	四月六日	一二〇	七一	
玫瑰香	二一〇〇	四月九日	一五〇〇	七一	

(3)果樹接木記載表

(A)枝接

接穗	砧木	接木期	接木數	成活數	成活率	備考
黃魁香	山香	三月二十四日至三月二十六日	三二〇	二五八	八一	用揚接法

水晶杏	由杏 由桃	三月二十七日到 三月二十八日	三二〇	二一〇	六六
土倉桃	由桃	三月二十九日	二四	一五	六三
岡山五十號	由桃	三月二十九日	一六	一二	七五
秋蜜桃	由桃	三月二十九日	二〇	一二	六〇
杭州蟠桃	由桃	三月二十九日	一四	一一	七九
天津水蜜桃	由桃	三月二十九日	二〇	一七	八五
倖十郎	由桃	三月三十日	一八	一三	七二
離核水蜜	由桃	三月三十日	二〇	一五	七五
杭州水蜜	由桃	三月三十日	二〇	一四	七〇
小林水蜜	由桃	三月三十日	二〇	一四	七〇
土用桃	由桃	三月三十日	二〇	一八	九〇
美國水蜜	由桃	三月三十一日	四八	三四	七一
扁桃	由桃	四月二日	四〇	二七	六八
早生富雪	由桃	四月三日	二〇〇	一二六	六三

山渣 山楂	四月三日	四〇	三〇	七五	
美國香檳李 山桃	四月六日	四〇	三二	八〇	
秋花皮 海棠	四月七日	八〇	六五	八一	

(B)芽接

種類／項目	接木期	接木數	成活數	成活率	備考
大山楂	八月十五日	一一〇	五〇	四五	
水晶杏	八月二十五日	一九二	一五〇	七八	
金昆海棠	八月二十三日	一二一	八八	七三	
五月鮮	八月二十日	四〇	三八	九五	
青州水蜜	八月二十日	五五	五一	九三	
秋蜜桃	八月二十日	四四	三三	七五	
深州紅蜜桃	八月二十日	一八	一六	八九	
深州白蜜桃	八月二十日	五七	五二	九一	
天津水蜜桃	八月二十日	三二	二八	八八	

(乙)果樹種子調查表

大藥白桃	八月二十日	七一	四八	六八
東嬰	八月二十七日	一五	一五	一〇〇
上海水蜜桃	八月二十七日	二五	三三	八九
岡山白桃	八月二十七日	二七	二六	九六
岡山三號	八月二十七日	一一	九	八二
岡山十一號	八月二十七日	二五	二〇	八〇
大久保	八月二十七日	二八	二五	八九
岡山五百號	八月二十七日	二八	二六	九三
小林水蜜桃	八月二十七日	三二	一七	七六
蟠桃	八月二十三日	二〇五	一〇五	七六
岡山早生水蜜桃	八月二十五日	二九	二八	九七
玉露	八月三十日	二六	三三	八八
肥城桃	九月十三日	三二	二九	九一

本年果樹苗圃所備種子對於物理性質一一加以調查茲將結果列表於下

種類 \ 項目	品種名	每市升重量	每市升粒數	每市斤粒數	備考
栗子	西山西溝栗子			八〇	
胡桃	薄皮胡桃種子			四〇	
胡桃	東胡桃	四二五克	七五	八八	
胡桃	日本鬼子胡桃	五一五	八二	八〇	
胡桃	鐵胡桃	三〇九	二九	四四	
山櫻	Prunus serrulata	六一〇	八四一〇	六七九六	
君遷子		七五〇	四〇四〇〇	二七二八	軟棗每百斤可出種子約十八斤
山定子		六六〇	一二一九五〇	七七七六二	
海棠		五八〇	四七七四〇	八〇六八四	
山桃		五三〇	二八八	二七五	
山楂	實生楂	七五〇	六五八〇		

（附　錄）

（一）本場規章

1.本場組織章程

第一條　實業總署為改進華北園藝事業特設園藝試驗場辦理各項園藝試驗以及改良推廣各事務

第二條　本場設置左列各股

一、總務股

二、技術股

三、推廣股

第三條　總務股職掌如左

一、關於撰擬文牘收發文件保管檔案典守鈐記事項

二、關於職員進退考勤事項

三、關於保管建築物及一切物具事項

四、關於編製計算及會計出納事項

五、關於票券考核及其收款事項

六、關於產品之出售事項

七、關於精製核計及一切報告事項

八、關於庶務及不屬他股事項

九、關於動物園之飼養管理事項

第四條　技術股職掌如左

一、關於果樹之一切栽培試驗及改良事項

二、關於蔬菜之一切栽培試驗及改良事項

三、關於花卉之一切栽培試驗及改良事項

四、關於庭園之設計及改良事項

五、關於園藝病蟲害之防除試驗事項

六、關於果蔬之加工及貯藏試驗事項

第五條　推廣股職掌如左

一、關於優良種苗之推廣事項

二、關於種苗之繁殖事項

三、關於農民栽培之指導改進事項

四、關於園藝一切宣傳事項

五、關於園藝刊物之指導事項

第六條　本場設場長一人薦任秉承實業總署督辦之命綜理全場事務並指揮監督所屬職員

第七條　本場設技正一人股長三人技士五人股員三人技佐八人助理員六人推廣員二人承長官之命分辦各股事務

第八條　本場視事務之繁簡得酌用雇員

第九條　本場為養成園藝技術人員之必要每年設練習生十名

第十條　技正及各股股長由實業總署呈請薦任技士股員技佐助理員推廣員等均由實業總署委任雇員由場長派充之

第十一條　本場試驗改進事項每年應擬具計劃呈報實業總署備案

第十二條　本場辦事細則另訂之

第十三條　本章程如有未盡事宜得隨時呈請實業總署修正之

第十四條　本章程自公佈日施行

2.本場辦事細則

第一章　通則

第一條　本細則依本場組織章程第十三條之規定訂定之

第二條　本場職員依本場組織章程第三條第四條第五條之規定分掌職務但經場長另行派者不在此限

第三條　本場職員承辦事件應分別最要次要普通等類隨到隨辦不得延誤但如有特別情形經場長認可者不在此限

第四條　本場職員對於承辦或參預之事件未經公布者均應嚴守秘密違者得呈請實業總署依法懲戒

第五條　本場職員對於本場一切章則均應遵守

第二章　辦事程序

第六條　凡收到文件由總務股摘由編號登入收文簿呈送場長閱後分送主管股簽擬辦法並由技正簽註意見交總務股擬稿經場長核閱後始得繕發

第七條　凡關於技術及其推廣事項之文件應由主管股先送請技正審核後轉呈場長核閱

第八條　各股事務遇有互相關聯之文件應由各主管股會商辦理如有意見不同時呈請場長核定之

第九條　凡稿件經場長判行後交總務股繕寫校對蓋用鈐記摘由編號登入發文簿再行封發

第十條　凡蓋用鈐記暨戳應由總務股立簿登記原稿未經場長判行者不得蓋用

第十一條　收發文件辦理完竣後應由總務股編號分類歸檔並摘由登簿妥慎保存

第十二條　各股調閱文卷圖書等件應由經手人開具調閱證閱畢交還時將原證繳回

第十三條　本場購置物品修繕房屋等事應由總務股考核市價開具清單呈請場長核準後再行辦理

第十四條　各股所需物品由各領用人填具領用物品單經主管股長總務股股長及技正復核蓋章再請場長核準始由庶務購置其物品購到後須填寫物品授予單妥交領用人

第十五條　本場所收產品除留作種子及供試驗並推廣用外其餘由售品處照章出售

第十六條　本場出納款項先將單據由會計員審核簽章送經總務股長簽章呈請場長核准後再行辦理每屆月終造具收支表呈送場長核閱後呈報實業總署備案

第三章　工作及計劃

第十七條　本場各項工作情形應由主管股按日填具作業日報表呈送場長核閱每屆月終彙呈實業總署備案並於月終年終造具工作月報工作年報呈報實業總署備案

第十八條　本場每年試驗成績應由各股於年終時作製成績報告書呈報實業總署備案

第十九條　本場每年應行各項工作應於年度開始前由場長核定會同各股股長擬定工作大綱交由各主管股擬製事業進行計劃及經費預算書呈送實業總署核准施行

第二十條　本場每年所育成各種優良種子應行推廣者由推廣股分發農民並指導栽培方法但須先行開具數量呈請場長核定之

本場試驗成績亦由推廣股推廣之

第四章　勤務及考核

第二十一條　本場職員除星期及例假日外依實業總署辦公時間到場服務但已屆散值時間如因事務不能中止時得延長之星期及例假日各股應由職員輪流值日

第二十二條　本場職員到值散值時須自簽姓名時間於考勤簿不得遲到早退但經呈明場長核准者不在此限

前項考勤簿隨日於上下午由總務股呈送場長核閱

第二十三條　本場職員因事或因病請假時應填具請假單呈請給假不滿半日者得由主管長官許可半日以上者應於請假單內註明委託代理人由主管長官轉呈場長核准因病請假在五日以上者並應附呈醫師診斷書證明之

第二十四條　凡在辦公時間未經請假擅離職守或經請假期滿未經銷假者均以曠職論

第二十五條　本場職員之考績依實業總署之規定每年於年終行之

第五章　附則

第二十六條　本場售品售票參觀及管理練習生工役等各規則另訂之

第二十七條　本細則如有未盡事宜得隨時呈明實業總署修正之

第二十八條　本細則自呈奉實業總署核准之日施行

3. 本場售票規則

第一條　本規則依本場辦事細則第二十六條之規定制定之

第二條　本場售券其種類價目規定如左

一、大門券　每張大洋壹角限一人一次用

二、大門半價券　每張售大洋五分以軍人及孩童為限

三、暢觀樓券　每張售大洋五分限一人一次用
四、暢觀樓半價券每張售大洋三分以軍人及兒童為限
五、全日釣魚券　每張售大洋壹元限一人一日用
六、半日釣魚券　每張售大洋五角分上下午限一人半日用

第三條　各項票券悉分類編號以便稽核

第四條　售票員每次領取票券應開具三聯單書明請領某種某類若干由某號至某號以一聯持向庶務室領票一聯存查

第五條　售票員每日領到票券至出售時應加蓋月日圖章以便稽查

第六條　參觀人購票入場時由驗票人撕去一角出場時再由收票人查驗收回

第七條　售票員至每日停止售票時應將當日售出總數開具報單三份以一份送呈場長備查一份送交庶務室校對票數一份連同現款送會計處核收登記

第八條　售票員每日收入票款應如數繳清不得積壓

第九條　售票員如因事請假時須報明總務股派員代理

第十條　本規則如有未盡事宜應隨時呈請修正之

第十一條　本規則自呈准公布之日施行

4. 本場參觀規則

第一條　本規則依本場辦事細則第二十六條之規定制定之

第二條　參觀時間由本場隨時規定公佈如逾規定時間參觀人不得逗留場內

第三條　參觀人應至售票處依照定價購票入場

第四條　凡專爲園藝學術到場參觀者得予免費但應先行具函場長訂定日期再由技正及各股股員妥爲招待

第五條　各機關團體來場參觀者須先期備具公函敘明參觀日期及人數經場長核准後再由總務股轉知售票處准其免費入場

第六條　參觀人不得携帶危險品入場

第七條　參觀人不得袒胸露背及任意躺臥

第八條　場內設有男女廁所不得任意便溺

第九條　參觀人不得損壞公物摘取花果侮嚇動物及一切不規則舉動如有損壞照價賠償

第十條　參觀人須遵守本場一切規則

第十一條　本規則如有未盡事宜得隨時呈請修正之

第十二條　本規則自呈准公布之日施行

5. 本場售品處規則

第一條　本規則依本場辦事細則第二十六條之規定制定之

第二條　售品處設營業員一人經管一切產品出售事務

第三條　所有本場產品初次出售時均須預先估計數量報由總務股切實查核擬定價目呈准場長後再行照章出售

第四條　凡有大宗售品其價值在五十元以上者每次均須查明數量開列單價送由總務股查核呈請場長批准後方得照章出售

第五條　出售之產品應由總務股將數量登明送品簿發交售品處營業員點收後應於送品簿上蓋章交回

第六條　售品處關於售品事宜應設備左列各簿

1.收售產品分類簿

2.行市調查簿

第七條　售品處應置備左列表單

1.售品數量價目報告單

2.收售產品圖柱表

3.發單（由場製四聯者）

第八條　每日售品數量價目報告單以一份送交會計存查一份送交總務股長核對相符後蓋章轉呈場長核閱

第九條　售品處收到售品後如須送市出售者應先調查市價報明總務股派工人送市售賣之

第十條　售品處於月終將售品分類簿結清開單送請總務股長覆核蓋章轉呈場長核閱

第十一條 售品處每日收售產品分別列入四柱表後日送請總務股長轉呈場長核閱

第十二條 售品處出售產品應填寫發單四聯一二兩聯交承買人收執第三聯連同款項交會計核收第四聯存查

第十三條 承買人出門時應將第一聯發單交由門警查驗放行門警將所收發單呈送總務股查核如無單據即將物品扣留究辦

第十四條 凡有大宗售品亦可用投標法售賣之先期由本場布告週知屆期當衆開標如所投最高價值與本場預定價額過於懸殊時可將所投之標作廢再行改期投標

第十五條 售品處售出產品須將貨款收清不得掛賬

第十六條 本規則如有未盡事宜得隨時呈請修正之

第十七條 本規則自呈准公布之日施行

6. 本場練習生管理規則

第一條 本場爲養成園藝技術人員起見依照本場組織章程第九條之規定得酌設練習生

第二條 練習生名額暫定爲十名

第三條 凡具有高級小學畢業程度體格強壯品行端正能耐苦耐勞年齡在十六歲以上二十五歲以下者爲合格

第四條 練習生入學期間爲二年期滿經考試合格後發給修業證書其成績優良者留本場服務或代介紹至各地工作

第五條 凡經本場錄取之練習生應邀同保人來場填具本場印有之保證書并入學志願書方准入學

第六條　凡經本場錄取之練習生須住宿場內並按月每人由本場發給津貼伙食費三十元但其他一切費用均由各生自理之

第七條　練習生每日上午為上課時間由本場授予各種園藝課程下午為實習時間

第八條　練習生不得吸煙飲酒及其他不良習慣

第九條　練習生凡有要事必須請假者應先行填具請假單呈送管理主任轉呈場長鑒核

第十條　練習生在規定之例假日外不得無故曠學

第十一條　練習生須遵照本場所規定之時間上課聽講及指定之場所實習不得遲到或早退

第十二條　練習生實習時應一律穿着實習服

第十三條　練習生實習時須服從各該管指導人員之指揮

第十四條　練習生對於本場公有物品均應愛護不得毀壞如有損傷時須照價賠償

第十五條　練習生每日應將所習作業作成日記按日呈送管理主任閱後轉呈場長

第十六條　練習生如不遵守上列規則時得記大過凡記過三次而尚不知悛改者本場得隨時令其退學並得責令其償還在所學期間之一切費用(無故中途退學者同)

第十七條　本規則自呈准公布之日施行

7. 本場管理夫役規則

第一條　本規則依本場辦事細則第二十六條之規定制定之

第二條　各股夫役由總務室指揮督察之如有偷惰及不受約束者得隨時懲罰或開革之

第三條　本場劃分區段由總務室指派夫役每日按段掃除清潔平墊道路以整觀瞻

第四條　各股夫役應早作晏息勤儉將事並須服從該管職員之指揮調遣不得違抗

第五條　各股夫役每月得請事假一天如逾規定期限按日照扣工資其遇有疾病假期在三日以上者須經呈醫生診斷書並覓人代替其有特別事故請假得由各股股長陳請場長酌定之

第六條　各股夫役在場內不得相罵喧譁高唱詞曲違者處罰

第七條　各股夫役不得有聚衆賭博及結夥之行爲一經查出立即處罰或開革

第八條　本規則如有未盡事宜得隨時呈請修正之

第九條　本規則自呈准公布之日施行

8. 本場管理傭工規則

第一條　本規則依本場辦事細則第二十六條之規定制定之

第二條　各股傭用傭工分爲長工季工短工三種其人數視事務之繁簡隨時酌定之

第三條　各股傭用傭工由各股長指定所屬各該主管員分別負責管理之並分配工作考查勤惰

第四條　各股傭用傭工工作時間本場按照季節隨時規定公布之

第五條　各股僱用個工每月得請事假一天如逾規定期限按日照扣工資其遇有疾病假期在三日以上者須檢呈醫生診斷書並覓人代替其有特別事故請假得由各股股長陳請場長酌定之

第六條　各股僱用個工不得有爭毆賭博行爲違者處罰或開革之

第七條　各股僱用個工如有特別勤儉嫺於技術者年終得由各股股長陳請場長獎勵之

第八條　本規則如有未盡事宜應隨時呈請修正之

第九條　本規則自呈准公布之日施行

(二)本場職員一覽

職別	姓名	別號	年齡	籍貫	略歷
場長	孫雲蔚		三五	江蘇吳江	日本國立園藝試驗場及九州帝國大學園藝研究室等研究青島農林事務所所長實業部農事試驗場場長
技正	殷一甯	一心	三一	江蘇江陰	日本京都帝國大學農學部園藝研究室研究
總務股股長	鄂景崇		四四	北、京	浮逸高等學校畢業後辦務調查員西北籌邊使署僉事存任縣任用山西河曲縣知事
技術股股長	章祖綸		三十	浙江吳興	日本國立園藝試驗場本場及東北支場研究實業總署科員
推廣股股長	鄔維群		三四	浙江吳興	日本國立園藝試驗場研究江蘇省立教育林場技師兼代場長青島農林事務所技士實業總署技士
技士	林慶義		三二	山東濱縣	河北省立農學院畢業河北省農學院農藝系助教山東建設廳棉業指導員棉業改良場技士兼主任

職別	姓名	別號	年齡	籍貫	履歷
	譚俊傑		三一	遼寧奉天	國立奉天農業大學畢業產業部農務司技士錦縣城農事試驗場園藝科技士
技士兼攝庶員	章宗江	公偉	二七	浙江吳興	國立浙江大學農學院農藝科畢業浙江省立蕭山湘湖農場技佐浙江省吳興縣立苗圃技士
	莊鏑	庸之	三一	浙江吳興	江蘇省立農業專門學校畢業江蘇吳興縣立農事改良場技士青島農林事務所技佐
股員	孫楚	子久	二六	浙江瑞安	上海正風文學院畢業浙江第四區行政督察專員公署科員天津商品檢驗局棉花檢驗分處技佐
	武岑	錫泉	二九	河南開封	開封中州中學畢業青島市教育社會局辦事員
	莊什樣	滄岩	四五	江蘇常州	上海大同大學肄業杭州鐵路材料科員津浦鐵路材料課辦事員材料處課員材料檢驗所料股主任
	李家鏊	爲臣	六四	安徽宿縣	安徽鳳陽皖江中學畢業陸軍部獸醫官皮件課課長督北五原縣觀局長
	陳垓	惜如	五十	山東濟寧	山東濟寧中西中學畢業山東濱蒲利霑稅局會計奉天通稅局會計青島市政府辦事
技佐	張德霖	雨生	三三	河北保定	河北省立農學院畢業黃村職業學校北京女子家事職業學校四存中學等校教員
	范希穆	舜農	二三	浙江吳興	江蘇省立農業專門學校畢業浙江吳興縣民教館幹事
	黃德璋	清如	三五	北京	京師公立第四中學畢業北寧鐵路天津扶輪學校事務主任天津第一職工學校教員
	周潤鏊		二七	河北平谷	河北通州師範學校畢業勵效微生物學研究所事務員
	劉汝淮	訪漁	二五	河北宛平	北京市惠成中學畢業北京大學農學院標本室製標本技術員

史德豐　惠民　三十　河北遵化　安東園藝中學畢業北戴河海濱園藝試驗場技術員

呂德山　悅仁　二七　河北臨榆　國立北京大學農學院農學系畢業

高寶森　二四　河北天津　奉天省立農科高級中學畢業安東林科中學農林場技術員安東省立第一國民高等學校農場技術員

助理員

沈明昌　克齋　二七　北　京　北京第四中學肄業河北省第一省路局辦事員北平市農事試驗場書記

申靜如　二六　河北大興　北京市明敎女子中學高中畢業燕京打字專科學校畢業北京志成中學女校會計員

鍾仁成　保宸　四五　河北涿縣　京師公立第三中學畢業內務部辦事員古物保管委員會庶務科科員

徐思波　海峯　四二　河南清陽　河南清陽縣立中學畢業京綏鐵路局專務督察京綏路貨捐局主任北平市農事試驗場農作股股長

安　濤　仲山　五五　山西五台　清附監生北京市華光學校職員

僱員

劉朱華　麗生　三十　北　京　北京市弘達中學肄業河北省定縣專都縣官產局辦事員

劉世勳　哲生　三五　北　京　安徽中學肄業漢口公安局辦事員

宋品良　寶發　三五　河北寧平　北京市崇明中學畢業河北省定縣農場助理員

吳培森　茂林　二六　河北定興　北京市第三中學畢業湖南省立棉業試驗場指導員

蕭效匡　以衡　三三　河北滄縣　天津第一師範學校畢業天津第一師範學校書記

朱碩石	廷猷	二六	浙江吳興	浙江南潯中學畢業浙江南潯中學農場管理員
高華軒		四六	山東嘉祥	濟東省立師範學校畢業河南開封印花稅處會計主任河南實業銀行出納員兼庶務
學習書記 楊芳		二三	北京	北京市私立翊教女子中學校畢業

(附)練習生一覽（第一期）

姓名	年齡	籍貫
張力承	二四	河北保定
張允祥	二二	江蘇吳江
鄧文濤	二二	北京
王賦瀛	二二	河北房山
于洪淵	二一	山東海陽
劉舜華	二十	安徽太湖
李傳翔	一九	安徽涇縣
朱袁蒼	一九	河北東光
陳徵華	一九	山東濟寧

李傳玖	一七	安徽滁縣
張丙寅	一七	江蘇吳縣
沈永昌	一七	北　京
（第二期）		
張一淼	二二	河北永清
馬允平	二三	河北大興
周一偉	二一	江蘇吳縣
陳　琦	二〇	河北天津
汪貫文	一九	浙江蕭山
李大興	一八	北　京
崔世讓	一八	北　京
沈大中	一八	浙江嘉興
李希元	一八	察哈爾延慶
盧世昆	一七	河北大興
孫可泉	二二	河北滄縣

王宗壐　二〇　河北天津
劉宗三　二〇　北　京
田國珍　一八　北　京

中華民國三十一年七月

編輯兼發行者　實業總署園藝試驗場　北京西直門外

印刷者　京城印書局　北京和內北新華街　電話三三五七〇

非賣品

簡明園藝學

丁錫華 編

中華書局

中小學校適用

簡明園藝學

全一冊

編者
武進丁錫華

校者
鎮海鍾衡臧　無錫俞宗振

中華書局印行

編輯大意

一本書趣旨，爲供家庭與學校講求園藝之用．所選材料，以切於實用富有興味爲目的．

一本書爲實習用，故詳示實驗手續，不取空論．

一本書於繁殖栽培之實習手續，既分詳於各節，而因各節中有不能並及者，更附以實習參考，庶無乖實用之趣旨．

一本書只附實驗的插畫，若花木生態，在實習地位，儘可直觀，不復插入．如欲參照，亦自有植物掛圖可資購覽．

一本書取材，以本國所產園藝植物爲主；如爲國外種而栽培尚未普及者，暫付闕如．

一本書於節氣、時令，悉遵陽歷；雖南北氣候有異，而準此酌行實習之時期，當無甚貽誤．若誤會爲陰歷，則實習必無成效．

簡明園藝學

目錄

簡明園藝學

第一章　總論

第一節　園藝界說及種類

園藝爲類於農藝之一種事業；其範圍較狹，其技術特精，其效用則爲副食品與觀賞品，頗有益於生計及衞生，而切近於家政者也。

園藝之種類甚多，栽培之目的亦各異。分述如左：

（一）實用的園藝　以實用爲目的而從事栽培者。分爲二：

（1）果樹類。

（2）蔬菜類。

（二）觀賞用園藝　以觀賞爲目的而從事栽培者。分爲二：

（1）色香類　凡卉木之花及葉、有優美色香者，屬之。

（2）生態類　凡卉木之莖及葉、有特異生態者，屬之。

第二節　園藝之要需

(一)氣候　植物之生活，頗與溫度有關係。非特播種期及收穫期、須有適宜之氣候；即其生長期內，以同種植物同植一處，而異其日光之向背，則其榮枯，必因而不同。又若寒地種類、移植暖地，暖地種類、移植寒地，是皆違背物之自然性，尤須考察氣候，而施以人工補救法。

(二)土性　植物對於土壤之性質，各有相宜不相宜情形，故宜先辨土性。各種土性，大略如左：

(1)粘土　土粒特細，粘性特强，善畜水分，而無旱害。然園藝諸植物，不宜於純粘土，而宜混砂用之。

(2)壤土　土粒雖細而不粘，且疏鬆而宜耕，在園藝上、水旱皆宜。就中多砂質者、稱砂質壤土，多粘土者、稱粘質壤土，多石灰者、稱石灰質壤土。

(3)沙土　土粒麤糲，中多孔隙，當混粘土用之。其純砂土，則宜於舖盆底，以便排泄水分；或貯藏種子種根於其中，亦甚適用。

(4)壚土　卽池沼中有腐爛植物質之泥土也。多水分而有結實性，不宜耕種，蓋於植物地下部、無疏通水分及空氣之效益，宜混砂以利宣泄，混石灰以和酸性，而後始適於栽培之用。

他如礫土、石灰土等，僅用於特種植物者，略焉。

(三)肥料　肥料所以補地力之消耗，而應用的種類，尤關園藝植物之各有相宜性。今先詳其種類及製法如左：

(1)下肥　成於糞溺，爲主要肥料，價廉而效速。凡植物必需之含淡性、及鉀素燐酸等，皆存在成分中，故甚適用。但須貯藏發酵，至成熟後用之。

(2)堆肥　成於家畜糞溺，混有廄舍之墊草、及殘食之綠草、藁桿、落葉等。先取而堆積一處，時注汚水，促其腐熟，而後用之。

(3)鳥糞及蠶滓　鳥糞以雞糞、鴿糞爲佳；可混入堆肥中熟之，極宜於草本之栽培。蠶滓成於殘桑之混有蠶矢者，富淡素及燐酸；其用法及效驗同於鳥糞。

(4)魚肥　生魚曝乾而碎裂之，或煮魚去油而取其渣，總稱魚肥；亦富淡素與燐酸，爲園藝肥料之上品。其用法、或直行撒布，或先噴水，堆腐而後用之。

(5)骨粉　鳥獸類之骨、含燐酸甚富，煆爲粉，以作肥料，力大而效遲，宜於果樹及木本花之栽培。

(6)糟及粕　糟有酒糟、醬油糟等，粕爲大豆、油菜子、胡麻子、棉子等之榨去油分之殘渣，皆爲富於淡素之肥料。且糟類又能柔潤土質，分解土中養分者，故尤爲佳品。其用法、須入堆肥中，促其腐熟後，方有效力。粕類之用法、通常搗碎之而篩得勻細者，直撒布之；或以水浸漬，令腐而後用之，爲花卉果樹所必需。

(7)草肥　將豆類、苜蓿、紫雲英及其他草本之莖葉，鋤入土中，令其腐爛，以肥地力，稱爲草肥。取其相混之土，以培花卉蔬菜之根，亦甚有效。

(8)糠及稃皮　舂米時所餘之糠，製小粉時所餘之稃皮，皆含營養要素，但多油分，不易分解。可先充家畜飼料，而取堆肥，或堆積腐熟而後用之。

(9)草木灰　灰分無淡素而多鉀素，因特稱爲鉀素肥料，又略含燐酸石灰質，於作物皆宜。

(10)過燐酸石灰　用燐灰石之礦質或煆製之牛骨，加稀硫酸，使難溶性之燐酸石灰，變爲易溶性之過燐酸石灰，以作肥料，自易爲根毛吸收，速其效力。凡花卉果菜之短期種類，用之最佳。惟施用後，須常澆水。

(11)泥肥　卽溝渠及厨下之泥，含肥分頗厚，有大效，果樹及木本最宜。

(12)泔汁及汚水　泔汁、卽淘米之濁水，汚水、如厨下水、洗衣水、浴後水等，亦可以肥地力。

他如煤油之有殺蟲力，石灰之可分解土中養分，亦屬副肥料，但非常用品，卽用之亦宜少量。

第三節　園藝之要術

(一)繁殖　園藝植物，欲圖繁殖，技術甚多，可分述如左：

(1)下種法　先時、採集黃熟之種子，揀選晒乾，貯藏於瓶，弗使受濕受風，及時取而播之，播種前、必先耕土使鬆，施料令肥，既播、後再被以土，或覆以藁，時時澆灌，或施下肥。而播種期亦必擇相宜之氣候。

（2）壓條法　如圖、將接近地面之枝條，刀傷其可以壓及地面之部之外皮，以土壓之使自生根，而後斷之以爲苗，是稱壓條．凡易於生根之果樹花木可用此法．

（3）分根法　凡多年生植物，其根之再生力極强者，如牡丹、芍藥、蘭花、菊花等，可及時分其根之一部而他植之．

第一圖

壓條法

（4）插枝法　斜削枝條的下端，如批馬耳，插於已耕鋤之土中，更壅以土，是爲插枝法．大抵用於梅、柳等．亦有春季插芽、夏季插葉以圖繁殖者．而秋季插菊類之枝亦宜．

（5）義枝法　爲圖種類改良，以達所要色香或佳果之目的，而取佳種之枝條，接換於野生之原種，是曰義枝法．卽截斷其野生者之近根數寸處——稱爲臺木，與所取接換之枝，——稱爲義枝，使兩相癒合，從義枝之種性以生活焉．其所得結果，必優於原種：即花之單瓣，可變複瓣，實之味劣者，可轉美味，凡色香生態，皆可因此改良也。應注意之點如左：

(甲)義枝種類　義枝同於臺木之種類者：如梅、桃、杏、李之相接，柑、橘、橙、柚之相接，皆易施手術，易得良果，非同種者較難。

(附)適宜表如左

義枝種類	臺木種類
梅	野梅　李　杏
桃	蟠桃　李　野桃　種生桃　杏
李	桃　杏　種生李
杏	梅　李　桃　種生杏
梨	棠梨　木瓜　種生梨　榲桲
柿	種生柿　君遷子
栗	茅栗　種生栗

棗　桂　種生棗
蘋果　梨　棠梨　木瓜　種生蘋果
葡萄　野葡萄
柑橘　枳　柚　枸櫞　種生橘
枇杷　種生枇杷　榲桲
櫻桃　野櫻桃　種生櫻桃
石榴　種生石榴

(乙)接換用具　宜備小刀、鋸、鋏、結繩、塗蠟數種.其結繩、用稻藁或麻製之,其塗蠟、熔猪油、松香成之.

(丙)接換時期　行於春夏秋三季中,以正二三月爲最宜,六七八月次之.亦有四季可行者,薔薇是也.

(丁)接觸手術　鋸斷臺木,通常高約數寸;惟喬木類,高可及肩.於斷口更用刀削平,再剝開其皮層深約寸餘.取義枝削其下端,作片面尖劈狀;含入口中,助以唾津，插入臺木之剝層間以繩結之，以蠟塗之；或裹以鞾，以禦風雨；如是、則義枝自能癒合焉。亦有用義芽者，又有並兩樹使癒合者，其技術略同。

(二)移植　花木果蔬，常植一處，因頑性與地力缺乏之關係，窒其發育機能，則可易地轉栽，以企繁殖，此爲移植法。我國夙注重之。其注意點如左：

(1)移植時間　春秋二季最宜。惟普通木本、宜擇雨後或晴日之薄暮行之，花卉宜於晴後一二日間，蔬菜宜於將雨時。

(2)移植方法　木本移植，須記取其在原地之陰陽面，不令改變方向。於移植處、移植時、大本宜髡，小本宜略剪其細枝及叢葉，是防移植時根之吸水力減弱，故宜減其蒸發處以補救之。又於移植地、宜先掘深坑或鑿穴，植後、更壅土於其根之周圍，打之堅實，略灌以水。惟蔬菜及草本、宜淺植之。

(三)修葺　卉木經適宜之剪伐，——所謂修葺法者——可使枝葉益茂，花實益大。其法如左：

(1)剪枝法　果樹卉木、如有冗枝，皆須剪去，使養液聚於花果，而後花果乃大。

剪之時期宜春秋二季;其在夏季、有冗枝之花木,亦可剪去之.剪法須斜面令斜上與芽頂齊平,斜下與芽本齊平.

(2)摘芽法　蔬菜及花草、當行摘芽法.通常於瓜類、摘頂芽,令其蔓延;且須展轉摘之,則蔓延益盛.又於豆類、摘叢葉及心芽;於牽牛花、摘心以繁花枝,摘芽以大花輪,皆有定法.

第二圖　剪枝法

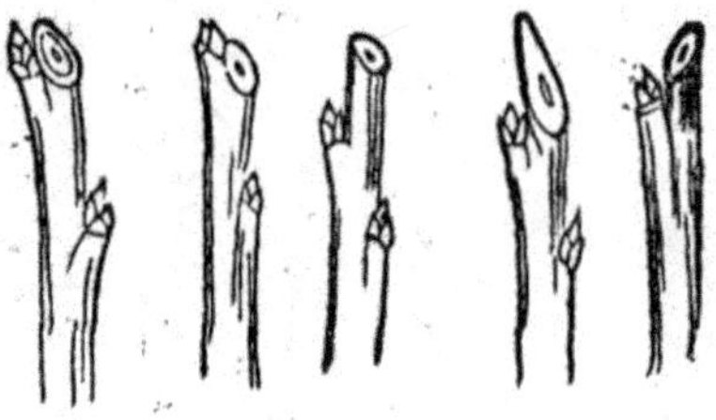

(四)治理　治理之要點如左:

(1)疏整　亦稱刪科.即凡果蔬於播種或移植後、發育太密者,須刪除以疏整之.是不特爲淘汰劣品計,實可使良者有吸收養分之餘地;且得使空氣流通,日光充足,以適植物之生理.

(2)芟鋤　即除去圃中之雜草也.蓋雜草叢生,能奪作物養料,而侵害其發育,故宜時時芟鋤之,不令滋蔓爲要.

(3)中耕　花、蔬、之生育旺盛時期,須常耕畦間土壤,使之疏鬆膨脹,以利發展;

其功效不僅除雜草已也

（4）防除蟲害　園圃中最多害蟲，可用捕蟲網或誘蛾燈以除滅之。又作物多因菌類而罹病害，宜撒布石灰或燃薰硫烟以殺其菌，甚或拔去已病之植物，燒除之，以防滋害焉。

第二章　果樹園藝

第一節　果樹種類

果樹種類，普通分別如左：

（一）仁果類　果肉內有細小柔軟之核爲仁，如蘋果、梨、柿、枇杷、柑、橘、石榴之類是。

（二）核果類　果肉內有堅硬之大核，如桃、梅、李、杏、櫻桃之類是。

（三）漿果類　果皮甚薄，果肉柔而多漿，如葡萄、無花果、懸鉤子之類是。

（四）乾果類　果皮堅硬，果肉肥厚而乾，如栗、胡桃、銀杏之類是。

第二節　果樹繁殖法

圖果樹之繁殖，主用義枝、插枝、壓條三法。

(一)義枝法　細分之,爲義枝、義芽、並枝、三種.

(1)義枝　更細分之,爲切接、割接、搭接、插接等.

第三圖　切接

第四圖　割接

第五圖　搭接

(甲)切接　亦稱根接法、先横斷其臺木,高三四寸;更縱剖樹皮深一寸許.乃截取義枝,長三四寸,斜削下端,插入剖縫中.以繩束之,以蠟塗之.壅以土至沒義枝爲度.迨發芽至二三寸,而後去土,使自樹立焉.

(乙)割接　亦稱身接,乃割其中徑而接以義枝也.宜用於大臺木或厚皮者.

(丙)搭接　臺木與義枝同大,斜削成同角度而接合之.

第六圖　插接

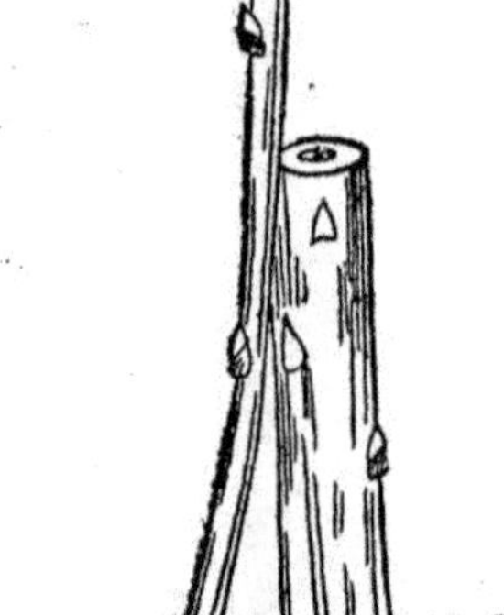

(丁)插接　先插義枝於濕土中,斜旁臺木,各

於接近處去皮以接合之至甚發育，乃截去義枝下部之懸離者.

(2)義芽　卽以芽代枝須擇芽之强壯者.先選二三年生之樹爲臺木，約距地二三寸處，剖開樹皮，作丁字形之裂目，而後將芽嵌入.如常法、以繩及蠟護之.此法須行於夏季;至翌春已發新枝，乃束其枝於臺木，使姿勢直上，然須截去其露於束綫之上段，俟其再生.

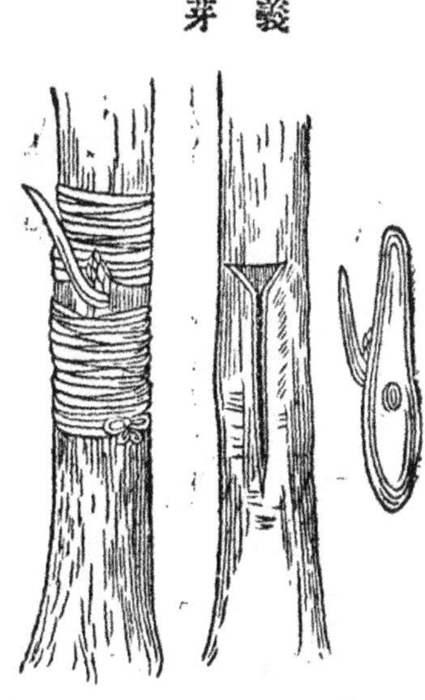
第七圖　發芽

(3)並枝　凡高品及不能用義枝、義芽者，用此法.其法、先移植其同形性之樹於一處，使其枝互交.各於相交處之皮削去之，以形成層接合.外裹竹籜，束以麻繩，封以濕土，迨癒合後，始截去義枝本身之下懸部.如欲花果兩者合色，則勿去其臺木之梢可也.

第八圖　並枝

(二)插枝法　此法宜於葡萄、蘋果、無花果等.法先選肥沃之地,耕作數畦,澆水施肥.而後擇強盛之枝條,斷取尺餘長度,斜削下端,深插畦間.晝間架棚以蔽日光,晚間澆水以潤根荄,至次年春季移植之.

(三)壓條法　此法亦宜於葡萄、蘋果等.除前章第一圖所示外,尚有兩種情形,如左:

(1)堆壓　截斷樹幹,堆高泥土以圍之,令發新苗,迨苗枝之土圍部,已生無數細根,再去土而一一切離之,以移植焉.其未發新苗前,宜常澆以水.

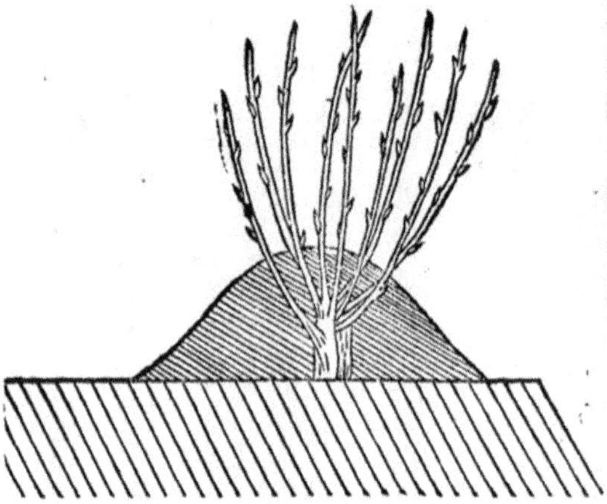

第十圖　筒壓

第九圖　堆壓

(2)筒壓　擇取新枝之幼嫩部

分，傷其皮層，而塗以溼泥，用兩半之竹筒，圍箍於外，而實以土，卽能生根，至翌春陰晴時，除去其筒與土，截取而移植之.

第三節　果樹修葺法

(一)刪冗　如刪枝、刪根、摘芽、摘果等，爲刪冗助長，經濟其養分之良法也.普通主刪枝法，應注意之點如左：

(1)果樹有果芽與枝芽之別.果芽圓大，生於短節之枝；枝芽細長，生於長節之枝.剪枝時當留其短節，而剪其長節.

(2)枝有强弱.强枝當短剪，令少屈；弱枝當長剪，直立

(3)刪密留疏.

(4)刪老枝與病枝.

(5)刪時宜春季發芽前、秋季落葉後.若在夏季之則，流出樹液，易罹病害

(6)刪剪處宜塗蠟，或壅土，以防害蟲與水溼之侵襲.

(二)修整　刪冗後，爲欲樹樣之美觀，更刪之使整齊.約有二種：

第十一圖
圓錐式

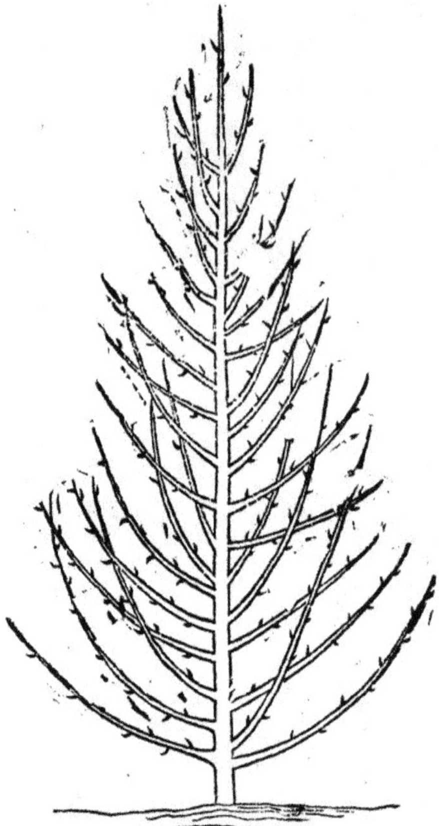

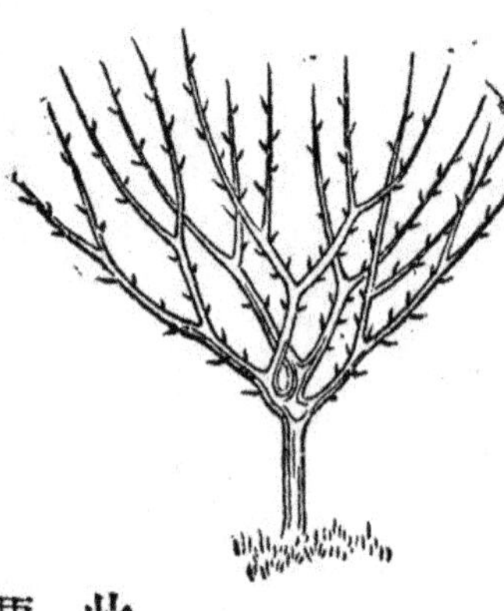

第十二圖
平頭式

(1)圓錐式　先斷本幹於距地一尺或尺半處，令生多枝．選留正中直上之一枝，引爲主幹，任旁枝四圍擴散．至成叢後，先删冗枝，復將所留之旁枝，周圍删其梢頭，自下而上，爲圓錐式．

(2)平頭式　初與前法同；但不分主幹，任多枝斜上，至三四尺高，乃删其枝梢，爲平頭式．

此外或修之爲盃狀，或修之爲饅首狀；但非常式．

要之，修法以整齊勻一爲美觀也．

（三）排列　立柱或棚架，結附枝梢，使成立有樣之排列，而後得任其固定形態，惟時修整之而已。約有三式：

第十三圖　肋式

第十四圖　釵式

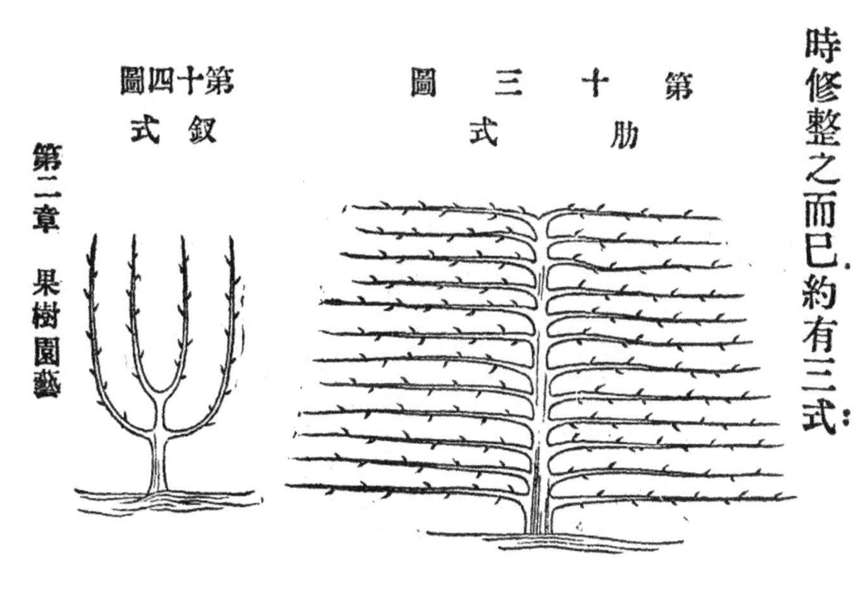

（1）肋式　亦稱水平式。先斷其幹，令發三枝，直引一枝爲主幹。而平引其他二枝。年復一年，引之於兩旁之柱，繩結如前，至高至丈餘而止。此式常行之於梨及蘋果樹。非但美觀，且使果實懸垂，式圓而形大，又較多數而不礙發育者也。

（2）釵式　斷幹高一尺，令發二枝或四枝，枝相對屈曲如釵脚。亦宜於四圍以柱引之，此式亦可得多數之花蕾與豐大之果實。

（3）扇式　斷本幹高一尺或二尺，令發三四枝，各以同一距離，引向旁面，使之斜上，成一扇子式。年年如此修法，至高至丈餘而止。此式常行於桃、李、櫻桃樹。

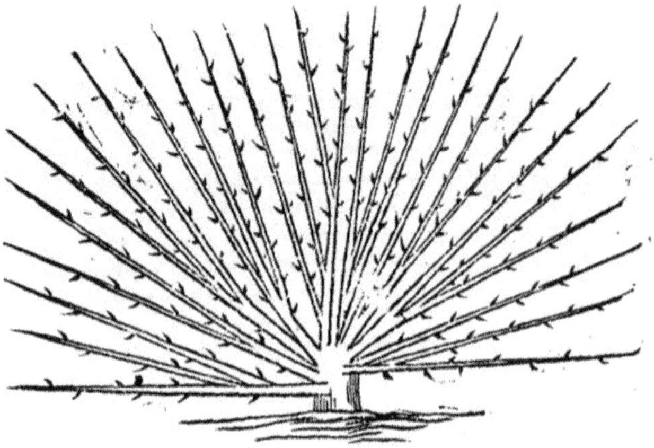

第十五圖　扇式

〔附〕棚架法　此法常用於葡萄樹及其他藤木植物。先斷本幹約高六七尺，立圓柱於四圍，架竹爲棚。而後將本幹所發之新枝平均引結於四隅；更剪之使生多枝，令蔓延於棚上。

第十六圖　棚架法

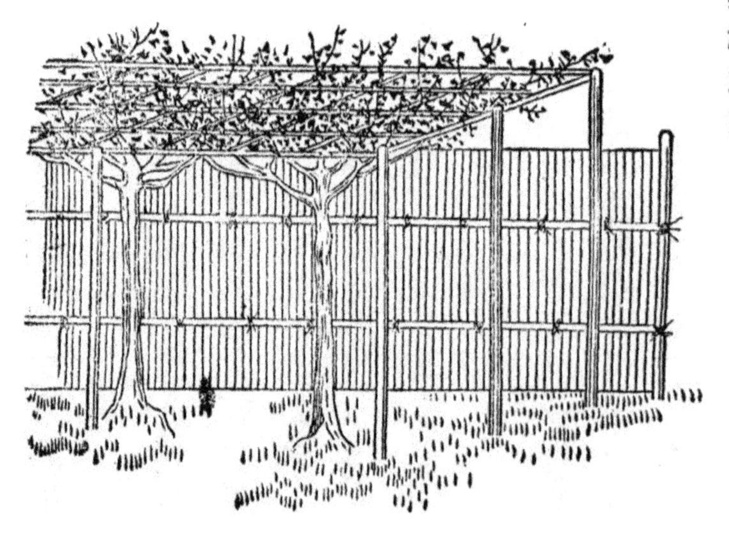

第四節　果樹各個性

(一)蘋果　花淡紅色，果實有甘酸兩種，七八月間成熟。氣候宜寒冷而乾燥，土性宜砂質壤土。繁殖法宜義芽及義枝之切接法，而我國則常用壓條法也。移植宜在十二月，肥料主用堆肥。成樹後宜删冗宜棚架。每年結果時，須多採摘，勿令過密；過密則實小而味劣，且翌年又必歉收也。蘋果常有菌害，宜洒以石油乳劑，（製法詳後）或撒以石灰。

(二)梨　種類甚多，有雪梨、青梨、黃梨等。性耐寒，忌多雨。土性宜粘土。繁殖法與蘋果同；或用下種法。其花有紅白二色，果實成熟，早者七八月，遲至九十月。其果實如欲保存之，可收藏坑內，或紙裹裝箱而藏於寒冷處，則可歷久不腐。

(三)柿　色紅或黃，味甘，可以生食；亦可乾製之爲柿餅、柿霜、柿澁等。性强健，不患寒暖，惟好砂質壤土。其繁殖法、多用君遷子爲臺木，展轉以義枝接之，可使結實無核。花色黃白，花形甚小，開於四五月。實熟時在九十月。如當實之青色時，採之而藏於藁灰中，亦能紅熟。此果樹因材質堅緻，不生蟲害；惟每有不結果實，或結果而中落之患.施肥宜於春季發芽時,至秋時,可施以堆肥、草灰、及過燐酸石灰.

(四)柑橘類　有橙、柑、柚、橘、金橘、枸橼等數種.好暖地及砂質壤土.其繁殖用義枝法,以枳或柚爲臺木.肥料以油粕、堆肥、魚肥、草灰、燐酸肥料爲宜,於九十月及二三月間施之.花色黃白,開於初夏,可摘取之以浸油.果實熟於九月至十一月間,可生食或蜜餞.

(五)枇杷　有白沙、紅沙、無核三種.生活力皆強,隨處可產.繁殖法、任用下種、插枝、義枝諸法.肥料用堆肥、魚肥、米糠等.夏時須删冗枝.花黃白色,開於一二月間.果實熟於五六月.樹形可修整之爲圓錐式或盃式

(六)石榴　有紅白二種,紅者最多.不擇土性,惟不宜於極寒之地.如得肥沃之砂質壤土,而略含有水濕處,尤宜其繁殖也.繁殖之法,用插枝法或壓條法.其果實成熟至七八分徵候,卽宜採取之;若十分成熟,則皮綻而子露,不耐久藏.

(七)梅　有紅梅、白梅、綠萼梅數種.紅梅及綠萼梅爲觀賞用;所需果實,爲白梅一種.(指花之白色者而言)果實初時青色,後轉黃色,可生食,亦可糖漬鹽漬之,又

可乾製之。花開於春初，果實熟於初夏。樹幹強健，不擇氣候土性，可用下種、義枝、插枝等法以繁殖之。幼時施肥，宜於堆肥、下肥、油粕及少量之草灰，成長後，宜施草灰與燐酸肥料，於秋冬施之。

(八)桃　有蟠桃、水蜜桃、紅沙桃諸種。花色淡紅或深紅，有單瓣花及複瓣花之別。複瓣花爲觀賞用，不結果實。單瓣多野生，宜用義枝法改良之。或用下種法，先連果肉埋入土坑，至春時移植之，或以李杏爲臺木，以圖繁殖。栽植於溫暖向陽背風之地，而土質不宜過肥；過肥則徒發育其枝葉而不易結果。大約以砂質壤土爲最佳，而少用肥料。其枝幹最易上昇，花芽皆簇聚於上方，則宜時時修葺之。每閱三四年，宜用刀削傷其樹皮，使流出樹脂，可以久遠生活。又桃樹易生毛蟲、蚜蟲等，宜用薄兒罩液驅除之。(製法詳後)

(九)杏　種類甚多，性皆強健，不擇氣候，到處可植。惟土性最適於砂土，而砂質壤土次之。用義枝法或下種法，以行繁殖。施肥同梅。

(十)李　性寒暖皆宜。惟花期忌霜。用義枝法以行繁殖；而臺木除同種苗木外，亦可用桃樹果實有紅黃紫靑數種,而紅者味尤甘美.

(十一)櫻桃　櫻桃爲觀賞用之櫻花原種.其結朱實者曰朱櫻,紫實者曰紫櫻.春初開花.果實成熟最早,鳥類皆喜食之,故宜用網罩護.其繁殖及修葺法、同於蘋果.

(十二)葡萄　其種來自西域,有紫黑白三種.性喜溫暖,適於砂質壤土,礫土次之.用插枝法及壓條法以行繁殖.插枝宜於春分之後,壓條在冬季.取其枝長四五尺者埋入鬆土中,留二三節於外.迨春氣發動而萌根芽,乃漸漸引附棚架上,或以柱引成肋式之排列.每於收取果實後,删除老枝及叢葉,至冬日用草包裹,以防嚴寒.肥料忌糞,以泔汁、米糠、骨粉、燐酸肥料及草灰爲宜.花開於四月間,至九月而果實成熟.可生食,亦可釀酒,又可製葡萄乾.

實習參考

前數節所示,對於實驗手續有不及並詳者,特補述之.

(一)製肥實驗

(1)魚肥　取魚類之鰓及臟腑爲原料,敷於木板或石之上,曬乾之,以石臼擣成粉末,裝入袋中而投於堆肥內，使醱酵成熟。

(2)鮓　以青魚爲原料，入釜中煮沸。取出，榨去油分，切成小塊，敷於木板或石之上，曬乾之，擣粉醱酵如前法。

(3)骨粉　以鳥骨、魚骨、豚骨、鼈甲、龜板等爲原料。先碎之而入蒸籠中，蒸熱數時，取出曬乾；或乾之於暖房中，臼擣成粉。

(二)繁殖實驗

(1)植物組織之解剖　試橫斷桃樹之莖，分別其木質部、韌皮部及二部間之形成層。又取葡萄之嫩莖橫斷之，切成薄片，置於顯微鏡下觀察之，亦可認明其各部。

(2)接枝法　詳前。惟切接、搭接等，應以形成層相癒合。須行解剖實驗後，得知形成層之部分，而行前詳之法。

(3)接芽法　亦詳前章。惟亦須知皮層與形成層之部分。取此接芽，須連有葉柄者。以利刃剖芽之上下各五分許，更剝脫其皮部而露出形成層。乃將臺木上端之皮裂開，達形成層而止。其裂目或爲丁形，或作|形。嵌入接芽，束繩封蠟如前述。

(三)栽培實驗

(1)種苗　果樹苗木宜用其已生一二年者。先剪其幹長一尺三四寸；再删旁枝，及主根之旁根，然後栽植圃中。其土須先時耕鋤，混以堆肥或小石砂礫之類。穿一深穴，寬約苗木根之二倍容積，乃植此苗木。惟植時須在陰天無風之候。此法在蘋果、梨、枇杷、桃、梅、杏、李、柑、橘等，俱適用之。

(2)壅肥　果樹宜於秋冬間施肥一次，其肥料常用稀薄之下肥或堆肥。施用時，先掘根周之土作溝，灌注肥料，復覆以土。其溝之大小及距根之遠近，視果樹之年齡定之。大約初種樹，宜距根尺許，此後閱年漸遠，而對於枇杷樹，尤宜遠距離也。梨與蘋果等，稍近無妨。

(四)製藥液實驗

(1)石油乳劑之製法　用肥皂十八兩，碎爲細末，加溫水五石溶之，或加熱溶解之。乘其未冷，加入石油一斗，攪和五分鐘，即得乳白色糊狀之液。視其稠度之適於灑布與否，可以酌量加水。

(2)薄爾軍氏液之製法　先以水若干，溶解膽礬三十六兩；又以水若干，溶解石灰二十四兩，其水約共費一石二斗許。然後將二種溶液，共傾一桶中，極力攪和，成淡綠色之透明液。臨用時亦可酌加水量；但此液以隨用隨製爲佳，久則失其効力也。

第三章　蔬菜園藝

第一節　蔬菜種類

蔬菜種類，普通分爲三類：

(一)根菜類　以地下莖或根供食用者，如萊菔、蕪菁、甘藷、芋、百合、薑、蒜、馬鈴薯之類是。

(二)葉菜類　以莖葉或花蕾供食用者，如菘、芥、甘藍、萵苣、菠菜、莧菜、芹菜、葱、萌之類是。

(三)果菜類　以果實或種子供食用者，如胡瓜、冬瓜、西瓜、南瓜、絲瓜、茄、番椒、豌豆、蠶豆、扁豆、豇豆之類是。

第二節　蔬菜繁殖法

蔬菜繁殖之法，主下種一法。其下種之始終手續，分述於下：

(一)採種　卽採取種子。所當注意者如左：

(1)母本　採取種子，必先選母本之生育强盛者；種類無變化者；開花結實，無先後不齊者；則其所生種子必佳。

(2)熟度　種子成熟之度、必須適中。凡顏色已黃變，子粒已堅實者，皆爲適當成熟之徵候。

(3)子粒　子粒之形狀、必整齊均一。大小適中。分量宜重，色澤宜鮮，又無他雜質混和者。

(二)貯種　既收種子，必曬之極乾，揀之極淨。貯於瓶內，懸於空中，勿觸溼氣，勿被風吹。又瓶上宜記明種名及採取期與播種期。

(三)播種　播種首在治地。地宜高土宜肥，耕鋤之使細小疏鬆而後播種。但種子有應先浸以水者，則宜入袋浸之，約一晝夜，再入堆肥中，亦經一晝夜，以促其發芽，而後播之。其直行撒布於地面者，曰撒播；點穴土中而下種子二三粒作一科者，曰點播；於畦上逐行撒布者，曰條播。是播種式之區別也。又種子細者宜淺播，大者宜深播。既播後，篩細勻之土以覆之；或遮以稻藁，俟出芽之後去之。

第三節　苗床及軟化室

(一)苗床　亦稱苗圃，即種植菜苗之處，可分二種：

(1)冷床　尋常用之。法先擇南向溫暖處，耕鋤其土，施以極熱之堆肥及下肥，而勻土使平，上築棚架，覆以蘆席，或四周再圍以藁桿等。

第十七圖　冷床

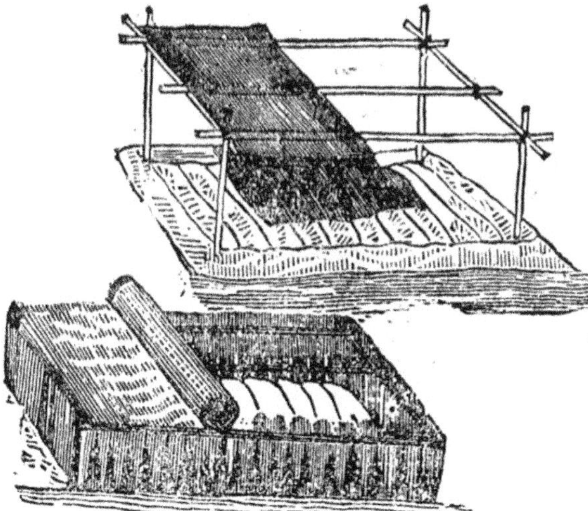

第十八圖　溫床

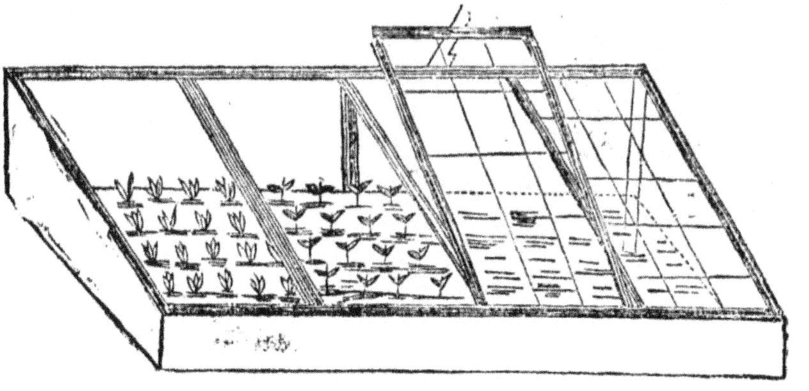

(2)溫床　利用腐敗物使發生溫熱，以補地溫

及氣温之不足也．其法擇南向之地，以木框作四周之床壁，南低而北高；上蓋活動玻窗，可以滑車轆轤移動之，以承太陽光熱，以禦霜雪風寒者也．床之底部埋堆塵、芥、落葉、藁稈、馬糞、堆肥等能發熱之腐敗物．上覆細土，厚約四五寸．乃將種子播下．其上更薄覆以草席或油紙，以防熱之散逸．如此裝置者謂之高温床．又或掘地深二尺餘，將木框下部埋入床之底面，令四缝而中凸；其他仍如前法裝置者，則謂之低温床．

第十九圖

軟化室

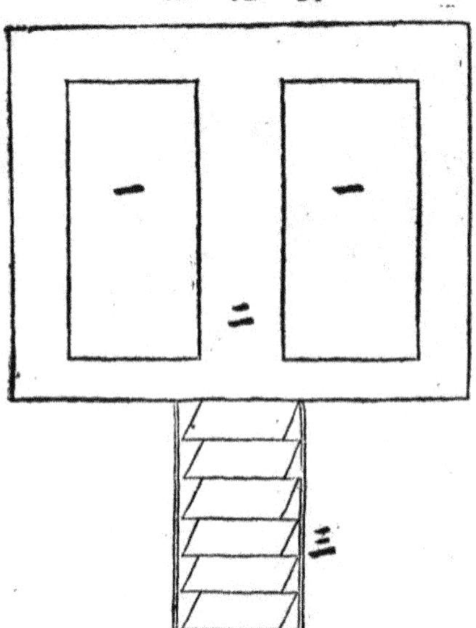

一　二　一

三

一、温床　二、通路　三、土階

其在庭園隙地，亦可代用以木箱或木筒而去其底蓋，埋入土中．於底部舖小石，而上敷馬糞與細土，播下種子，覆以窗板，是亦簡便有效之裝置也．

（二）軟化室　使蔬菜類

之莖葉，變爲黃白，以達嗜好之裝置，曰軟化室。如黃芽菜、韭黃等，卽山東白菜與韭菜之軟化者也。此外如芹、白豆芽等亦用此法。法之簡便者，但埋以灰，覆以席而已。較完備之裝置，則擇温暖高燥地，掘窖深至七八尺，築土堦七八級而通於外，窖中沿階設一路，以達四周而通行人，兩旁設温床，植以蔬菜，以油紙糊板，蔽於窖口，或覆蘆席，以禦寒氣。窖頂又宜架木爲棚，堆壅地面之土，以防雨水。

第四節　蔬菜治理法

(一)移植　菜苗已發二三葉時，選取適宜氣候而移植之。法先點距離相等之穴於畦間；而以鐵銛挖鬆苗根之土，緩緩拔出，移至所點之穴，扶植正立之姿勢，堅押其根周之土，澆水一度，覆以樹葉、藁桿等以避日光。閱日復澆以水，至發展多葉，去其所覆，使避日光。

(二)疏整與芟鋤　苗之發生過密，易患纖弱，宜删除爲各科狀，所謂疏整法也。又畦間常生雜草，以奪養分，宜連根鋤去，或芟刈之而埋作草肥。

(三)中耕與施肥　苗既移植圃中，宜常行中耕，以疏鬆其周圍之土塊。初時宜深，後宜淺蓋恐根已發展而傷根也施用肥料視菜之種類而異大約葉菜類宜用淡素肥料及燐酸肥料根菜類與果菜類宜用燐酸肥料及鉀素肥料施肥於播種或移植之前爲最宜既移植後可間數日施之在發育期間約分施二三次足矣

第五節 蔬菜各個性

(一)萊菔 又名蘿蔔有白色綠色二種白色者產南方綠色者出北方好溫溼氣候及砂質壤土四季皆可栽培圃中宜深耕數次預施下肥而後播種夏季用條播法秋季用撒播法苗發二葉之後卽可疏整其科株時時施以下肥又芟雜草而中耕之此菜莖葉常患白鏽症易罹蚜蟲害宜用石油乳劑滅除之

(二)蕪菁 有紅白及青色諸種其形有扁有圓又大小不一性概强健不擇土性皆可播植其播植法同於萊菔惟肥料不宜一時多用以防急烈成長冗葉小根其收穫期在十一月間

(三)甘藷 俗稱山藷有紅白二種好溫暖氣候及肥沃之砂質壤土其播種法卽於早春時將去冬所藏之藷塊先種於溫床中以育苗種俟苗成長而移植於本圃

如不行温床育苗之法，則宜深耕圃地，混入草灰、馬糞等，將藷塊分截，——每塊約二三寸，——而種植之。至其蔓發展，亦可截取五寸許，分插圃中，以圖蔓延。其收穫期通秋冬間，隨時掘取之。貯藏其種，宜擇近根之藷塊，用草包裹，懸於空氣流通處。

（四）薯蕷　俗稱山藥。——藥材中之淮山藥，即其產於淮地者。性好溫暖氣候，及砂質壤土。土宜深耕。取其塊根，切作數塊，塗以木灰而種之，頻澆以水，勿令乾燥。越二三年，根塊豐碩，可資掘食。若一年者，塊小味劣，不堪食也。其播種期，以二三月間爲最宜。

（五）芋　栽宜近水；或藉牆陰、屋角，以攬潮溼。於清明前下種，各本相距可二尺許。先施以堆肥及草灰，迨苗葉五六出，再澆下肥數次。至七八月收穫。

（六）百合　性喜溫暖。播種：或用其葉腋所生之珠芽，種之於苗床，至翌春出芽後，可移植本圃；或於夏間掘取其鱗莖，刪去餘葉而植土中，令其生芽，至初秋移植之。其肥料，宜於堆肥、油粕、豆餅等。翌年夏季開花時，宜摘去之，以防芽之分力也。

（七）菘類　菘之種類最多：爲白菜、黑菜、青菜、捲心菜、瓢兒菜、山東白菜等之總稱。

此類性好溫暖，宜植肥沃含溼之砂質壤土。土須先耕數次，作二三尺寬之畦，施以堆肥下肥而後播種。發苗之後，屢爲疏整科株。各株相距，約七八寸。是類因强於生活力，得適宜栽培，不限時與地皆可播種而成長者也。其成長旺盛時，卽爲採取供食之時。

（八）甘藍　有球莖、綠莖、花椰菜等分名。好寒冷之氣候，而不擇土質。播種之期，亦春夏秋隨時皆可。惟均須先以苗床育苗，而後移植本圃。當種子萌發二三葉時，拔之而暫植於他之苗床，稱爲假植。至更生二三葉，始眞移植焉。其畦亦先宜耕鋤，施以肥料，宜用堆肥、下肥、魚肥、油粕、過燐酸石灰等。移植後，再施以下肥及油粕；並須刪除雜草，中耕鬆土；以及防除蟲害。收食時，卽在其成長最盛之時。

（九）萵苣　此物有結葉球者，又不結葉球者。好肥沃之壤土。於三月間耕土作畦，播種其上，五月間採食之。亦有秋種而冬收者，冬種而春收者。種子或直接播於本圃，或先播於苗床而後移植之。肥料宜堆肥、下肥、過燐酸石灰。

（十）菠薐　性能耐寒，故四季可種。春種隨時可食，秋種延期採食之。抑秋種前、宜埋馬糞於土中，而後播種，可禦嚴寒。當發育時、宜多澆下肥。如不爲採食、而爲收藏種子，則留取若干株，至結實成熟後，乃收穫之。

(十一)莧　有紅白紫數種，通常二月間播種。苗長後、常疏整其科株。卽取所删之株、及莖旁所删之葉、以供蔬食。性好溫暖及肥沃之壤土。當成長時、灌溉施肥之工，愈勤愈佳。

(十二)葱　無論何土、皆可栽種。其栽種時期、亦無一定。下種之完善方法，亦先播於苗圃、而後移植。圃中先穿七八寸深之溝，和以堆肥、油粕草灰等，再覆以土，而播種焉。此後惟常施以下肥。莖盛則採食之。至冬季掘取全本，以供蔬用。若欲收其種子，則留下若干株。

(十三)茄　茄之種類亦多，性喜水溼。早春時、播種溫床。至苗葉四五出，乘雨或陰天移植之。圃地先施以堆肥、魚肥、油粕草灰等。作二三尺之闊畦，每株距離二尺許。再施下肥，常澆以水。至五六月結實，以供採食。欲採取其種，則宜留强壯母本，加意培壅，俟實黃熟，而後採取之。

（十四）胡瓜　俗稱黃瓜，生青而熟黃。表皮多刺，食時削去之。其栽種處、氣候宜溫暖，土性宜肥沃而帶溼潤。播種宜二三月間；先於温床育苗，再移植於本圃。若在四五月間下種，卽可直播圃中。畦寬約三尺許，施以堆肥。至蔓漸長，宜樹支柱於旁，以資纏繞上昇。更宜行摘芽法，摘去其頂芽，令自葉腋發育，可大其實，且得多數。

（十五）南瓜　果形特大，宜有棚架以支持之。果有青黃紅數種，皆富於澱粉質。性亦强健，隨處可種。當二三月間，以温床育苗，後移植之。每株距離約三尺內外。蔓長摘芽，惟令腋芽發育。通常每株留花芽二三枚，則結實自大。其他如冬瓜、壺蘆等之栽培同。

（十六）西瓜　西瓜爲消暑良品，有圓形、橢圓形，果肉有紅黃白等色。性喜溫暖之氣候及乾燥之砂土。當二三月間，先耕鋤圃地，作闊二尺許之畦，每距三尺點一穴，施以堆肥、油粕等，而後將萌芽之種子五六粒播爲一科。苗既發育，更疏整之，以每穴兩株爲限。每株之花芽，亦惟留二三枚爲宜。開花經三四十日而實熟，可採食之。

（十七）甜瓜　亦稱香瓜，味甘脆，爲消暑品之一。種類甚多，有黃白綠等之果皮色。

性皆强健，隨處可種。播種之法同西瓜。

(十八)絲瓜　性喜溼地。可直播，可移植。直播時期在四五月。苗長時，宜立柱或架，纏蔓使上。其他治理之法同西瓜。

(十九)豌豆　有紫色花或白色花，好温暖乾燥之氣候，及砂質壤土。宜先鋤圃地一二番，施以堆肥或下肥。畦寬二三尺，每距五六寸許，下種二三粒。其下種期，暖地在十月十一月，寒地在二三月。至開花時，宜立竹木爲柱，纏蔓上昇。其嫩苗嫩莢，可隨時採食。若取種子，須俟其莢半熟，刈下全株，曝之乾而打擊之。擇其所落種子之完美者，留作翌年之種。其他亦可取供食用。

(二十)蠶豆　好砂質壤土。氣候以温暖而溼潤爲宜。於十月間耕鋤圃地，作一二尺寬之畦，每間數寸，點一深穴而播種子二三粒，上覆以土，或草木灰。至翌春四五月間開花而結莢果，隨時可以採食。其收子者，宜視其莢略呈黑色後，刈下而採之，如豌豆。

(二十一)大豆　因成熟期之早晚，分爲夏豆秋豆兩種。性喜温暖，但在高熱之地，亦不適宜。其圃地略事耕鋤，卽可下種。每株相距一尺三四寸。種後七八日卽茁芽而發育，宜時時留意中耕及除草之工。施肥不宜太多，多則葉茂而少實也。實之成熟，皆自下而上；視近根處之豆莢已黃熟時，可收穫矣。

(二十二)豇豆　有紅白二種。氣候土性之相宜，同於蠶豆。栽培諸法，同於豌豆。特其播種期，年可二次：春種而夏收，夏種而晚秋收之。

其他豆類之栽培，皆準豌豆、蠶豆行之。

實習參考

(一)實習用具

(1)耕鋤用具　卽農家常用之鍬、鋤、鑱、鈀等。擇其輕便而適用者，各備一二組。此外當備園藝等用之花鋤。

(2)除草用具　園藝之常用者，約有三種：一係鐵製之短齒爪；一係鐵製之彎曲尖齒爪；一如鐵鑱之刃，而上有曲頸以裝短柄者，此除貼地之小草尤便。

(3)移植用具　如鐵鏟。亦稱移植鏝。

(4)灌溉用具　用有柄之木勺，及有大孔與細孔之噴筒，足敷用矣。澆除害蟲之藥液，宜用簡便噴霧器。

(5)他種用具　如捕蟲網、誘蛾燈、爲驅除害蟲之用，點播器、植芋車、爲下種之用。此外如接木用具、修葺用具、即栽培果樹及花木，亦不可缺。

(二)繁殖實驗

(1)採種　如菘類、宜選莖葉之强壯者，用移植鏟拔出，而移植之。或畦栽，或盆栽，以通風向陽處爲宜。開花時宜扶以支柱，防其傾倒。至結實已達七八分之成熟狀，可摘去其臺，俾凝聚養分於實上，則可得肥健之種子。如菠菜類、宜選良善之母本移植他處。至花臺已熟，拔去雄株，僅留雌株。至果實熟時，乃刈取而束之。曝乾後，打落其實而貯藏焉。萊菔、蕪菁等、亦必移植。但自土中拔出時，宜先切去其根三分之一，塗草灰於切口，而後植之。花臺將熟，亦須摘去其冗數。至其實成熟，乃自下採收而上。全熟者，亦可刈取爆乾打之，如前法。

(2)選種　取各種蔬菜之種子，分別置之。一、視其熟度。大抵色之黃者爲正熟，青者未熟，黑者過熟。過熟與未熟，俱不適用。二、檢其子粒。必形狀整齊，大小均一。圓度宜取正圓，大者宜取豐碩。三、量其輕重。通常用箕簸之，或用風車扇之。精密之選法，則取投清水或鹽水中。清水選者，去其浮而取其沈。鹽水選者，卽用食鹽或滷汁，和水成濃溶液，投入種子少許；如毫不下沈，可加水稀薄之。俟有沈者，乃掬去上浮之種子，而更投少許，分別之如前。如此得下沈者，取滌清水中，以除去鹽分，以之播種可也。

(2)浸種　種子當播布前數日，宜裝入布袋，浸浮水中一晝夜。然後取播苗床或本圃，則發芽較速。如種西瓜、冬瓜等，自浸水後，尙須埋入溫煖之堆肥中一晝夜，而後播之。

(4)播種　小粒種子如葉菜類，可用撒播法，以左手持盛種器，右手撮種子撒之，務使疏密均勻。如根菜類及果菜類，須在圃地作畦，用條播法；或就畦之長度，分作數段，每段點穴若干，而行點播法。諸法皆已詳前矣。惟須注意難發芽之佳種，不但如普通下種後宜蓋以細土，更宜切細藁如絨，敷設其上，時與水溼，以助其發芽力也。

(5)移植　其法亦詳前節，但須注意天氣。宜選陰天無風，或晴天薄暮爲佳。

(三)苗床處理

(1)冷床　設置之法詳前。惟天窗之爲竹簾、或蘆席、或玻璃，應日中捲去或移開，晚間及風雨時總遮蔽，務須注意弗誤。

(2)溫床　設置之法亦詳前。惟用木框作床壁之尺度，應闊四尺，長約丈餘，前面高七八寸，後面高一尺餘。又框口須作槽，以溜玻窗之活動輪車；或備窗撐，以爲啟閉之用。茲須附詳也。

(3)溫床播種　約一寸平方內播種十粒，爲普通限度。其播種期多在二月至三月。床中溫度，以十八度至二十五度爲最宜。——低於此度時，宜閉窗，或助以發熱物；高於此度時，則開窗以散之。又播種後，可用噴霧器或噴筒澆水溼潤之。

第四章　觀賞園藝

第一節　觀賞種類

觀賞植物，或取其花之色香，或取其莖葉之生態。以此分類，本屬自然。然爲栽培關係，當視草本或木本，異其手續。分類如左：

(一)花卉類　即有色香之花之草本也。就中有春種而秋枯者，爲一年生草本，如牽牛花、鳳仙花等。有種自秋季而翌春花實者，爲二年生草本，如剪羅、金盞花等。又有老根常存，年年由此根萌茁者，爲多年生草本，如蘭、菊、玉簪、芍藥等。

(二)花木類　即有色香之花之木本也。如山茶、玉蘭、海棠、蠟梅、夾竹桃等。

此外如楓、櫨、雁來紅、十樣錦之紅葉類，如松、柏、鐵蕉、冬青、萬年青、吉祥草之常綠葉類，如梧桐、竹、棕櫚、芭蕉之挺幹類，皆以莖葉之生態爲美者，總爲生態類。其栽培法，亦分草本、木本，如上二類。

第二節　栽培概論

栽培卉木之法，較果樹、蔬菜尤宜周密。茲先概論之。

（一）土性　土壤之種類，仍不外第一章所述數種。但栽植花卉，以輕鬆細粒爲宜。若盆栽所需之土，以竹林中之土爲最佳，草原之土次之。他如牆陰、樹蔭下之土，以及田溝之土，掘取而乾之，亦頗適用。但總須和以肥土。肥土者，卽將糞肥澆於原野之土，閱數日後，掘取而風化之，擊碎篩過，酌和於上述諸土中。是重要之品，宜預製貯藏之。

（二）肥料　卉木類之肥類，以油粕爲最佳。此外如極熟之下肥、糠汁、污水、鳥糞等亦適用。其特用者，如魚腸、米泔汁、茶渣、貝殼、卵殼、頭髮、垢膩等。

（三）施肥與澆水　卉木施肥，宜分三期：出芽時施一次，爲芽肥；花蕾正放時施一次爲花肥花謝後再施一次爲實肥此外在嚴寒時亦宜施肥一次他時不復施肥焉灌溉卉木亦園藝要事大抵自二月至五月宜於日中自五月至八月宜於日沒過此則又宜於日中矣其水以山泉爲上雨水次之池水河水又次之至於井水爲最忌者不得已而用之須汲上曝曬儲蓄溫熱後方可

(四)繁殖　花卉類主用下種、分根、插枝諸法花木類主用壓枝、插枝、義枝諸法其法均同於果蔬章所述;惟下種與分根二法略有差異述之如左:

(1)下種法　花卉中、有性甚强健不畏風霜者可直接下種於本圃圃地須多次耕鋤至極鬆細無砂石瓦片之混塊旣下種後亦須上覆極薄之細土其下種於苗床者須視苗長五六葉而後移植之

(2)分根法　凡多年生草木俱用此法繁殖卽於春秋二季酌分其母株之一部植之苗床俟其旁生根鬚乃移植之若在秋期可任其過冬至翌春移植

(五)移植　移植花卉略同蔬菜惟拔出後其根不可附土;植時又須注意其根之不屈曲植後覆土當鎭壓堅實又須時時澆水並略去其冗枝萎葉如爲盆栽宜將

瓦片蓋其盆底之排水孔；一手持花本置盆之中央，一手取篩過之土，裝滿盆面，而後以指壓實之。

第三節　催花及護花法

凡花卉皆可由人工催之早開，不外乎溫熱護花的理法。此種之花，稱爲堂花。其法有三項要需：

（一）蒸室　狀如茅屋，面南向陽。屋頂傾斜，前後兩面，幾及於地。東西兩面與屋頂，皆嵌以玻窗；且密糊其隙，以禦寒風。惟於屋頂南面之一窗，可開閉自如，作爲入口。室之中央，埋一火盆，盆上設竹架，被以浸溼之席，使蒸氣上昇，全室溫煖。花盆即組架於其上。

（二）花房　其狀與蒸室相似。惟南面高簷，而不斜下。室內築平頂之土箱，上狹下闊。前面嵌以糊厚紙窗。中央置階段級之花架，將盆花排列其上。倘遇烈風，復護之以蘆席。

（三）溫房　擇向陽無風之地建築之。其屋面南深而北淺，上裝有滑車之玻窗，可自如開閉，南面開門，爲出入口，室中疊瓦爲架，將盆花排列於上，注意室內溫度，以窗之開閉、蘆席之遮護，調節之。

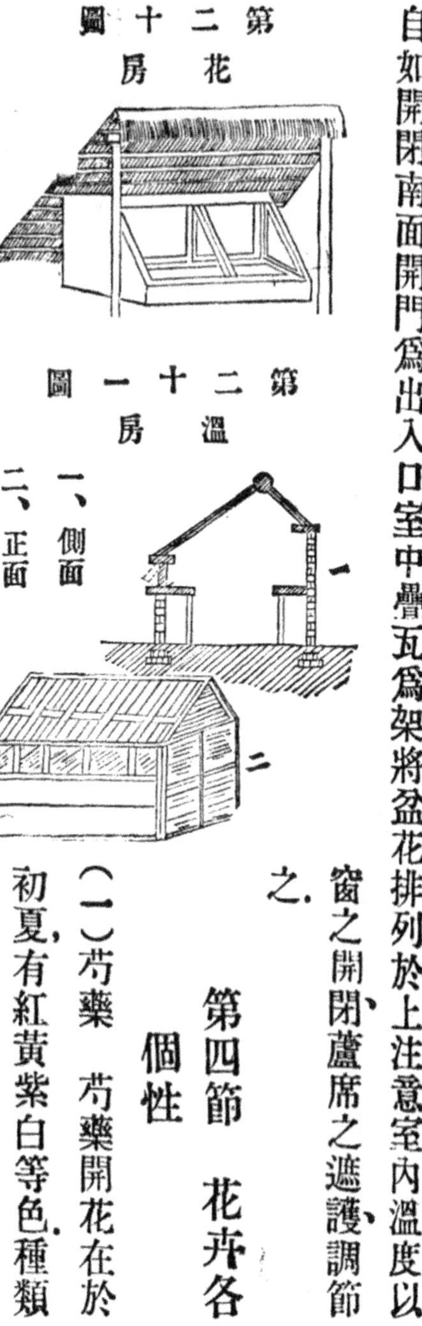

第二十圖　花房

第二十一圖　溫房

第四節　花卉各個性

(一)芍藥　芍藥開花在於初夏，有紅黃紫白等色，種類甚多，以揚州產爲佳，性好砂質壤土，分根須在落葉後，每閱三年，可分一次，移植宜秋不宜春，移時愼弗傷根，又宜遵芽肥、花肥、寒肥之三期而施肥，肥料以油粕及下肥爲宜。

(二)蘭類　普通有建蘭、蕙蘭二種，花色有紫有白，土性宜砂，植後澆水，嗣視砂礫乾燥時，輒灌漑之，按期施肥三次，用洗魚水、腐植水、洗浴水、茶汁等爲宜，冬日宜藏窖下或煖室中，夏日宜避烈日，如見葉面生斑，宜澆魚腥水治之。

(三)蓮　蓮有紅荷、白荷等種。尋常皆栽植於水池，亦有栽於水缸中者。可用分根法、或下種法、以圖繁殖。分根於驚蟄後，先取池泥敷於缸底，再取河泥敷其上。任其日曝夜露，惟雨時蓋之。至春分時，卽取藕秧順排泥上，更置少許之猪毛於藕節間。再用肥沃之泥壅之，并混入腐熟之豆餅、油粕等放置之。至其泥曬乾而龜裂，然後注水滿缸。如是開花自盛。又下種法、宜於九十月間，收取堅實蓮子，薄磨其頂，以熟泥塗之，長約二寸。俟泥已乾，卽擲之缸泥中，不久自能萌芽而發育。或於六月至八月間，將已磨其頂之蓮子浸之水中，曝日光下；經三日後，換水一次，經一二週後出芽，可植於小盆。翌春再移於水缸中。

(四)秋海棠　尋常開淡紅色之花，亦有黃白異種。性喜陰溼，而忌下肥。移植下種，均於四月間行之。花後卽須剪去，勿令結子。

(五)菊　菊之種類最多，栽培法亦最宜周密。其土性以植土及砂質壤土爲宜。繁殖有分根及插枝二法。分根常在三四月間，掘取其强壯之根苗，植於肥沃之土中。至苗長達三四寸，卽可移植。每株相距尺許，上遮蘆席，以避日光。又須留意灌漑，勿令過乾過溼。至苗生五六葉，乃摘去二三，令分生新枝。新枝既長，亦隨時摘去二三葉，使歧出之枝愈多。約行二三次後，發育自盛。至於插枝之法，常於梅雨前十日行之。取其芽或莖插於砂多泥少之地，早晚灌溉，日中以蘆席遮之；閱三週生根，再移植之。亦有插葉法，連葉柄摘取，插於盆緣，置於陰處，約十日後生根再移植之。菊之移植，大抵在立夏前後。至長達尺餘，須事修葺。菊有害蟲，可噴魚腥水以除之；灑石油乳劑，亦有效。

(六)水仙　我國舊種白色花，現有洋種之紅水仙黃水仙輸入。栽培法相同，皆易生活。當六月中，取其鱗莖，浸於稀薄之下肥中，約一晝夜，取出風乾而再浸之。如是一週後，植於乾砂中，至秋發芽，遂分根而植於陰處。至開花前，施肥一二次。又法、將貯藏之鱗莖，剝去外層，直栽之於圓粒之礫石盆中，滿注以水，自能萌發。

(七)長春花　花形似菊，有紅黃、淡黃二種。四季開放，故名長春。無論何時，皆可下種。苗少長後，即可移植。肥以油粕為佳。若花開欲謝時，即摘去之，勿令結子，則其花更可續放不絕。

(八)虞美人　或稱麗春花。花色嬌艷。秋分前後，下種於肥土中，灰蓋之，草遮之。冬月施以稀薄之下肥、或油粕之水混液。如壅肥得法，則來年所開之花，馴致複瓣異色，香氣尤烈。惟花時忌用下肥，須注意。

(九)鬱金香　根似水仙，葉似萬年青。花甚大，有黃白紅紫緋諸色。自四月至五月，開放甚盛。其繁殖法，當於十月間，分根植之。植必於肥沃之土中，寒肥一次，花前又肥一次。

(十)鳳仙花　一名小桃紅。花有單瓣、複瓣之別，色有大紅、粉紅、深紫、白色、碧色諸種。於三四月或五月間，播種苗圃，苗長一二寸時，乃移植之。性本頑健，不擇氣候與土性，隨地皆宜；亦不厭肥，施肥愈多而花輪愈大。採其種子，須俟其實綻裂。一觸手間，卽迸出其子，得收藏之。

(十一)鷄冠花　有紅黃白諸種。其花苞亦有圓有扁。當三四月間播種苗床，略被以土，再覆以藁。至苗葉三四出，卽可移植。施肥亦以多爲貴。

(十二)牽牛花　性喜肥，不肥亦能生活。其播種期，常在三四月間。圃泥須鬆細而肥沃。移植之後，多施下肥或油粕，尤能發育花芽，惟蔓長而弱，宜植於柱或籬之旁，以便攀緣上昇。

第五節　花木各個性

（一）牡丹　以花色分之，有黃紫紅白綠等種類。性宜涼而忌熱，喜燥而惡溼；尤懼強風烈日。分根於秋分前後，根上須留宿土。若用下種之法，則當於七月間採其種子，貯之溼土中，至九月間取出，用水選法，得佳種種之。至翌春長芽，時澆少許之水。經過夏期，宜架棚以蔽日。越次年移植之。但下種法，不如分根法之佳。肥料宜堆肥與油粕。冬日壅根以豬糞。又以稻草包裹，或用草席遮護，不着寒風與霜雪，斯萌發有力矣。花時宜澆以稀薄之人糞一次。花謝剪蒂，不令結子，則來年之開花益盛。

（二）山茶　種類甚多；稱曰瑪瑙寶珠者，爲最佳之種。可用義枝與並枝之法，以圖繁殖，其期約在五六月間。其性喜陰而乾燥，不宜於肥沃之土性。自春分至梅雨中、爲移植期。冬期嚴寒，能施肥一次，尤爲有效。

（三）玉蘭　樹形高大，花白如荷，香尤馥郁。冬日發蕾時，宜多施下肥。又須扎藁以禦寒.秋後可用插枝法以繁殖之.

(四)海棠　有鐵幹、西府、垂絲三種,而西府海棠尤美觀.當二三月、開嬌艷之花,其香清逸.秋時結實如櫻桃.性喜肥,按芽肥、花肥、實肥、寒肥之時期,多施堆肥或下肥;尤宜植於壚土或肥沃之土,以資發育.其繁殖用義枝法,可以棠梨爲臺木;而鐵幹海棠,又以壓條法爲便.

(五)薔薇　性甚强健,繁殖極易,無論何法,皆可行之.如用義枝法,當用野薔薇爲臺木.春秋二季中,當酌量修葺.如用插枝法、壓條法、下種法等,其移植時,惟避嚴寒酷暑而已.但移植宜剪去枯根及老根,而植後又宜年年增壅肥土.其肥料以糞精爲最佳,油粕及糟次之.壇栽者,可用堆肥與落葉.其土性宜砂質壤土.盆栽者,必常常換土,且常施以肥,以其養分易盡也.又常須注意,捕捉其有害之青蟲.

玫瑰花之性同薔薇,惟喜乾燥.繁殖用分根法,施肥不可過多.月季花之栽培,亦同薔薇.

(六)夾竹桃　夾竹桃之葉似竹而花似桃.自初夏入秋,長期開花.性好暖而惡寒,至十月間，卽宜將盆栽移置向陽處。此樹繁殖頗難，多於第一年夏用壓條法之箇壓情形，至翌春生根，乃截下移植之。植後施肥宜勤，否則不易發育，而花芽亦少。

（七）茉莉　花白色，有單瓣、複瓣之別，日暮始放，而閉於晝。其香甚盛，性甚喜暖，夏季宜多溉以水，入冬季宜加土培根。嚴寒之候，又宜移於暖室。如泥土乾燥，亦可於暖日下，灌以茶汁。翌春宜芽肥一次。肥料以豆餅、豆汁、泔汁爲最佳。至梅雨之頃，可行插枝法、以圖繁殖。

（八）梔子花　花形大，有芳香。單瓣者能結實，複瓣則否。其下種繁殖法、與移植法，同於種茄。惟移植須在次年三月，至第四年，始能開花。複瓣者之繁殖法，須於梅雨時，剪下花枝，插於肥地，數日可活。或用壓條法亦可。此花雖甚喜肥，但施肥勿一時過多，恐生害蟲，以害發育。

（九）桂花　卽木樨，爲常綠樹。花開於八九月間，有黃白二色。花前宜施以豬糞，或壅以蠶砂。於臘月間有雪壅根，尤足以助翌年之開花愈密也。

（十）蠟梅　以其花形如梅，而色黃如蠟，故名。栽培法亦與梅同，可以義枝繁殖，亦可用下種法。先於夏日採其種子，入水選之，而後播於苗床，至出芽後移植。越三四年，始開花。

第六節　特態之卉木

(一)松柏　爲針葉常綠類之喬木。然園藝家、可盆栽之，以限制其生長，縮之至咫尺高，且以人工排列其姿勢，爲龍蟠、虎踞、鶴立、鳳翔之種種生態，以資觀賞。性皆喜燥而惡溼，故土性宜砂。於晚秋時採取種子，即貯於砂中，至翌年春分前，浸於米汁中十日，乃治畦施肥，播種其間，時澆以米汁，不久生苗。經二三年，有尺許高時，乃移作盆景。噴灑枝葉，勿令太溼。施肥以油粕及骨粉爲宜。若遇枝葉枯萎，可擣碎貝殼，和水煮沸，濾取其汁，灑於根際，能復舊觀。繁殖之法，或下種，或播枝，皆可。惟是松有赤松、黑松、羅漢松等，柏有扁柏、花柏、羅漢柏等，而園藝上、多以赤松、扁柏、爲盆栽品。

(二)竹類　亦常綠類，而種類極多。以樹蔭與生筍、爲栽培目的者，有江南竹等；以葉之斑紋爲美觀者，有紫竹、鳳尾竹、麒麟竹等。性喜向陽高地，土性宜砂多泥少。繁殖時期、以五六月爲宜。其法即掘取其地下莖，稍留宿土，種於深尺許之坑，更以砂土壅實之。肥料以米糠、馬糞爲佳，冬日更以河泥或田泥壅之。盆栽之種類，當以鳳尾竹爲最佳，麒麟竹亦易生活。盆面可立石緣苔；盆底可舖炭屑與砂礫以便泄水。夏季置清涼處，冬季置温煖處，栽後一年、卽能出筍。盆景亦頗以筍爲雅觀；宜視其長短適宜時，輕輕剝去其籜，泄其含有之溼氣，則可延長筍狀觀之時期，不致遽成爲竹也。

(三)柳　柳之種類，有官柳、檉柳等。園藝多用檉柳，取其柔條翠色爲美觀也。土性宜於溼潤之粘質壤土。主用插枝法以繁殖。卽於早春，折取長約尺許之枝，燒其下端一二寸插於水溼土中，周圍壓實，又常澆水，不久自茁新芽。達四五寸時，留其一條，而删其餘，約一年後，長可及丈。冬日落葉時，又宜伐去冗枝，則翌春發育，枝蔭愈密。如欲盆栽，宜於當年秋季移植之。必牢固其根，俟新根發展，又宜去其老根，迭次移植之。當發芽時又須迭次摘之。至第四次後，方任其成長，如是則枝葉益柔密，而嫋娜欲舞矣。

(四)梧桐　種類甚多，園藝中、主植靑桐，以其幹直葉茂而蔭大，殊爲園景生色也。

可於九十月收子，明年三四月下種。萌芽時，勤其澆水，春季即可移植。欲盆栽之，可用黃砂拌鋸屑少許，下種於中，至茁長，移植他盆。亦可分取老根植之盆中，以待茁芽。惟均須易盆轉栽，至三四年後，始成盆景。

（五）紅葉樹類　楓、柏、槍、槭等，皆爲紅葉樹，經霜變色，爲秋色之美觀。惟園藝家主栽楓樹，以下種或義枝法繁殖之。下種宜於早春，義枝宜於晚春。下種發芽後，須注意施肥。翌年或春或秋，皆可移植。欲幹高，可植於庭園，欲幹矮，可移作盆栽。盆底亦宜敷以炭屑，盆土宜壤土與肥土混和之。暑天宜勤於澆水，且常移曝太陽。其肥料以油粕爲佳。

（六）天竹　亦稱南天竺，高達四五尺。五六月間，開細白花，花落結子；入冬後，變殷紅色，纍纍如珠。性喜陰而惡溼。下種時，和以黃土，播於陰處，不宜施肥，祇壅以河泥溝泥而已。灌溉可用茶汁，自能發育強盛者也。盆栽者，宜於秋季剪去本幹，掘其根而栽之，至明年苗自成長，當秋自能結子。

（七）芭蕉　有多種：有高至丈餘者，有僅高二三尺者。葉皆闊大，花有紅白二種。宜高燥之砂質壤土。霜降後，葉遂黃萎，應用稻草包扎莖幹，以禦嚴寒，來春茁芽時去之。盆栽者取根邊新發之小株，用油塗箬腳、橫刺兩眼，則不復長大焉。

（八）仙人掌　其莖葉之變態甚多，奇異可觀，栽培甚易。春季取其一片，切作長方四塊，植肥土中，置之陰處，自能芽發，爲疊掌形。

（九）萬年青　俗作瑞草，植之三四月間開黃花，能結紅實。葉有異色條紋，致成多種。皆可於春分秋分之前後數日間分根繁殖，而宜置其盆栽於陰處。性不喜肥，不必勤施之。

（十）吉祥草　人亦以爲瑞草而植之。葉似蘭而叢生，夏季開白色或紫色之小花，結子亦紅。分根繁殖，須在雨後。不拘水土砂礫，皆可種植。性喜水溼，宜注意灌溉。

（十一）雁來紅　俗稱老少年，爲秋色中極美觀之卉。本莖葉之形頗似莧，入秋後，其脚葉呈紫色，頂葉呈大紅色，愈久愈妍。花爲穗狀，而不以爲美也。晚秋收子，翌年春分，撒播於肥土，蓋以灰，覆以藁。至苗茁二三寸時，可以移植盆中或花塢中。肥料以油粕爲宜，用雞糞尤佳。迨長至一二尺，宜培壅根際之土；雨後尤宜注意其土之漂去，隨時培壅之。

（十二）十様錦　亦秋色中極美觀之卉本，與雁來紅相似，其枝頭叢葉，入秋而呈紫紅黄綠相間之錦色。栽培法同雁來紅。

實習參考

（一）播種法

（1）木箱播種　木箱之大小可任意。箱底須穿小孔，覆以瓦片，復鋪粗土，其上更鋪已篩之細土，勻平其面，而後播下種子；且用大盆爲箱座，使積排泄之水。如是則發芽自速。

（2）土盆播種　凡不喜換盆之花卉，或換時易蒙病害者，如牡丹、虞美人及諸有球根之卉本，皆宜用此法。法先取土盆，以貝殼瓦片鋪底，後入細土八成、肥土二成之混和者，振動使平，然後播下種子，更覆以土，澆以水。

（二）修葺法

（1）根　根爲發育之本，故剪根之手續宜注意。一、須觀其根之分歧處，有不平均者刪之。二、剪口須斜下，否則易致枯死。三、欲令其根成蒼老之姿勢者，可於根之上部，削去其土，露出地面，曝以日光，約經一二月後便古樸有致。

(2)枝　盆栽卉木欲令其枝蟠曲成形，可先以手約其枝，或順或逆而曲之，久久有自然之曲勢。更以繩約之於旁立之柱，或繫之於其本幹，形成一定姿態，自較美觀。亦有用銅絲燒軟，纏卷枝椏，藉彈力以固定其所欲之形，頗省手續，但恐銅絲嵌深痕於枝上，致傷其枝，則宜先用竹箬包扎者也。此法常行於梅、桃、薔薇、菊花等。

(3)換盆法　取新盆，盛新土，用鐵鏟沿舊盆之周緣，掘起根株，除去宿土，四周勻剪之，洗以淸水，置之略乾，而後植於新盆中。移植後宜埋盆於土；風雨霜雪，宜有蘆席蔽護，翌春天氣漸暖，始取去之。如盆土乾燥，可略事噴灑。

第五章　觀賞雜藝

第一節　盆景處理法

(一)管理　盆栽之種類與其所栽之本數、莖葉之形態，當視盆之大小，令有適宜及相稱情形。或爲山林觀；或點綴以苔石；或揉其枝幹，形成蒼古；或葺其柔條，效作婆娑。意匠經營，勿慵操作。

(一)陳列　盆景對於盆之色澤，亦有關係。如栽松柏，宜用紫泥盆，致有古色。蘭用紫砂盆。梅用白瓷盆，或青泥盆。他之卉木用白瓷盆。皆相稱而不失雅致者也。其盆架之高低及方圓形式，亦宜斟酌。用材以紫檀紅木為佳。其陳列之位置，當注意其對光之向背性，又須支配疏密情形。

第二節　瓶花供養法

瓶花供養，自饒雅趣。然使色香銳減，萎落之期甚促，則遺餘憾。是須有法以彌補之者也。法須注意左述各項：

(一)注意折插　折花時期，宜於清晨，宜取半開。蓋活力猶強，孕香未散也。梅花、牡丹、芍藥等，宜當時卽燒其折處而塗以泥。梔子花宜鎚碎其折處、而着少許之食鹽。秋海棠初折，卽須包以薄荷葉。牽牛花亦然，惟折時須以炭火灼斷其蔓，勿以手或刃物斷之。其他花卉、皆用剪或刃，但以蜜塗其刃面而後斷之，則斷口自有蜜護着，可防空氣及黴生物之竄入。或揉其花枝於水中斷之，亦可。

(二)注意養液　普通於插花之瓶內、皆用水。而水以雨水、雪水為佳，河水、泉水次之，不宜井水。其水又須逐日傾換。冬日宜置錫膽，以防冰凍。其他如牡丹宜用蜜液，秋海棠宜用薄荷水，牽牛花宜用温湯，石榴宜用酒醋，綉毬花宜用礬水或鹽液：是爲特種培養液也。而夜間宜移瓶花於庭中，使承露水，又屬普通適性法。

第三節　花色變換法

天然花色，儘賞無厭。而園藝家技術增進，又能變換花色，以作奇觀。舊法，如對於牡丹，沃之以紫草汁，則變爲紫色；沃之以紅花汁，則變爲緋紅色。又根下埋以木屑，且可變爲金色。此外如白菊花之蕾上，罩以龍眼殼，上開一孔，每晨灌以靛青水，或胭脂水，則可變爲藍紫色。至於海棠花、須溉以糟水，使花色紅變而尤鮮艷。至欲褪去花色，則燒硫黄以薰之。近則發明新法，以實驗之結果，知花之有色，實具有一種花青素，遇酸而紅，遇鹻而青。故發明用明礬液、苛性鉀液、及稀鹽酸液，爲培養變色之料。茲詳薰法及製液用法如左：

（一）硫黄薰法　取盆花置几上，噴水溼花，覆以玻璃鐘罩。鐘內更以瓦皿盛硫黄，燃之發煙。經時久之，視硫煙已淡，更啟罩噴水，燃硫如初。至四五次，花變爲白色。此法除黃白二種之花外，行之均有效.

(二)礬液用法　用明礬溶解於水，澆於鳳仙花、秋海棠、金盞花、綉毬花等，日澆一次.至一週後，可使紅花變爲半紅半藍紫花變爲青紫.

(三)鹻液用法　用苛性鉀少量溶於水中，如前法澆灌花卉，可使花變爲黃色；但易萎莖葉，故不常用之.

(四)酸液用法　取一〇%濃度之稀鹽酸液，用以澆花如前法，可使花之紫者變爲緋紅，紅者變爲深紅.

第四節　花色保存法

以花枝製花籃、花球等，欲保存其原有之花色，可折花枝若干，直立於木箱或洋鐵箱內之砂中.此砂須先行曝乾，且須勻細.既直立後，取厚洋紙，穿多數小孔，張貼箱面，移曝於日光之下，或烘之於竈下.經二三日取出，其花色絕無變異.卽可從事編製，取作美觀.又有取梅花之將開者，蘸以密蠟，置瓦缶中.翌年夏季，取而泡之以沸湯，則鮮艷之色，馥郁之香，初無稍遜.又有摘取冬青子，榨取其汁，拌於半開放之花，投瓷瓶中，封之嚴密，至冬日啟封，可使芳香滿室，此外又有以鹽漬桂花，密漬玫瑰，藏之瓶內，得歷久保存其色香，以應調味用者。

簡明園藝學終

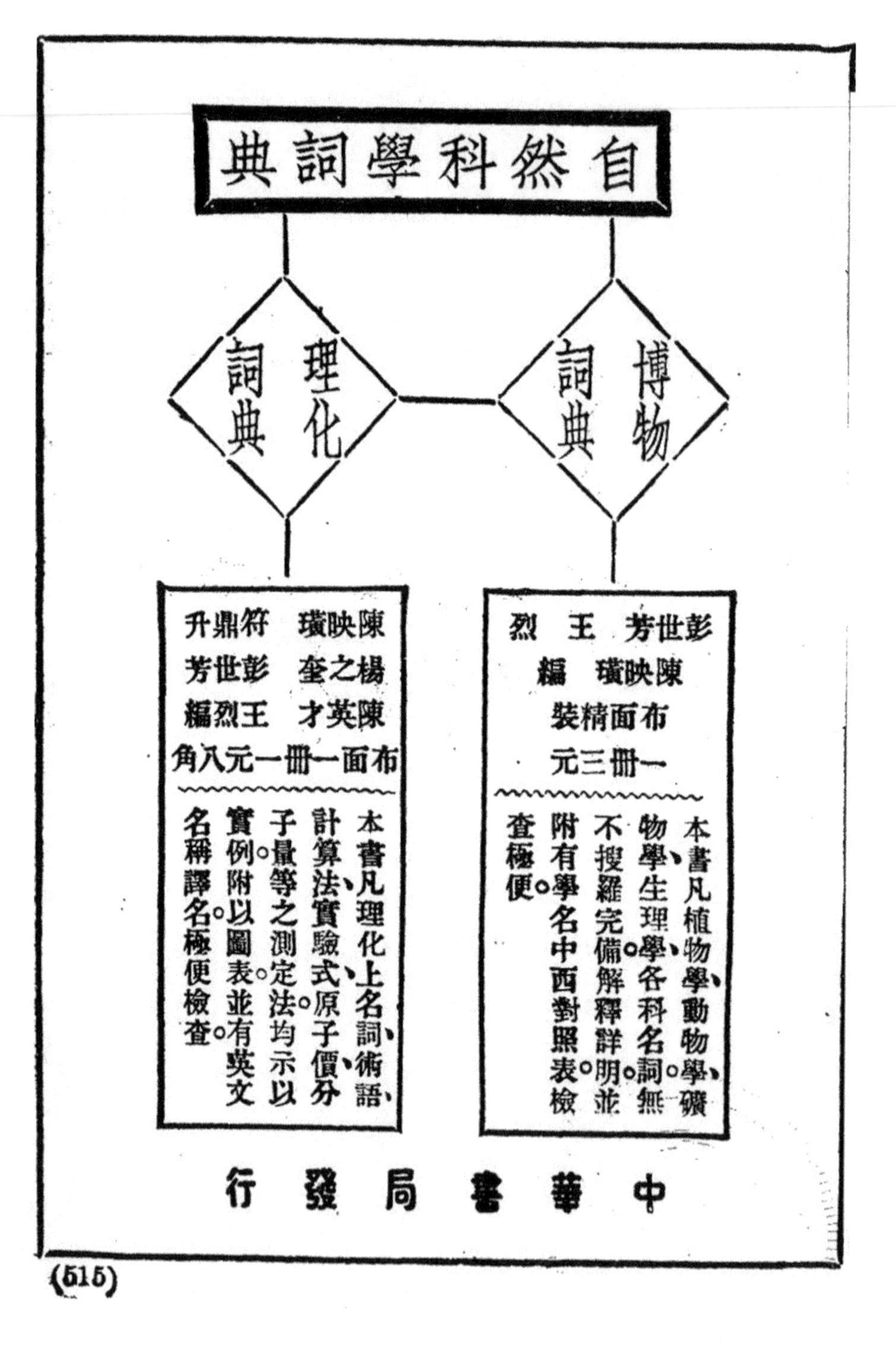

自然科學詞典
理化詞典
博物詞典
陳映璜 符鼎升
楊之奎 彭世芳
陳英才 王烈編
布面一冊一元八角
本書凡理化上名詞、術語、計算法、實驗式、原子價、分子量等之測定法、均示以實例。附以圖表。並有英文名稱譯名。極便檢查。
彭世芳 王烈
陳映璜 編
布面精裝
一冊三元
本書凡植物學、動物學、礦物學、生理學、各科名詞、無不搜羅完備。解釋詳明。並附有學名中西對照表。檢查極便。
中華書局發行
(515)

園藝要書

簡明園藝學	一册	二角
果樹盆栽法	一册	二角
園藝一斑	一册	一角半
種草的方法	一册	一角
種樹的方法	一册	一角
種樹淺說	一册	一角
農業淺說	一册	一角

中華書局發行